ものと人間の文化史
182

鋳物

中江秀雄

法政大学出版局

目次

第一章　鋳物の技術史にむけて

1　最先端の鋳物

鋳物というと、一般の方々は何を連想するであろうか。第二次世界大戦以前では鍋釜で、最近でも鉄瓶やすき焼き用の鉄鍋などではなかろうか。実は現代の鋳物は、自動車のエンジンから、飛行機のジェットエンジンの最重要部品である第一段タービンブレード、さらには水力発電も火力発電も、その最重要用部品には鋳物が使われている。(1) さらには、身近なものでは指輪やブローチ、入歯にも鋳物が多用されている。しかし、なぜか一般の人々のみならず、文部科学省の覚えも悪く、研究者は十分な研究教育資金が得られず、わが国では大学や公設試験研究機関で鋳物を教え、研究する人材が激減している。鋳物を専門にしていると、国の研究資金（これを科学研究費という）が得難いのである。このような危機

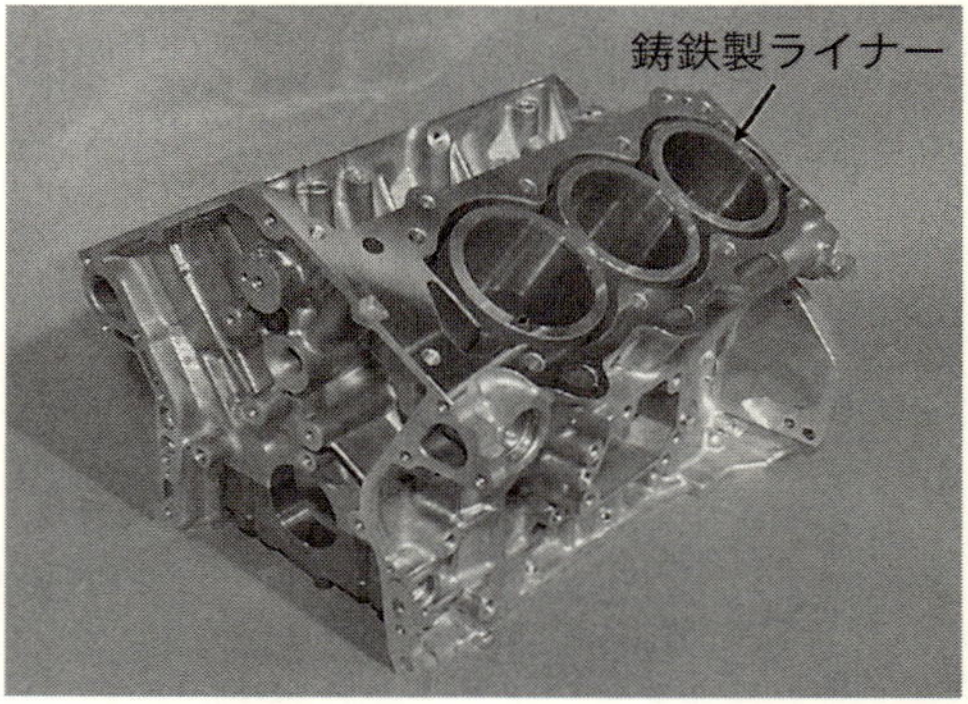

図1-1　乗用車用アルミ製シリンダーブロック（中江秀雄『新版　鋳造工学』、4頁）

感のもと、長年鋳物に携わってきた者として、鋳物に市民権を取り戻すこと、社会の理解を向上させることを目的に、本書の執筆に取りかかった。

奈良の大仏も、銅鐸、胴矛《どうほこ》に代表される古代の機器も、鋳物以外の手法では造ることができなかった。蒸気機関の発明があって、初めて大きな鍛造品が作れるようになり、発電機の発明で電気溶接が可能になり、モータの発明のおかげで、鋳物ではその送風装置が大きく変わり、大型炉の操業が可能になったのである。

ここで、少しばかり現代を代表する鋳物を紹介する。図1－1に乗用車用エンジンの主要部品であるシリンダーブロックを示す。この鋳物は十年以上前までは鋳鉄製で、エネルギー効率の向上（省エネ）のため、鉄よりも軽いアルミニウム合金で置き換えられたのだが、依然として鋳物である。しかし、アルミニウムは鋳鉄よりも耐熱性に劣るので、ガソリンを燃焼させる部位（ライナー、図中の矢印部）には、多くの場合にこのような鋳鉄製の円筒が使用されている。電気自動車になれば、もちろんこのようなシリンダーブロックはまったく不要にならざるをえない。電気自動車は、その動力はモータである。

図1－2には、鋳物製のジェットエンジン用タービンブレード（超合金）の製法の推移を示す。この

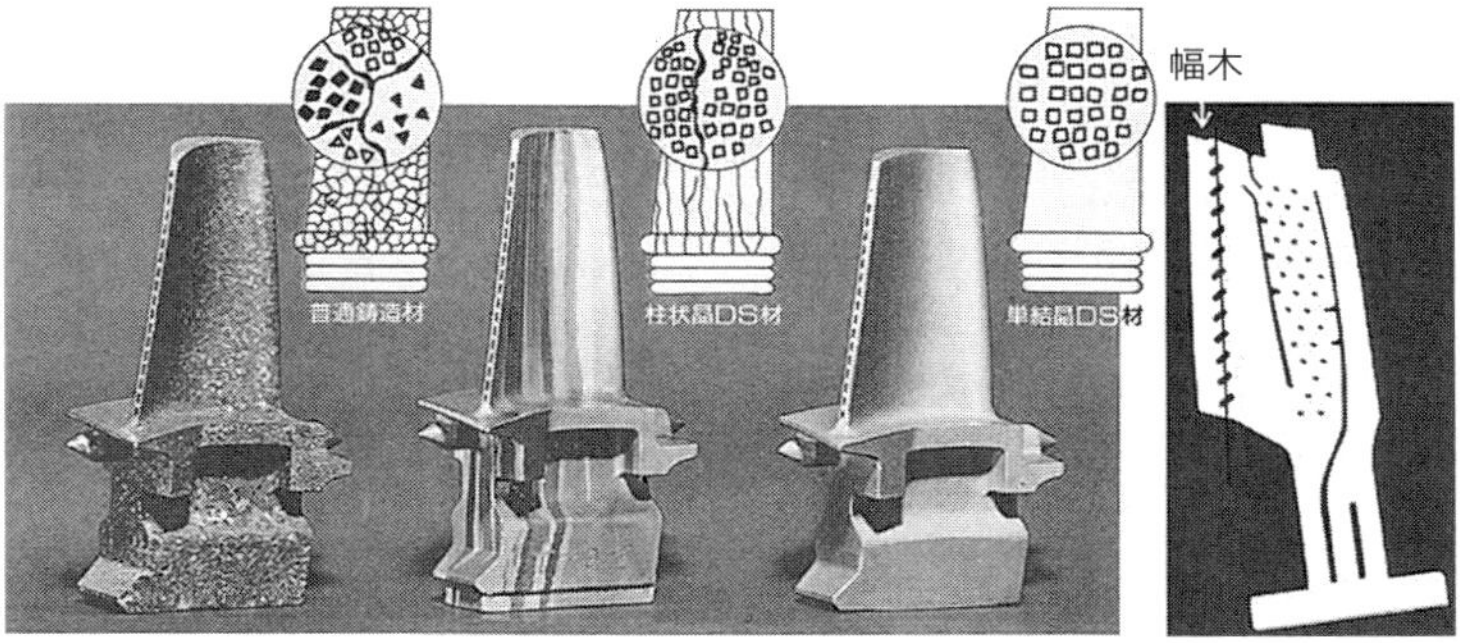

図1-2　ジェットエンジン用第一段タービンブレード鋳造材（超合金鋳物）の推移（中江秀雄『新版　鋳造工学』、7頁）

重要部品は、一九五〇年代までは鍛造で造られていた。しかし、超合金の耐熱性が向上すると鍛造ができなくなり、鋳造品に置き換わった。これが図中左の普通鋳造材である。さらなる耐熱性の向上には、普通鋳造材の欠点であった結晶粒界（結晶と結晶の境界）を一方向に揃えた一方向凝固鋳造材（柱状晶DB材）が考えられ、一九八〇年代に使用され始めた。この材料でも結晶粒界が弱いので、粒界を完全になくした一つの結晶からなるブレード、すなわち単結晶鋳造材が一九九〇年代に使用され始め、現在ではほぼ完全にこれに置き換わっている。これらの製造技術は、エンジン内の燃焼温度の向上をもたらし、航空産業の省エネに大きく寄与している。さらには、発電用のガスタービンなどにも使われるようになり、一般にも広く貢献している。

ところで、図１－２の三種類のタービンブレード材をよく見ると、すべてのブレードの左端に点線状の模様が見える。これらは、ブレード内部を空気で冷却し、その空気を外に排出するための孔である。したがって、これらのブレードは中空で空冷構造になっている。このブレード内部に空気冷却の孔を開けているのが右端のセラミック中子《なかご》である。中子は、この超合金と反応することなく、鋳物ができた後は内部から完全に除去できなければならないので、極めて高度の技術を要する部品である。

実は、自動車のシリンダーブロックもまた、ほとんどが水で冷やす水冷式エンジンになっている。このように、製品内部に連続した孔を成型できるのも鋳造法の利点である。これには中子を用いるが、その詳細は『新版　鋳造工学』を参照いただきたい。

単結晶タービンブレードが最初に開発されたのは一九六六年とされている[2]。つまり、この発明（正確には論文発表）から三十年ほどが経過して、初めて民間のジェットエンジンに採用されたことになる。何と時間がかかっていることであろうか。構造用金属材料の開発には、発明から実用化までに多くの時間がかかることが知られている。半導体の世界では、新しい材料の発明から実用化までのタイムラグはずっと少ない。少し愚痴にはなってしまうが、この辺に金属材料屋の悩みがある。

筆者は鋳物の研究と教育に半世紀以上も携わってきた。それは、卒業論文作成に始まり、博士論文執筆までの学生時代、その後の日立製作所でも研究員として十二年間も鋳物に携わってきた。さらに四十一歳からは早稲田大学で教員として勤務し、鋳造・凝固学を教え、研究に従事した。これらの経験を活かし、大学を定年退職後には、国立科学博物館より依頼された『鉄鋳物の技術系統調査』[3]を著した。そこでは、主に江戸時代から現代までの鉄鋳物の技術史を記述した。その際、幕末から明治維新にかけてのわが国の技術革新に、大砲の鋳造が深く係わったことを認識させられた。その最大の原因が、ペリーの砲艦外交による江戸幕府の開国であった。これが引き金となって、わが国の近代化に鋳造技術が果たした役割に光を当てるべく、『大砲からみた幕末・明治』[4]を著した。

一方で、わが国の文化と言うべきか、日本の技術系の学会ではその分野の歴史に関する意識が低い、と感じている。例えばアメリカの鋳造学会では、鋳物の歴史書を数多く出版してきた[5]。さらには、トルコ[6]や中国[7]でも鋳物の国際会議の記念出版物として、その国の鋳物の歴史書を出版している。それに引きかえ、わが国ではこのような本は著されていない。鋳物に長年係わってきた筆者は、先の拙著を著すために海外の鋳物の歴史書を調査していた段階で、これらの書物に行き着いた。したがって、この分野の穴を埋めるために、本書の執筆を思い立った次第である。

2　溶解と熔解

鋳物を造るには、まず、青銅や鋳鉄などの金属を溶かさなければならない。この**溶**かすという漢字の〝**さんずい**〟は偏の一つで、いうまでもなく、水の字が偏になった時の漢字を示すものである。したがって、水に砂糖や塩などが溶けるなどの意味で使われ、氷の場合には〝**氷が解ける**〟か〝**融ける**〟、と書くことになる。一方で、古来より金属の溶解には火を用いたので、火偏の**熔解**あるいは金偏の**鎔解**の文字が用いられてきた。これらを英語で表すと、**溶**けるは dissolve であり、**熔**けるは melt である。しかしながら、現在のわが国では**熔**や**鎔**の文字は使えない。冶金屋にとっては何と不便なことであろうか。この原因は、以下のような**当用漢字・常用漢字**の制定によるものである。

当用漢字とは、現代国語を書き表すのに日常使用する漢字の範囲として昭和二十一（一九四六）年に定められた一八五〇種の漢字である。より正確にいうと、国語審議会が答申したものを、同年に内閣が告示した「**当用漢字表**」に掲載された漢字を指す。しかし当用漢字表は、昭和五十六（一九八一）年に内閣が一九四五種の漢字を「**常用漢字表**」により告示したのに伴って廃止された。これらの過程で、**熔**や**鎔**の文字は使えなくなってしまったのである。

そのため昭和二十一年の告示以降、それまで使用されていた語句を同音の漢字で書きかえねばならないなど、問題点が頻出した。昭和五十六年の**当用漢字表**の廃止以降は書き換えに強制力はなくなったが、現在においても**常用漢字**が、公文書を始めとした用字の指針となっている。そこで、本書では引用文献の記載、あるいはそこからの文章の引用でのみ、これら旧字を用いることとした。

3　タタラとこしき、その表記法(8)

鋳物は青銅の溶解で始まったといえるが、その後の鋳物の主流は鋳鉄と鋼になった。溶解のための主原料には、金属は銅と銑鉄が、燃料は本炭や木材が用いられた。大量の金属を溶解するには、大量のこうした燃料に加えて、大量の空気を送ることができる送風機の開発が不可欠であった。そこで、本章では炉と送風機に焦点を当ててみよう。

銅の溶解は比較的単純なので、まずは銑鉄を取り上げる。鋳鉄の原料である銑鉄を語るには、この製造に用いられたわが国固有の製鉄炉である**たたら**から始めなければならない。〈**たたら**〉の漢字には、炉としての〈鑪《たたら》〉と、その略字である〈鈩《たたら》〉、そして送風機を表す〈踏鞴《たたら》、蹈鞴《たたら》〉がある。さらに、時として鋳鉄や青銅などの溶解炉であるこしき〈甑《こしき》〉を〈**たたら**〉と書くこともあるので複雑である。そ

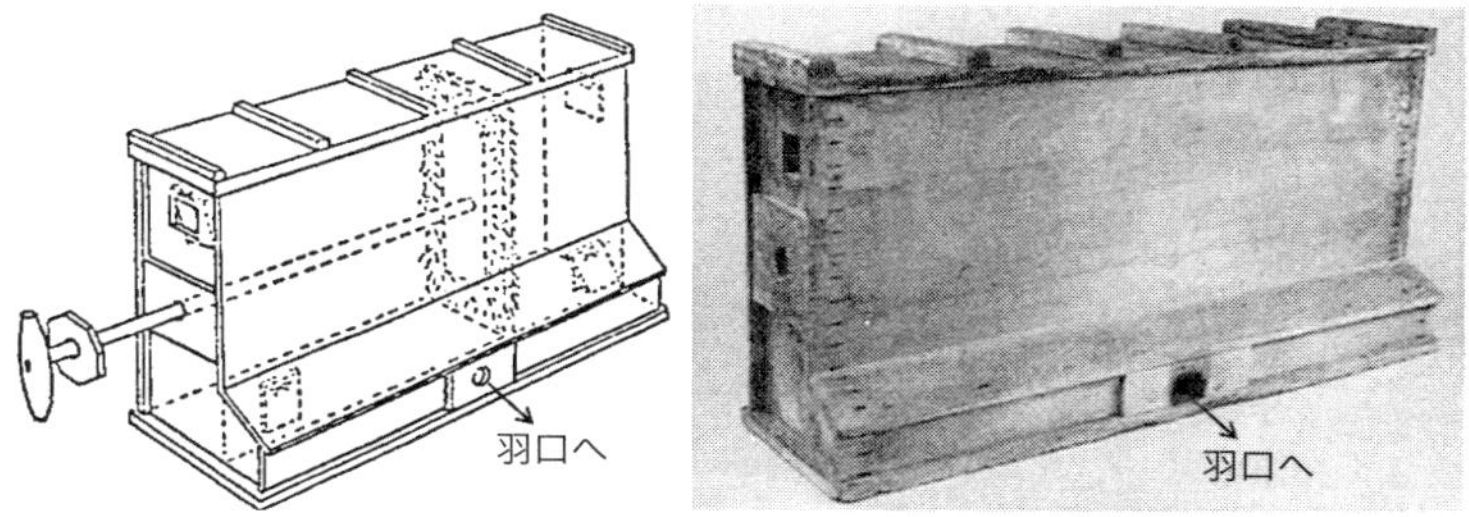

図 1–3　吹差吹子（手鞴）（渡辺ともみ『たたら製鉄の近代史』、79 頁）

こで読者の理解を容易にするため、本書では炉としてのたたらを**タタラ**で、送風機を**たたら**（または**鞴**、**踏鞴**）で示すことにした。また、溶解炉としてのたたらは**コシキ**と表記した。

わが国の鉄を語る時に、**タタラ**を避けて通ることができないことはいま述べた通りである。**タタラ**とは、砂鉄（鉄鉱石・酸化鉄）を木炭で還元して鉄を得る炉と定義できる。**タタラ**は現在の高炉に相当する炉である。しかし、高炉は鉄鉱石を還元して銑鉄を造る炉であるが、**タタラ**は銑鉄も鋼も造り分けることができる点が高炉と異なっている。また、**タタラ**の漢字としては、先学である俵国一先生に敬意を表して、鈩ではなく**鑪**の字を用いることとした。

コシキ（**甑**）は先に述べたように青銅や鋳鉄などを溶かす溶解炉で、現在のキュポラに相当する。**コシキ**で大量の金属を溶かすには、大量の燃料（木炭）に大量の風を吹き込んで、これを燃焼させることが不可欠である。古くは山の斜面にコシキの原型となる縦型の炉を造り、自然通風で溶解が行われていた。しかし、自然通風では送風量が少ないので、大量の空気を送るために**たたら**、**鞴**《ふいご》、**吹子**が考案された。

初期の鞴は皮革製の袋型であったが、[9] これが箱型に[10]変化してゆく。箱型の鞴には手で風を送る手鞴（図１－３）と、図１－４に示す足を使っ

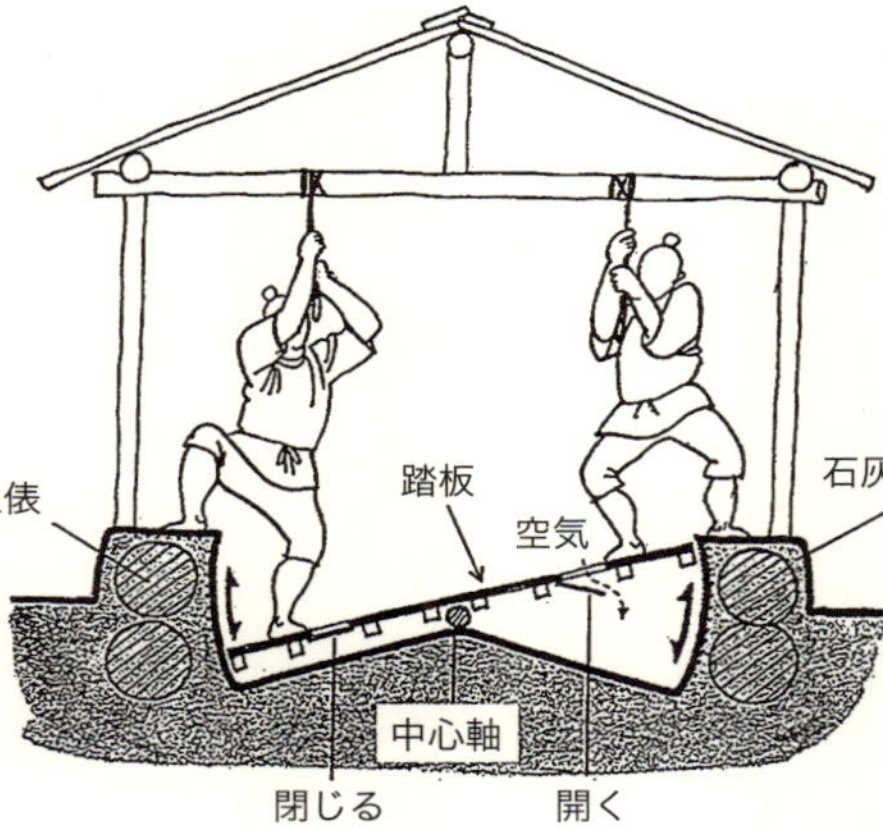

図 1–4　たたらの仕組み（香取・穂積『新装版　奈良の大仏』、41 頁）

た足踏み鞴（**たたら**、踏鞴、蹈鞴）がある。もちろん、人間は手よりも足の方が力が強いので、その分だけ多くの空気を送ることができる。したがって、ふいごの動力としてはまず手が用いられ、次いで足が使われ、やがて水車に移ってゆく。のちに産業革命が起こると、その動力は蒸気機関となり、さらには電力の実用化で、動力源はモータになる。

たたらを踏んでいる時に強く踏みすぎて、よろめいた勢いで数歩ほど歩み進んでしまうことを、〈たたらを踏む〉という。この動作が歌舞伎でいう〈たたらを踏む〉につながっている。わが国では**たたら**の動力に水車が使われるのはかなり後になってのことで、当初はほとんどすべてが足踏み**たたら**で、人力により**タタラ**（炉）に風が送られていた。手鞴は送風量が少ないので、主に鍛冶屋で使われてきた。**たたら**の仕組みを香取・穂積の書から引用して、図1－4に示した。この図では二人でたたらを踏んでいるが、踏板の上下運動で風が送られていることがわかる。

図1－5は**タタラ**の操業図[11]である。ここでは、中央にある炉が**タタラ**で、その両端にある人力による足踏み式送風機が**たたら**である。本書ではこれらの区別を明確にするため、**タタラ**と**たたら**を使い分け

ることにしたのである。また、この絵には**たたら**を踏む作業員の数が少なく描かれているが、実際はもっと大勢である。

図1－5では、タタラから銑鉄が流れ出ている様子が描かれており、この操業が銑鉄を得るための操業、すなわち**銑押**《ずくお》(し)であることがわかる。さらに、炉から流れ出ている銑鉄が火花を発している様子が鮮明に描かれており、この銑鉄はケイ素含有量が極めて少ないことを示唆している。一方、タタラで鋼を得る操業を**鉧押**《けらお》(し)という。この場合には三日間程度のタタラ操業の後、炉を壊して炉底部にできた鉧を取り出すことで一回の操業が完了する。鉧の中で中央部に存在する高品質な鋼は、明治中頃からは**玉鋼**と称され、日本刀などの原料地金とした。

ちなみに図1－3の手鞴は、ピストンを押しても引いても風を出せる構造になっているが、それに対して図1－4と図1－5のたたらは、踏板を下げた場合にしか送風できない構造である。この点を改良して、踏板の上げ下げの両方で風を送れるように改良した足踏み送風機が、天秤鞴《てんびんふいご》である。

すこし本筋からは離れるが、図1－6の上図に天秤鞴の概要[12]を示す。図1－4のたたらでは踏板は一枚であったが、これらの図では二枚になっているのがわかる。この天秤鞴は同

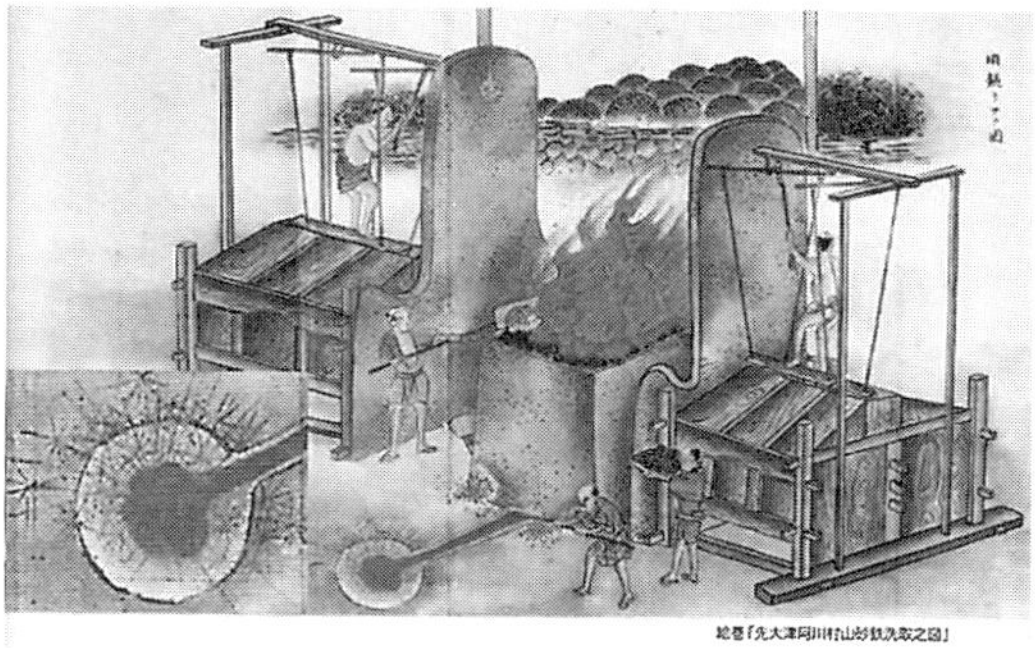

図1-5　タタラ（鑪）とたたら（踏鞴）（JFE、東京大学）（東京大学工学・情報理工学図書館蔵、絵巻『先大津阿川村山砂鉄洗取之図』）

右図に示すように、左右に分かれたそれぞれの踏台に足を載せ、これらの踏板を交互に上下させることで、つねに送風が可能になる機能を備えている。この点に関して『たたら　日本古来の製鉄』は、「このような天秤鞴と呼ばれる装置が普及し始めたのは十七世紀末〜十八世紀前半でした。……この天秤鞴は効率が良く、労働量は従来のたたらの半分で済んだといいます」と記している。また、「天秤鞴の出現でたたら製鉄は急速な発展をしました。この天秤を踏む作業者を番子《ばんこ》と呼びました。二人一組の番子

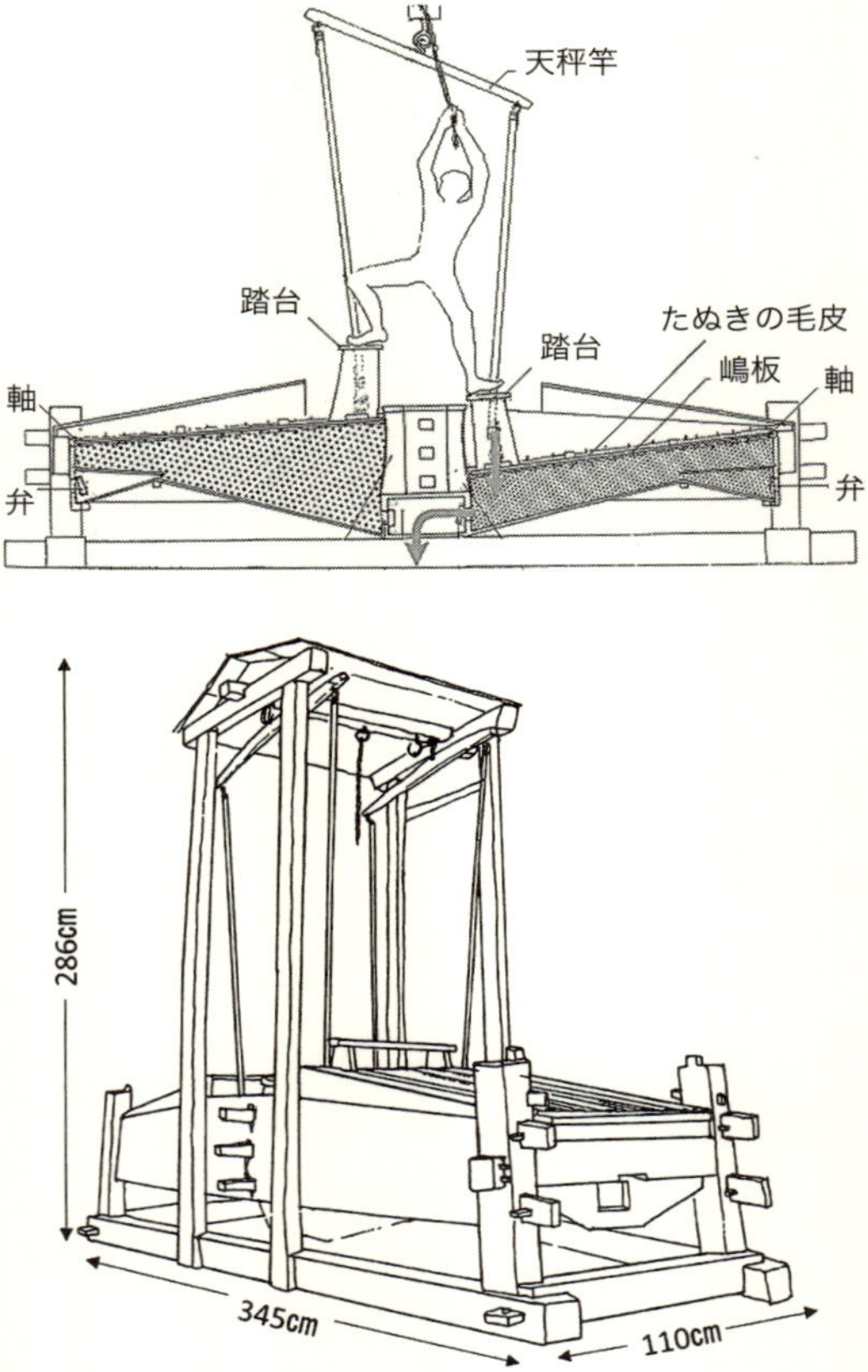

図 1-6　櫓《やぐら》天秤鞴の仕組み（JFE 21 世紀財団『たたら　日本古来の製鉄』、90、91 頁）

が一時間交代で八時間作業します。三組（計六人）で一日をカバーする交代勤務を三日間続けます。現在から見ると重労働でした。ここから「替り番子」という言葉ができたそうです」と結ばれている。〈たたらを踏む〉や〈替り番子〉といった言葉が、たたら由来であったとは、面白い話ではないか。

しかし不思議なことには、このように効率の良い天秤鞴がコシキに使われた形跡が見いだせない。例えば、江戸から明治にかけての鋳物師の詳細を書きとめた『倉吉の鋳物師』[13]にも、香取・穂積の著書、石野の著書[14]、内田の『鋳物師』[15]、『大筒鑄之圖』[16]や『石火矢鑄方傳』[17]にも、たたらに関する記述はあっても、天秤鞴に関してはまったく触れられていない。これは、鋳物では天秤鞴が使用されてこなかったことを表している。なぜであろうか。江戸時代には製鉄業と鋳物業の間には技術交流がなかったのか、あるいは製鉄業者が天秤鞴を機密としていたのであろうか。筆者はこの原因は後者（機密）にあった、と考えている。それだけ価値のある送付装置が天秤鞴であったのではないか。

注

（1）中江秀雄『新版　鋳造工学』産業図書、二〇〇八年、四、七頁。
（2）S. Y-Hsing: *The Early History of Casting, Molds, and the Science of Solidification, A Search for Structure, Selected Essay on Science, Art, and History*, C. S. Smith, The MIT Press, 1981, p. 127.
（3）中江秀雄『鉄鋳物の技術系統調査』国立科学博物館・北九州産業技術保存継承センター、二〇一三年、六頁。
（4）中江秀雄『大砲からみた幕末・明治』法政大学出版局、二〇一六年九月。
（5）たとえば B. L. Simpson: *History of the Metal-Casting Industry* 2nd Ed., American, Foundrymen's Soc., 1969. B. L. Simpson: *History of the Metal-Casting Industry* 3rd Ed., American Foundrymen's Soc., 1997.

C. A. Sanders and D. C. Gould: *History Cast in Metal*, Cast Metals Inst. AFS, 1976.

(6) Önder Bilgi Ed.: *Anatolia, Cradle of Castings*, Istanbul, 2004.

(7) Tan Derui（潭徳睿）Ed.: *An Illustrated History of Ancient Chinese Casting*（中国伝統鋳造図典）, Foundry Inst. of Chinese Mechanical Eng. Soc., 2010.

(8) 吉田光邦『機械』法政大学出版局、一九九五年、一一二頁。
「鞴（ふいご：吹子）」和鋼博物館ホームページ、www.wakou-museum.gr.jp/spot5/

(9) 渡辺ともみ『たたら製鉄の近代史』吉川弘文館、二〇〇六年、七九頁。

(10) 香取忠彦・穂積和夫『新装版　奈良の大仏』草思社、二〇一〇年、四一頁。

(11) 東京大学 工学・情報理工学図書館、絵巻『先大津阿川村山砂鉄洗取之図』。

(12) JFE21世紀財団『たたら　日本古来の製鉄』、二〇一七年、九〇、九一頁。

(13) 倉吉市教育委員会『倉吉の鋳物師』、一九八六年。

(14) 石野亨『鋳造技術の源流と歴史』産業技術センター、一九七七年。

(15) 内田三郎『鋳物師』埼玉新聞社、一九七九年。

(16) 源保重『大筒鑄之圖』弘化四年（一八四七年）国立国会図書館蔵。

(17) 米村治太夫「米村流中段　石火矢鑄方傳」一六三一年（寛永八年）、所荘吉解説、青木國夫他編『江戸科学古典叢書42』恒和出版、一九八二年、九一頁。

第二章　鋳物の始まり

1　金属の誕生

人類の歴史（時代）は一般に、その時に使用した道具の材料で記述されることが多い。その代表的なものが、「石器時代、青銅器時代、そして鉄器時代」という分け方である。この青銅器時代こそが鋳物の始まり、と筆者は考えている。しかし、鋳物を造るには金属材料が不可欠なので、まずは金属精錬の始まりから考えてみる。

チャールズ・シンガーはその著書『技術の歴史』(1)のなかで、採鉱の道具、技術、産物の発達過程の概要に触れつつ、材料による時代の区分を次のように示している。すなわち、旧石器時代、新石器時代（紀元前三五〇〇年まで）、エジプト先王朝時代（銅の鍛造・鋳造品、紀元前三五〇〇年〜三〇〇〇年）、

金属器時代Ⅰ（青銅や錬鉄、紀元前三〇〇〇年～二二〇〇年）、金属器時代Ⅱ（銅製品の一般化、紀元前二二〇〇年～一二〇〇年）、初期鉄器時代（紀元前一二〇〇年～五〇〇年）、後期鉄器時代（紀元前五〇〇年～五〇年）という分類である。

そして初期冶金術の年表では金属材料の歴史に触れ、次のように示している。紀元前五〇〇〇年頃から自然金や自然銅、隕鉄（一般的には隕石と呼ばれているが、これは鉄とニッケルの合金であり、当初は鍛造用の金属として用いたので隕鉄ともいう）の使用に始まり、紀元前四〇〇〇年頃には自然銀、酸化銅鉱の還元法の発明、溶融と鋳造の発見、青銅の使用が示されている。これらの年代は必ずしも先の年代区分とは一致しないが、これでよしとすると、シンガーに従えば、鋳物の始まりは紀元前四〇〇〇年頃となる。

さらに、金銀の分離は紀元前一五〇〇年頃から始まり、塩化法や硫化法による金の精錬は紀元前一〇〇〇年頃から始まった、としている。一方で、紀元前五〇〇〇年頃に隕鉄の使用に始まった鉄の歴史は、紀元前三〇〇〇年頃にはすでに経験的に熔錬がなされるようになり、紀元前一五〇〇年頃から表面硬化（炭化）させた鉄が使用され始め、古代世界に鉄が普及していった、としている。これらの鉄は鋳物ではなく、すべてが鍛造品である。

これらの結果をまとめてシンガーは、初期冶金技術の伝播経路を図2－1のように示している。すなわち、中央アジアで始まった冶金技術①は、ヨーロッパへ①～④の四段階で伝播した。しかしここでは、この図中にある①～④に関する説明はまったくなされていない。

不思議に思っていたところ、R・J・フォーブスの著書[2]に同様な図があることに気づいた。フォーブ

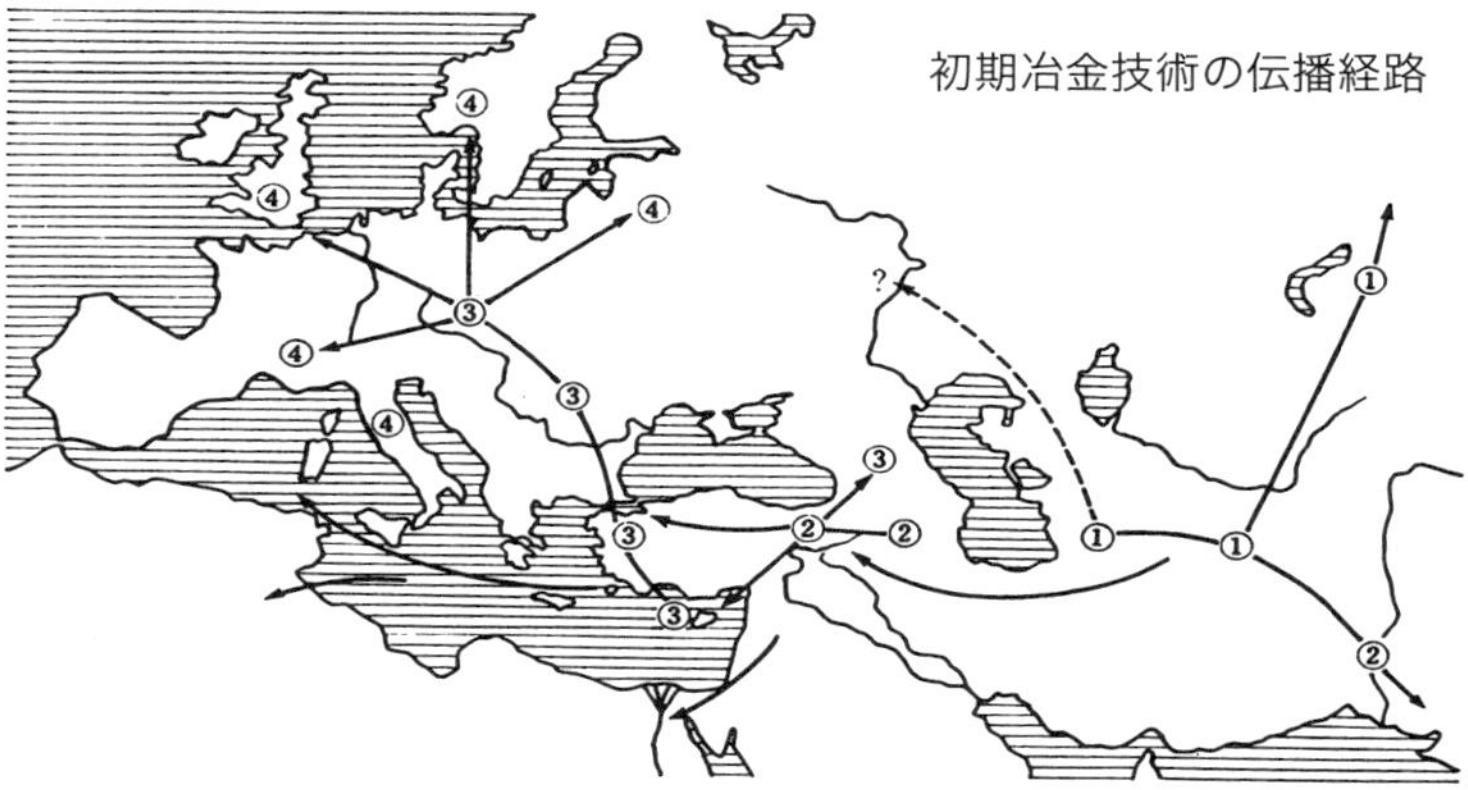

図 2-1　中央アジアからヨーロッパへ 4 段階で伝播した金属技術の経路（『シンガー技術の歴史　2 巻』、472 頁）

スによると、彼の図には、「近東①にはじまり、中東およびインド②、つぎに東地中海とバルカン半島③を経て、中央ヨーロッパ④に達し、さらにブリテン諸島とバルト海に及んだ」となっている。そして、エジプトへの伝播経路も図の下部中央に矢印で示されているが、文章による説明はない。図2－1はまさにこの説明の通りであり、フォーブスの著書からの引用と考えられる。シンガーの原書刊行は一九五七年であり、フォーブスのそれが一九五〇年であったことを考えると、シンガーがフォーブスの図を引用したと考えるのが妥当であろう。しかし、シンガーの図版目録[3]では、この図は著者によると記されている。不思議な記述である。

近代冶金術の歩みについてフォーブスは、「人類は天然産の諸金属を宝石として使い、次にこれらをたたきのばしたり切ったりした。これにつづいてやってくるのが鋳造、高温で打ちたたくことによる変形（鍛造）、銅鉱石の処理、そしてさらには多くの段階があってついには青銅冶金の発見がやってくる。しかしその最後の段階

――青銅の鋳造――でさえ、単一の発明ではなく、いくつかの発見と発明の複合結果であった」としている。また、鋳造と鍛造はほぼ時を同じくして始まったことが記されている。

2　鉄の始まり

前節では、主に銅の歴史を述べてきた。しかし、時代区分にもあるように、青銅器時代に次いで鉄器時代がくる。もちろん、青銅鋳物の次は鋳鉄鋳物、と言いたいのであるが、そう簡単ではない。佐々木稔(4)によると「もっとも古い時代に位置づけられる鉄製品の中で有名なのはトルコ西北部アナトリア地方のアラジャホユック遺跡で、紀元前二五～二二世紀頃の王墓群のK号墳から出土した鉄剣である」としている。そして「近年、日本調査隊によって古代都市の一つのアマン・ホユック遺跡の調査が進み……、ヒッタイト帝国時代およびそれ以前の鉄の使用状況がかなりわかってきた」として、図2－2を示している（ここでは元の図の紀元前の時代のみ引用した）。佐々木は、「カマン遺跡には、紀元前二一〇〇年頃からアッシリア商人が居留し始めたことを表す土器が出土する」とし、紀元前一九三〇年～紀元前一七五〇年代にはヒッタイト時代の鉄器製品が出土したことを示している。そして、「ヒッタイト帝国の崩壊によって鉄の生産技術の秘密が洩れ、西アジア一帯に拡散した」としている。

鉄の起源に関しては諸説あるが、窪田蔵郎(5)は「世界で最初に人間が鉄を造ったのはどこか？　通常はトルコ中央部のヒッタイトの国と言われてきたが、……近年ではこれらの話や遺跡から総合的に勘案して、ミタンニ王国が構成された辺り、換言すればメソポタミア北部が発祥地と推定されている」としている。
　また、窪田は初期鉄遺物の分析例を表2－1のように示している。ここではエジプトの鉄がトルコの鉄よりも千年以上前に存在したことを示しているが、先のように人工鉄の起源としてはヒッタイト（トルコ）を挙げている。すなわち、エジプトの鉄には隕鉄が使われていたとして、これは人工物ではないとみなし、鉄の起源に含めなかったのであろう。

	層序・時代（床の枚数）	製鉄に関する事項
前 340	Ⅱ層／オスマン時代 a　(7)	鉄製品、鉄滓
前 650	b　(2)	鉄製品、鉄滓
	c　(2)	鉄製品、鉄滓、炉跡
前 720～750	d　（暗黒時代） ＝ダークエイジ (8)	鉄製品、鉄滓
前 1200	Ⅲ層／中・後期青銅器時代 a　ヒッタイト帝国時代 (2)	鉄製品、鉄滓
前 1400	b　ヒッタイト古王国時代 (7)	鉄製品
前 1700 前 1750	焼土層 c　アッシリア商人居留地 時代　(4～5)	鉄製品
前 1930	焼土層 Ⅳ層／前期青銅器時代 a　(4)	
前 2100	b　(3)	
前 2300	（発掘中）	

図 2–2　カマン・カレホユック（ヒッタイト）の紀元前の鉄遺跡
（佐々木稔『鉄の時代史』、8 頁）

　このように、佐々木も窪田も鉄の起源をヒッタイトとしているが、シンガーの著書には鉄に関する明確な記述はない。鉄の考古学の難しさは、その錆びやすさにある。鉄は時間が経つと錆びてしまうので、よほど保存状態がよくなければ、古いものが現在まで残存することは難しいのである。錆びるということは酸化鉄になることであり、鉄鉱石に戻ることでもある。したがって、自然金や自然銅は存

表 2-1　初期鉄遺物の分析例（窪田蔵郎『鉄と人の文化史』、7 頁）

遺物形状	出土場所	推定年代	分析結果
小管玉	エジプト ゲルゼー墳墓	B. C. 3500〜3300	Fe　92.50 Petrie. Wainwright. Mackay
鉄器刃	エジプト 11 王朝 ピラミッド	B. C. 2050〜2025	鉄とニッケルの比率　10：1
鉄剣刃部 金製鞘	エジプト ツタンカーメン王墓	第 18 王朝 B. C. 1340	Dr. Iskander によって調査されニッケル含有量から隕鉄を証明している
鉄器刃　4n	〃	〃	〃
枕飾金具	〃	〃	〃
三ヵ月形飾板	トルコ アラジヤホユク王墓	B. C. 2400〜2200	Fe_2O_3　76.30% NiO　3.06%
ピン （頭部は金）	〃	〃	Fe_2O_3　72.20% NiO　3.44%
矛先の飾り 2 個	トルコ トロイ宝庫	B. C. 2400〜2200	Fe_2O_3　Fe_3O_4　NiO a　72.94　60.5　2.44（%） b　62.02　0.84　3.91（%）
工具破片	イラク ウル王墓	B. C. 2500	Fe　89.0% Ni　10.9%
鉄器破片	イラク ウバイド墳墓	B. C. 2900〜2400	Prof. Desch が隕鉄からのものと発表
斧頭	シリア ラス・シヤムラ小神殿	ウガリット王朝時代 B. C. 1450〜1350	Fe　84.95%　Ni　3.25% S　0.192%　P　0.39% C　0.410%　FexOx　10.80%
護符	クレタ島 ミノア宮殿	B. C. 1600〜1400	鋸刃状の跡があったとされている

注）　アラジヤホユクの黄金装鉄短剣も層位から考えれば隕鉄と考えられるが未調査のため不掲載

ロバート・マデン博士（当時ペンシルバニア大学教授）が日本鉄鋼協会のトランスアクション Vol. 15, 1975 に寄稿された論文「Early Iron Metallurgy in the Near East」の中で使用されている、中近東出土の隕鉄製と推定された古代鉄器の表を要約したものである。その後の考古学界の発掘はしばしば鉄器の発見を報じているが、文化財としての保存のため化学分析を経るものが少なく、また調査遺跡がほとんど鉄器時代に入ってのものなので人工により製錬した鉄器破片が多い。（中江）

在するが、自然鉄はほとんど存在していない。

ここで述べた鉄とは、鍛造による鉄製品であって、鋳物ではない。なぜ、青銅は鋳物で、鉄は鋳物ではないのか。筆者は鋳物を専門にしているので、青銅と鉄の加工法の相違は、両者の溶解温度の違いである、と考えている。青銅は一〇〇〇℃程度で溶かせるが、鋳鉄の溶解には一二〇〇℃が、鋼では一四〇〇℃が必要である。鋳物を造るにはその金属を溶かしただけでは、鋳型の中で瞬時に固まってしまい、形を得ることはできない。形を得るには、この溶解温度をさらに二〇〇℃ほど高くする必要がある。すると、これらの鋳物を造るのに必要な溶解温度は、それぞれ一二〇〇℃と一四〇〇℃、一六〇〇℃になる。一二〇〇℃という温度は木炭か木材の燃焼で容易に達成できるが、一四〇〇℃という温度を得るのは木材や木炭だけでは難しく、送風機の工夫が必要になる。これが、青銅鋳物は五千年の歴史があるのに対して、鋳鉄鋳物の歴史は二千年になってしまう主原因である。鋼の鋳物（鋳鋼）を造るには一六〇〇℃以上の温度が必要であり、その歴史はわずか二百年に過ぎない。(6)これを、筆者は〈温度の壁〉と称している。

3　青銅鋳物の始まり

それでは青銅鋳物はどこで始まったのであろうか。藤野明(7)によると、「古代の人びとは最初は自然銅を、またのちには、マラカイトからの銅を使って火と水をあやつり、初歩的な鍛造による簡単な細工を行っていた。この鍛冶仕事こそが人類史上はじめて〝フル・タイム労働〟の職人を登場させたのだとい

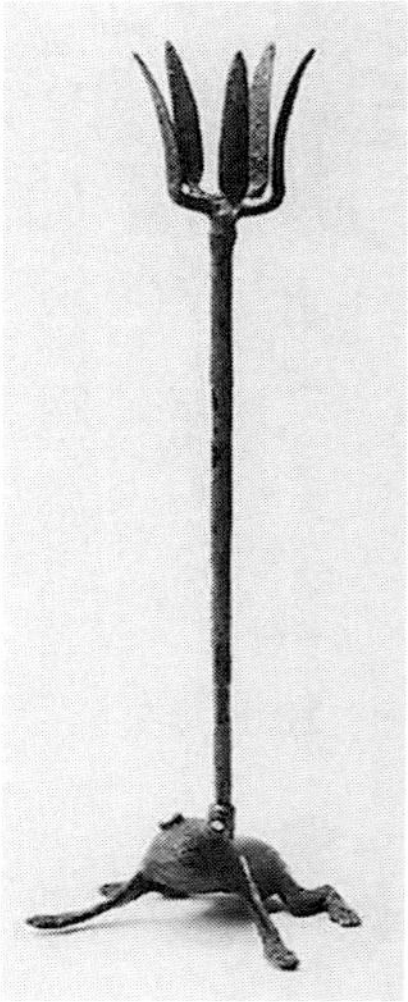

図 2–3　現時点で現存する最古の蛙の銅鋳物。メソポタミア、BC 3200 年（Simpson: *History of the Metal-Casting Industry*, p. 13）

われる。しかし、銅の性質（硬さ）では、とても利器と名のつくものはつくれない。こんな袋小路に入ったことが、結局はこのあと二千年近くにわたる金属加工の足踏みと、相変わらずの、利器は〝石材に頼るほかのない〟時代を招いてしまったのである」としている。銅は軟らかすぎたのである。

この銅の性質を一変させることになった青銅の発見は、ジェームズ・トレーガー(8)によると、南メソポタミアで、シュメール人によって紀元前三十六世紀ころになされた。紀元前五五〇〇年前には、すでにペルシャ人がマラカイトから銅を造り出していたが、これは軟らかすぎて刃をつけることができなかった。それが紀元前三六〇〇年には西南アジアの職人が青銅（銅と錫の合金）を作ったことで、刃をつけられる最初の金属の発見になり、青銅器時代が切り開かれた、としている。

最古の銅鋳物は何か、というのは難しい課題である。これに関してB・L・シンプソン(9)は、図2−3の蛙の銅鋳物を挙げている。さらに、初期の鋳物は純銅であったと記されているが、そこには単に図が示されているにすぎない。シンプソンは、精錬された錫が世の中に現れたのは十六世紀であるが、青銅鋳物の始まりは紀元前三千年頃であろうとしている。

この**最古**という言葉をわれわれ日本人はあまりに安易に使いすぎてはいないであろうか、と筆者は常々考えてきた。最古のというのは、あくまでも〈現存する〉という形容詞が省かれている、と。この

図 2-4　サッカラの墳墓から発掘された紀元前 2400 年頃の金細工師の絵（『シンガー技術の歴史　2 巻』、479 頁）

点に関してシンプソンは“The oldest known castings in existence”という表記をしている。まさに、現在判明している（現存する）範囲での最古である。このように複雑な形の鋳物が最初から造れるはずがない。まさに、現存する最古なのである。

残念ながら、メソポタミアの金属溶解炉に関する証拠を示す資料はないので、ここではエジプトの金属溶解炉に関して述べる。エジプトの金溶解の絵画を図2－4に示す。この絵は紀元前二四〇〇年頃のサッカラの墳墓から発掘されたものである。ここでは、粘土を先端につけた火吹き管で人間がルツボ炉に息を吹きかけて風を送り・溶解している様子が描かれている。さらに、ルツボから直接鋳型に溶融した金を注湯している人が中央に、右端には石槌でその成果である金を延ばしている様子が描かれている。この図は金の溶解・鋳造炉の工程を示しているが、このような簡易な送風手法では、これ以上の規模が大きい鋳造はありえなかったのであろう。

そこで、青銅の溶解に関するエジプトの絵を図2－5に示す。これは紀元前一五〇〇年頃のもので、テーベの墓から出土したものである。ここでは、左側の二人が足ふみ鞴でルツボ炉に風を送って、青銅を溶かし、その下には炉からルツボを取り出している様子が描かれている。そして

図 2-5　紀元前 1500 年頃のエジプトで青銅の扉を鋳造の絵（『シンガー　技術の歴史 2 巻』、478 頁）

右側（中央下）では扉の鋳型に注湯している。右端の二人は溶解させる地金を炉に運んでいると思われる。面白いことには、石野亨[10]もこの図を引用しているが、そこでは左右が完全に逆になっているし、筆者が鋳物の国際会議のあったエジプトで入手したカレンダーの図も同様であった。どこでこのようなことになってしまったのであろうか。

話は少し本筋を離れるが、われわれは〈法隆寺は世界最古の木造建築である〉と習ってきた。これも、〈現存する〉が省かれていることは容易にわかるであろう。あれほどの建築物が、ある日突然作られることはありえない。これと同様な表現に、コロンブスのアメリカ発見がある。これも、〈ヨーロッパ人として、初めてアメリカ大陸にたどり着いたのはコロンブスである〉とするのが正しいのであろう。これには少しおまけがついており、コロンブスがインドに着いたと勘違いし、その地名を西インド諸島、先住民をインディアンとしたことは、いかがなものであろうか。これと同じことを、マルコポーロが日本を発見、といったら、われわれ日本人は決して同意しないであろう。用語の遣い方には注意が必要である。

しかしわが国の青銅器鋳物を語る前には、その起源とされている中国の青銅器鋳物について述べなければならないが、これらの詳細は次章で

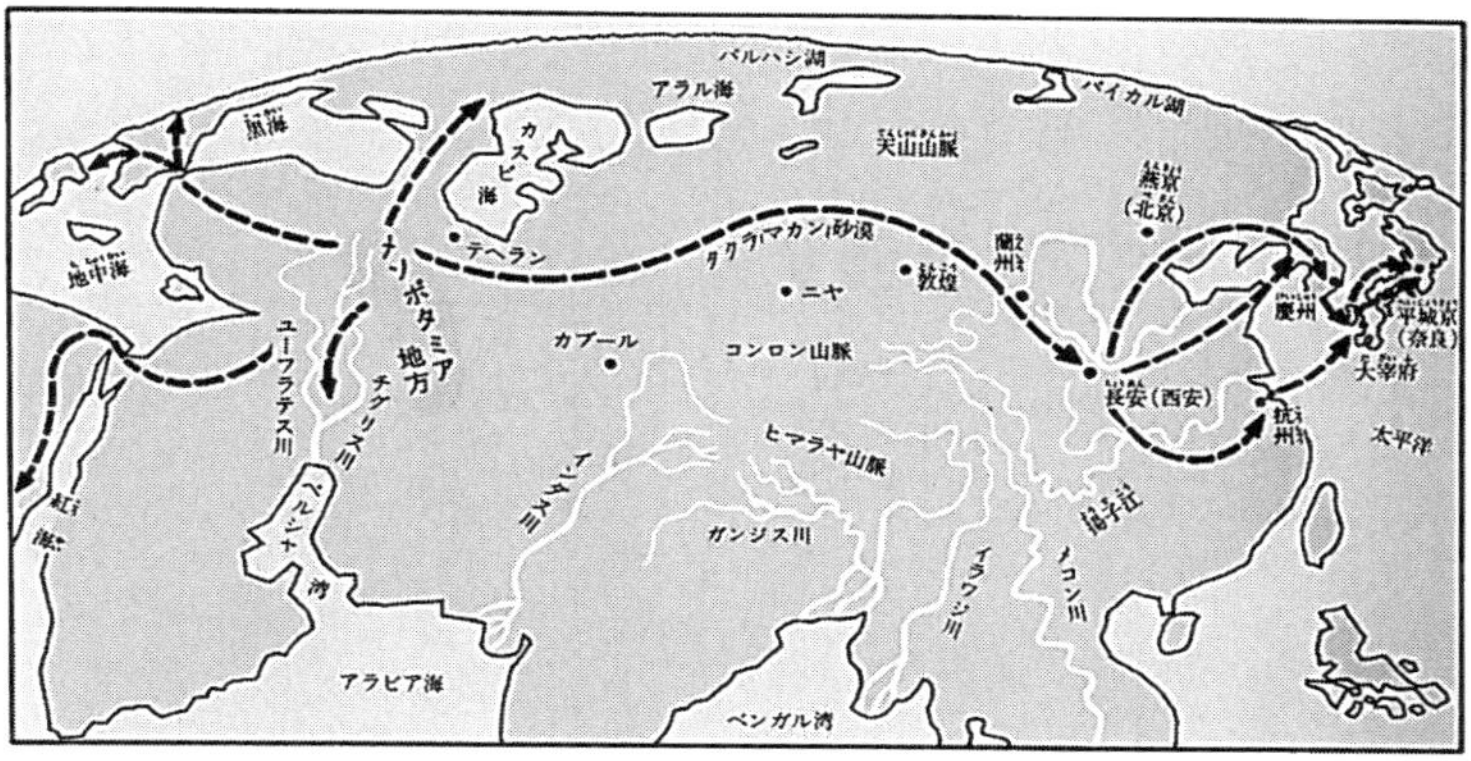

図 2-6　青銅鋳物の鋳造技術のわが国への伝播経路（石野亨・稲川弘明『鋳物の文化史』、11 頁）

まとめて記すこととし、まずはわが国の鋳物の歴史から始める。青銅器のわが国への渡来に関して、石野亨は前掲『鋳物の文化史』のなかで、メソポタミアで誕生した青銅鋳物の生産技術は、その後図2－6のような経路をつうじて、中国・韓国を経てわが国に伝わったとしている。この点に関して藤野の『銅の文化史』は、弥生時代に青銅鋳物の生産技術がわが国に渡来した、としている。さらに、「弥生時代のいまひとつの際立った特色は、石器、青銅器、鉄器使用の三時代が混じりあって共存しているということである」と、わが国特有の技術史観を展開している。

青銅器の渡来について樋口隆康(11)は、「金属製武器の出現は、その地域における権力の成長を意味する。日本や朝鮮が石器時代の段階にあった頃、すでに中国大陸では殷王朝が成立し、その中期（前一三〇〇年頃）に、最初の青銅器武器として銅戈《どうか》が出現した。銅戈は根元の部分、つまり茎《なかご》に長い柄を直角にとりつけ、敵の頸《くび》に打ち込むような使い方をする撃《げき》刺《し》用《よう》の武器である」としている。さらに、これらの青銅器は弥生時代の前期末から中期にかけて、主として北

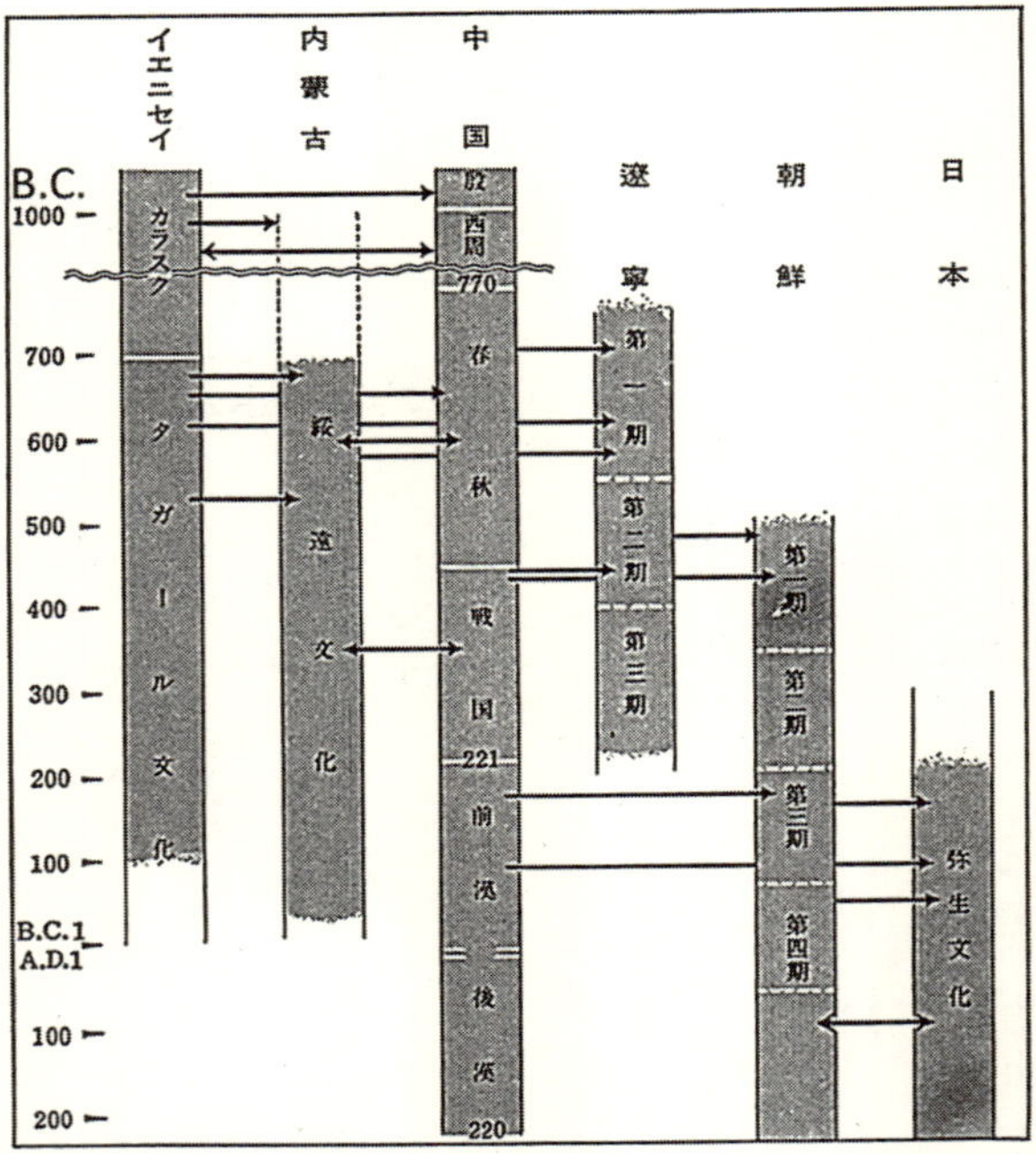

図 2‒7　青銅器文化の日本への伝播経路（樋口隆康編『大陸文化と青銅器』、95 頁）

九州の甕棺《かめかん》の副葬品として発見され、その後、北九州と一部の近畿地域においてもこれらの国産品が作られるようになった、としている。これでやっと、わが国の青銅器の誕生に触れることができた。

樋口はまた、わが国への青銅器の渡来の経路について、メソポタミア以降を詳細に検討し、図2‒7に示している。ここにいうイエニセイとは、ロシア連邦のイエニセイ川上流域を中心に点在する古代キルギスのことである。青銅器文化は紀元前千年頃にイエニセイから中国の殷に伝播し、その後は内蒙古や遼寧、朝鮮とお互いに影響し合って発展し、朝鮮を経て紀元前一五〇年頃に日本（弥生時代）に渡来した、としている。そして「さらに、日本ではまったく新しい青銅器もつくられた。巴形銅器・銅釧の類である。……この換骨奪胎こそ、日本文化の特色といえるであろう」と結んでいる。

4　鋳鉄鋳物の始まり

これまでは青銅鋳物を中心に話を進めてきた。それでは鋳鉄鋳物の生産はいつ・どこで始まったのであろうか。それは中国である。[12] 中国と言えば青銅器が著名であるが、その技術は図2－6、2－7で述べたように、メソポタミアからソ連や内蒙古をへて中国に伝来したものであった。しかし、中国での鋳鉄の歴史は古く、紀元前四七四年～二二一年の戦国時代にはすでに、金型で白鋳鉄製の斧や可鍛鋳鉄製の鋤《すき》が造られていたことが明らかにされている。これらの点に関しては、次章で詳細に述べたい。

井川克也によると、「鉄器時代は紀元前二千年以降といわれているが、鉄鉱石を固態還元した錬鉄が用いられ、鉄を溶解し鋳造する技術は、その融点が高いためもあって容易には開発されなかった。鋳鉄が溶解されたのは中国が最も早く、紀元前六〇〇～五〇〇年といわれ、ヨーロッパよりも二千年近く先行したとされている」と述べている。なぜであろうか。

この点に関して、井川は志村宗昭の『中国の古代冶金』[13] を引用して、「これは中国炉の形状がたて形で、また送風能力が大きかったため、一二〇〇℃前後の融点をもつ鋳鉄を十分に溶解することができたため」だとしている。先に述べたように、ヨーロッパやエジプトではルツボ炉が用いられており、縦型炉の導入はずっと後になる。

なぜ井川が志村の報告を引用したのかが気になってこれを調べてみると、志村の報告は、北京で開催された古代冶金国際討論会に出席した際の報告を、市販の雑誌、『金属』に掲載したものであった。志

図 2–8　中国式キュポラ（Simpson: *History of The Metal-Casting Industry*, p. 30）

村は中国側の話として、「中国には高度に発達した青銅精練技術があった。炉の形状が変化して高くなり、一方、鼓風〔鞴かと思われる〕が強化された。この効果によって炉内温度は高くなったが、鉄の内部への炭素の拡散速度も大きくなり、生鉄〔銑鉄〕となったのである。これにより、融点も純鉄に比べ三〇〇℃位低くなったのである。ヨーロッパでは青銅の精練技術の水準があまり高くなく古代海綿鉄の製造でも送風装置におくれがあった」として、縦型炉の重要性を指摘していた。

この点に関してシンプソン[14]は、中国では鋳鉄鋳物は紀元前八〇〇～七〇〇年に始まり、砂型による最初の鋳鉄鋳物は紀元前六四五年にできた、としている。この鋳鉄溶解に成功した原因としては、志村と同じく、縦形炉と箱型の鞴の使用を挙げている。そして、これは当時の最も進歩した溶解炉であった、と述べている。

さらには、少し近代的に描かれすぎているがと断り書きをして、中国式キュポラ（ここではキュポラとされているが、正確には後述のコシキである）を図２－８のような模式図で示している。この炉は、当時（紀元前八〇〇～七〇〇年ころ）に鋳鉄の溶解に採用された、最新の炉であった[15]としている。図の右上に、手押しの鞴が描かれている。この図は、まさに『天工開物』の溶解炉の挿絵を、西洋式のキュポラに描き変えたものである。任善之[16]は、この送風機（鞴）の構造を図２－９のように示している。まさに、この図は図２－８と一致する。

シンプソンはまた、最古の鋳鉄鋳物として図２－10の写真を示し、これは現時点（この本の初版の出た一九四六年時点）で最古と思われる現存する鋳鉄製ストーブで、漢時代（紀元前二〇六年から紀元二二〇年）のものとしている。そして、その表面に描かれた鋳出し文字を、「この器具は皇帝を喜ばせることでしょう」と解読している。この文字は、このストーブがいかに貴重品であったかを示している。

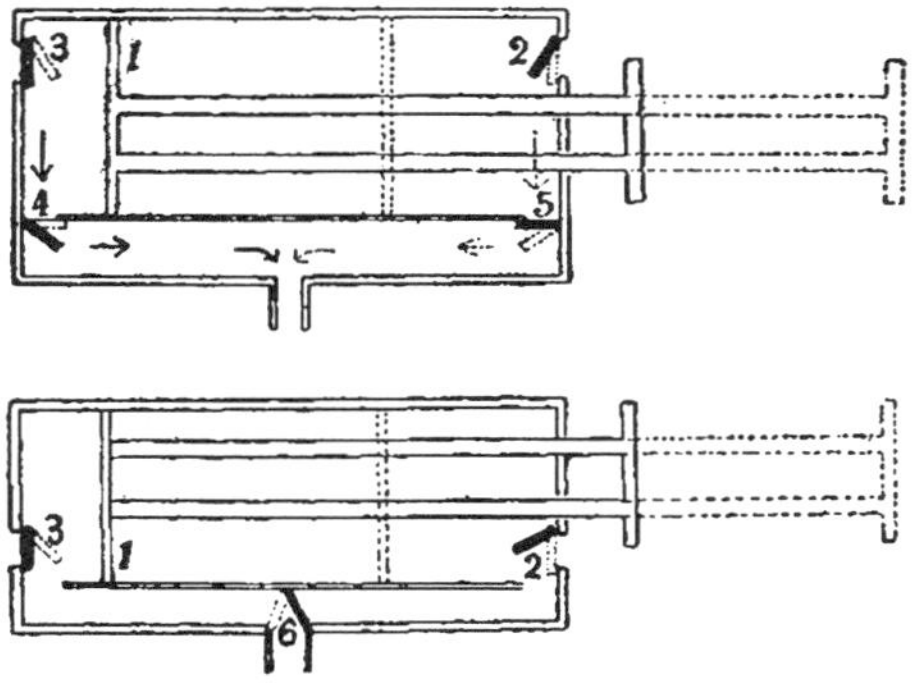

図 2–9　ピストン式風箱構造図（任善之「中国古代鋳鉄の発展」、18 頁）

図 2–10　現時点で最古と思われる鋳鉄製ストーブ（Simpson: *History of the Metal-Casting Industry*, p. 31）

いずれにしても、この時代に中国ではすでに鋳鉄鋳物の製造に成功していたことになろう。

この時代の中国の鋳鉄鋳物の例を、さらに図２－11に示そう。この鋳物は戦国時代（紀元前四七四年～紀元前二二一年）に造

図2-11　黒心可鍛鋳鉄製鋤とその顕微鏡組織
（Tan Derui Ed.: *An Illustrated History of Ancient Chinese Casting*, p. 43）

られたものとされている。ここでは、鋤《すき》鋳物の写真とともに、その金属組織が示されている。確かに、この金属は鋳鉄であるが、黒鉛が存在する可鍛鋳鉄、すなわち、黒心可鍛鋳鉄である。この材料は鋳物を造った段階では非常に硬くて脆い白鋳鉄であり、鋤としては使用できなかったはずである。そこで、加熱処理で可鍛鋳鉄とし、実用に供したのであろう。この発明は、できあがった製品を炉の中に長時間放置した結果、偶然に得られたのではなかろうか。大発明の多くは、このような偶然が不可欠とされている。

先に図2－10を「最古と思われる鋳鉄製ストーブ」と書いたが、「現時点で」という形容詞がいかに大切かを思い知らされる。筆者の知る限りでは、現時点（二〇一八年）での現存する最古の鋳鉄鋳物は、図2－11の鋤である。

斎藤大吉ら(17)によると、可鍛鋳鉄をヨーロッパで初めて実用化したのはフランスのレオミュールで、一七二〇年頃としている。わが国への可鍛鋳鉄の導入は、鮎川義介の明治四十三年（一九一〇）である。[18]先に記述したように、中国では紀元前に可鍛鋳鉄が発明されていた。当時の中国の冶金技術、特に鋳鉄技術がいかに進んでいたかがわかる事象である。

ところで、井川は先に挙げた論考で、「ヨーロッパでは一三一一年にドイツライン地方で高炉により鋳鉄鋳物が機械部品用として作られるようになった」としている。わが国では中国の青銅技術が朝鮮を経て導入された、と先に記したが、わが国には鋳鉄の溶解炉ももちろん中国のものが導入されたので、鋳鉄鋳物の製造はヨーロッパよりも日本のほうが早かった、と推察できる。この点に関して、石野亨[19]はわが国の最初の鋳鉄鋳物は弥生前期に造られた、と述べている。その詳細は次章で示そう。

ここに面白い資料[20]がある。それは七支刀の製造工程について、鋳造で再現を試みた報告書である。七支刀は日本書紀には七枝刀《ななつさやのたち》として記されており、四世紀頃に倭国（当時の日本）に対して百済から贈られたものとされている。刀身の左右から交互に三本ずつ枝刀の出た、特異な形をした茶色く錆びた刀剣である。七支刀は一九五三（昭和二十八）年に国宝に指定され、奈良県の石上神宮《いそのかみじんぐう》に所蔵されている。この形からして、実用的な武器ではなく、祭祀的な象徴として用いられたと考えられている。

再現された七支刀が図2－12である。この形からして、従来からその製法が鍛造法か鋳造法かで多くの議論がなされてきた。そこで鈴木勉らは、鋳造法でこの形が再現できるか否かの検討を行い、製造法の解明を試みたのである。

この再現実験では、当時の朝鮮半島の銑鉄を想定して化学組成を決めているが、この成分で得られる鋳鉄は白鋳鉄である。これは先に記したように、あまりに硬くて脆い。そのため、得られた白鋳鉄から

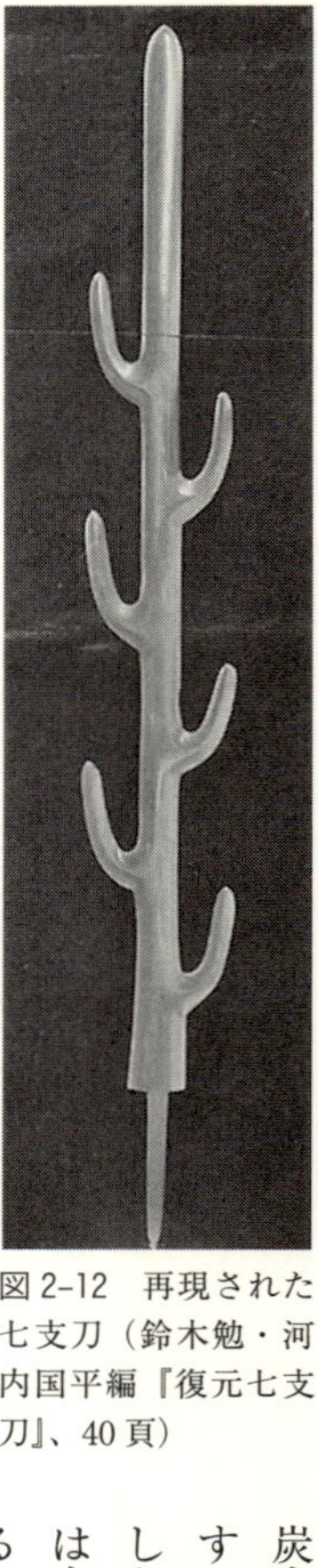

図2–12　再現された七支刀（鈴木勉・河内国平編『復元七支刀』、40頁）

炭素分を除去して鋼にするか、図2-11に示したように黒心（または白心）可鍛鋳鉄にすることが考えられる。

この再現実験で得られた材料は、表層部は鋼化しており、内部は黒心可鍛鋳鉄となっていた。この材料で鈴木らは七支刀を試作し、図2-12の刀の製作に成功している。

これらの結果から、「七支刀が鋳造で造ることができる」ことは証明されたと言ってよいだろう。「七支刀鋳造説は確かにその可能性が高くなったと思う。……火造り（鍛造）で七支刀ができることは証明されていないのだ。それでも、七支刀は鋳造で造られたと断じることはできないでいる」と鈴木は結んでいる。何とも奥ゆかしい文章で、古代の品物の製法を特定することの難しさを思い知らされる。

注

（1）平田寛編・訳『シンガー　技術の歴史（全十巻）　2巻　原始時代から古代東方／下』筑摩書房、一九六二年、四七二、四七四、四七五頁（Singer, C. Holmyard, E. J. Hall, A. R. Eds., *A History of Technology*, Oxford Clarendon Press, 1957）。

（2）R・J・フォーブス著、田中実訳『技術の歴史』岩波書店、一九五六年、六―七頁（R. J. Forbes: *Man the maker*, Abelard-Schuman, Inc., New York, 1950）。

（3）前掲『シンガー　技術の歴史（全十巻）　2巻　原始時代から古代東方／下』、四七九、六七四頁。

(4) 佐々木稔『鉄の時代史』雄山閣、二〇〇八年、一、八頁。
(5) 窪田蔵郎『鉄と人の文化史』雄山閣、二〇一三年、八頁。
(6) 中江秀雄『材料プロセス工学』、朝倉書店、二〇〇三年、七八頁。
(7) 藤野明『銅の文化史』新潮社、一九九一年、二三、一四二頁。
(8) ジェームズ・トレーガー『世界史大年表　トピックス&エピソード』鈴木主税訳、平凡社、一九八五年、二、三頁。
(9) B. L. Simpson: *History of the Metal-Casting Industry* 2nd Ed., American Foundrymen's Soc., 1969, p. 13, 18.
(10) 石野亨・稲川弘明『鋳物の文化史』小峰書店、二〇〇四年、八、一一頁。
(11) 樋口隆康編『古代史発掘⑤　大陸文化と青銅器』講談社、一九七四年、二四、九五頁。
(12) 井川克也「鋳鉄の現況、歴史、将来」『日本機械学会誌』87、一九八四年、七〇三頁。
Tan Derui Ed.: *An Illustrated History of Ancient Chinese Casting*（中国伝統鋳造図典）, Foundry Inst. of Chinese Mechanical Eng. Soc., 2010, p. 30, 43
(13) 志村宗昭「中国の古代冶金」再論」『金属』53—9、一九八三年、六一頁。
(14) 前掲 B. L. Simpson: *History of The Metal-Casting Industry* 2nd Ed., p. 28, 30, 34.
(15) 宋應星撰著、薮内清訳注『天工開物』平凡社、一九六四年、一七〇頁。
(16) 任善之、劉志民・和訳「中国古代鋳鉄の発展」、日本鉄鋼協会「鉄の歴史——その技術と文化」フォーラム、二〇〇六年八月二十六日、一八頁。
(17) 斎藤大吉・澤村宏・森田志郎『金属材料及其加工法　鋳鉄篇』丸善、一九五三年、二九七頁。
(18) 守田鐵之助編『創立二十五周年記念　戸畑鑄物株式会社要覧』、一九三五年。
(19) 石野亨『鋳物』67、一九九五年、一一八頁。
(20) 鈴木勉・河内国平編『復元七支刀——古代東アジアの鉄・象嵌・文字』雄山閣、二〇〇六年、四〇、二五八頁。

第三章　わが国の鋳物の始まり

1　中国の鋳物

前章で、世界最古の鋳物はメソポタミアの銅鋳物であり、鉄では中国の鋳鉄鋳物であると述べた。しかし、わが国への鋳造技術の渡来を考えると、青銅鋳物も鋳鉄鋳物もその生産技術は中国から朝鮮を経由して、日本に到来している。そこでまずは、中国の青銅鋳物に関して志村宗昭が孫本栄（北京鉄鋼研究総院）とともに『中国古代冶金』（文物出版社、北京）を読み解いた二つの報告と[1]、北京で一九八一年に行われた古代冶金国際討論会での志村の出張報告[2]を筆者が読み解いてまとめてみよう。志村らは、中国の最も古い銅器は紀元前二十世紀の物で、青銅器は紀元前十六～十三世紀としている。これはメソポタミアやエジプトよりは少し遅いが、中国独自に発展させたもので、外部からの影響はほとんどみられないとしている。また、「炉の形状が変化して炉心が高くなり、一方、鼓風〔送風装置〕が強化された。この効果によって炉内温度は高くなったが、……ヨーロッパでは青銅の精練技術の水準があまり高くなく古代海綿鉄の製造でも送風装置におくれがあった」と述べている。

中国の鋳物と言えば青銅器鋳物の三本脚の鼎《かなえ》や、方鼎《ほうてい》といった箱型の胴体に四本脚がついた鼎が著名である。しかもこれらは比較的大きな物が多い。『故宮銅器選萃』（国立故宮博物院印行）[3]によれば、紀元前十八世紀ごろから青銅器の鼎が造られており、重さが百キログラムを超える物も少なくなかったとしている。大きな青銅器鋳物については、潭徳睿[4]の本にも数多く見られる。

図3–1　953年に製造された重さ49トンのライオンの鋳鉄鋳物（Tan Derui Ed.: *An Illustrated History of Ancient Chinese Casting*, p. 90）

特に潭の書に紹介されている牛の鋳鉄鋳物は、七二四年に製造され、長さ三・三メートルで、重さ七〇～七五トンとして紹介されている。それと並んで、九五三年に製造された重さ四九トンのライオンの鋳物（図3－1）をはじめ、超大形の鋳鉄鋳物が示されている。この写真にはライオンの前足に二人の子供が抱きついている姿が写っており、いかに大きいかがよくわかる。

この巨大な鋳鉄鋳物は、四〇九個に分割された外型と一つの中子で造られている、とのことである。すると、この巨大な鋳物は、図3－2や、後述する

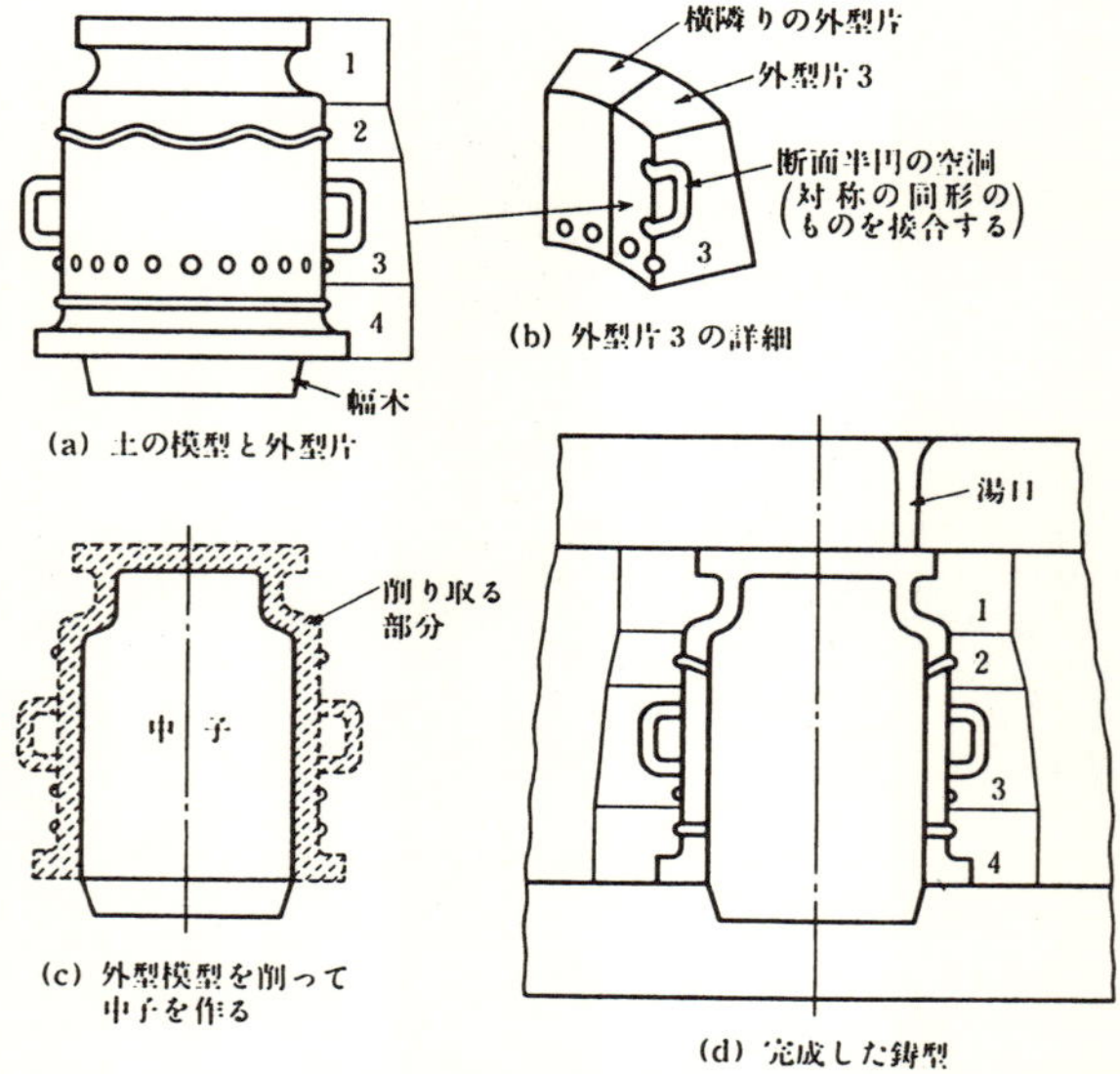

図 3-2　削り中子法による古代中国の鋳物の造り方（加山延太郎『鋳物のおはなし』、26 頁）

表5－1や図5－15、そして奈良の大仏の製造にも用いられた〈削り中子法〉で製作されていたことがわかる。

これに対して、Bilgiによるトルコの歴史的な鋳物の本『アナトリア、鋳物のゆりかご』[5]を見る限りでは、そこに示されているのはほとんどが小さい鋳物だけである。しかし残念なことには、この本には鋳物の寸法や重さが示されていないので、大きさについては読者のほうで想像するほかない。また、シンプソンの本[6]にも多くのローマ時代の青銅鋳物が示されているが、小さい物で〇・四五キログラムから、大きな物でも四五キログラムと書かれている。ちなみに、この本にも図3－1のライオンの鋳物が、中国を代表する大型の鋳鉄鋳物として紹介されている。すると、中国の鋳物が西欧や中近東の鋳物に比べて著しく大きかったことが改めて確認されよう。その原因はどこにあったのであろうか。今から千年以上前に、あのように大きな鋳鉄鋳物が中国だけで製造できたことが、筆者には不思議でならなかった。

この点に関しては前章で述べたように、シンプソンが、中国では鋳鉄鋳物が紀元前八〇〇〜七〇〇年に始まったとしている。その理由として挙げられていたのは、縦形炉と箱型の鞴（図2－8と2－9）の発明であった。先述の志村もまったくこれと同様のことを書きとめている。どうやら、溶解炉の違い、すなわち、中国での縦形溶解炉と送風装置（鞴）の発達が、スケールの大きな鋳鉄鋳物をも製造可能にしたようである。西欧での縦形炉の導入については、中国に遅れること二千年近くであった。もっとも、シンプソンは炉の形式を主に議論しているけれども、先に第一章で述べたように、送風装置が金属の溶解に与える影響は大きいので、この点にもっとスポットをあてるべきであろう。

外観（Tan Deruy Ed.: *An Illustrated History of Ancient Chinese Casting*, p. 70）

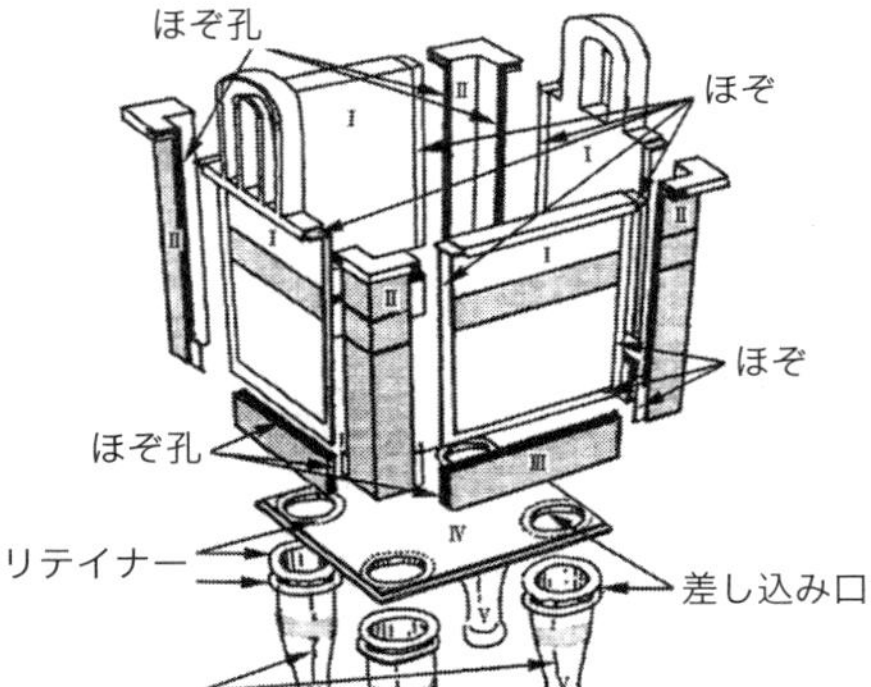

組立て法（Tan Derui: *China Foundry*, 14-1）

図 3-3　初期の商時代（紀元前 16 世紀〜 15 世紀）に分割して造られた青銅製鼎

図3-4　青銅製の酒の保温容器（上）（戦国時代 BC475 年）と、その中央に置く酒器入れ（下）高さ 39 cm、幅 24 cm（Tan Derui Ed.: *An Illustrated History of Ancient Chinese Casting*, p. 104, 105）

図3-3上に示した青銅器の鼎は、商時代（紀元前十六世紀～十五世紀）に造られ、高さ一〇〇センチ、重さ八二・四キログラムとされている。[7] この同じ鼎について、譚徳睿[8]が最近の中国の英文鋳物誌に製造・組み立て法を示したのが、図3-3下である。譚によれば、この鼎は多くの部品に分けて鋳造され、これを組み立てて、再鋳造で一体化されたものとしている。不思議な文章で、筆者には「再鋳造」という言葉が何を意味するのかよく理解できないのだが、これをロウ付けと解釈すれば理解できる。しかし、電気もガスもない時代に、どうやって炉の温度を制御したのであろうか。当時の中国の冶金技術の水準の高さを示しているのはまちがいないが、その実体は知る由もない。

しかし、このように手の込んだ手法が初めから使われたのではなかったろう。[9] 一般的には、図3-2に示した先述の〈削り中子法〉という造型法が用いられていたのだった。これは、製品と同じ形状の型を粘土で造り、これを模型として(a)のように分割して、鋳型を造る。その詳細の一部が(b)である。例えば、製品の取っ手はこのような手法を用いることで、中心で分割して（分割型）、すべての鋳型を造る（これを組合せ鋳型という）。その後に分割鋳型を組み上げて、(d)のような鋳型を造る。その中央に、先に(a)で作成した模型を乾燥させ、鋳物の肉厚分だけを削り取って中子とする。したがって、この手法を削り中子法という。

このようにして組み上がった鋳型に、湯口から金属を流し込むことで、(a)の模型とほぼ同じ形の鋳物ができあがる。こうした手法を用いることで、複雑な形状の鋳物の製造が可能になったのである。しかし、一つの鋳物に一つの模型が必要であるため、製品は高価なものとならざるを得なかった。

筆者がこれまでに見た鋳物で、世界で最も美しいと感じているもののひとつに、図3－4の酒器と保温容器がある。[10] これは武漢市の博物館に展示されている。この酒器の鋳物は三十六個の部品に分けて蠟型で鋳造し、これをロウ付けして組み立てたとされている。すると、図3－3の鋳物もロウ付けで組立てられたと考えるのが妥当であろう。

2　わが国の鋳物

青銅器鋳物の始まり

それでは、日本にはどのように鋳物が伝わったのだろうか。

石野亨の『鋳造　技術の源流と歴史』[11]によると、「中国大陸から朝鮮半島に持ち来たされた銅器・鉄器およびその製作技術がそのまま我国へ渡来したため、古代文明発祥の国々（中国や朝鮮）では銅器時代を経て鉄器文化に進んでいったのに、わが国は金属器使用の初期から、この二種の金属が同時に使用されたのは、その歴史的過程に見られる大きな特色であろう」としている。この指摘は、わが国での金属器の発展を考えるうえで、重要な指摘と考える。

さらに石野によると、「わが国で鋳造が行われたのは先に述べたごとく青銅による利器が最初で、出土した鋳型の年代の推定から弥生時代中期（紀元前一〇〇年～一〇〇年）頃と思われる」としている。ここでいう「利器」とは、鋭利な刃物や鋭い武器の総称であるが、一般には金属器のみならず石製のものも含むとされている。やはりまずは、青銅製の武器の製造が優先されたことが文献からは読みとれる。

前章でも述べたように、使用される金属が銅器から青銅器へ移った原因は、主にその硬さにあった。刃を取り付けられる硬さを持つ金属は、銅では不十分であり、青銅になってはじめて十分な強度が実現したのである。ちなみに、この技術の導入者が豊かな財力を有した権力者だったであろうことは、容易に類推できる。

それでは、わが国での初期の青銅鋳物はどこで造られたのだろうか。この問いに対して、石野はその場所を、「須玖遺跡のある福岡県筑紫郡春日村（現　春日市）付近や……、北九州、瀬戸内、畿内があげられよう」としている。どこが最初の生産地かの問題も、特定は難しいようである。

ならば、鋳造に用いた青銅（地金）はどうしたのであろうか。この点も石野の書に詳しい。金属資源の産出・精練の項には次のように示されている。銀は天武天皇三（六七四）年三月に対馬で、金は天武天皇五年ころ、陸奥と対馬で砂金の産出が伝えられ、天平二十一（七四九）年に陸奥国府が朝廷に金を献上し、銅と錫については七世紀末から、例えば天武天皇二（六七三）年に因幡（銅鉱）・伊予（しろめ。錫のこと）・伊勢（しろめ）からそれぞれ銅や錫が献上され、武蔵国の産銅は年号を和銅と改元するほどであるから、かなり多量の産出が望めたのであろう、という。

この点に関して樋口隆康編『大陸文化と青銅器』[12]を参照すると、原料地金は、「輸入青銅器（武器、王莽の作った銅銭など）を鋳つぶして用いたとする説と、国内の鉱石を採掘、精練したとする説に大別される。……現在までのところ、弥生時代にさかのぼる採鉱所は発見されていないが……、国産銅が利用されたことも考慮に入れておく必要がある」と結ばれている。いずれにしても、国内でこれらの金属が産出される前、あるいは産出された後にも、銅地金としての銅器が輸入されていたことは間違いないであろう。

それでは、わが国最初の青銅鋳物はどんなものであったのか、に話を移そう。この点に関して、石野は明確には記していないので、樋口の書の記述に石野の説を交えて述べよう。弥生時代中期（一世紀頃）に造られた、わが国最初の青銅器とみなされている国産青銅の矛《ほこ》（両刃の剣）が現存しており、これを図3－5に示す。この写真の最上段の矛は、長さが六八センチで、かなり大きなものである。しかし、樋口が述べているように、これらの矛は時代が進むにつれて脊《むね》は太く、刃は狭くなってゆく。これは、当初は武器であった青銅製の矛が、やがて祭器へと転換していった証拠であるとしている。思うに、鉄（鋼）の進歩によって武器が青銅器から鉄器へと転換していったことと、これは一致するのではなかろうか。

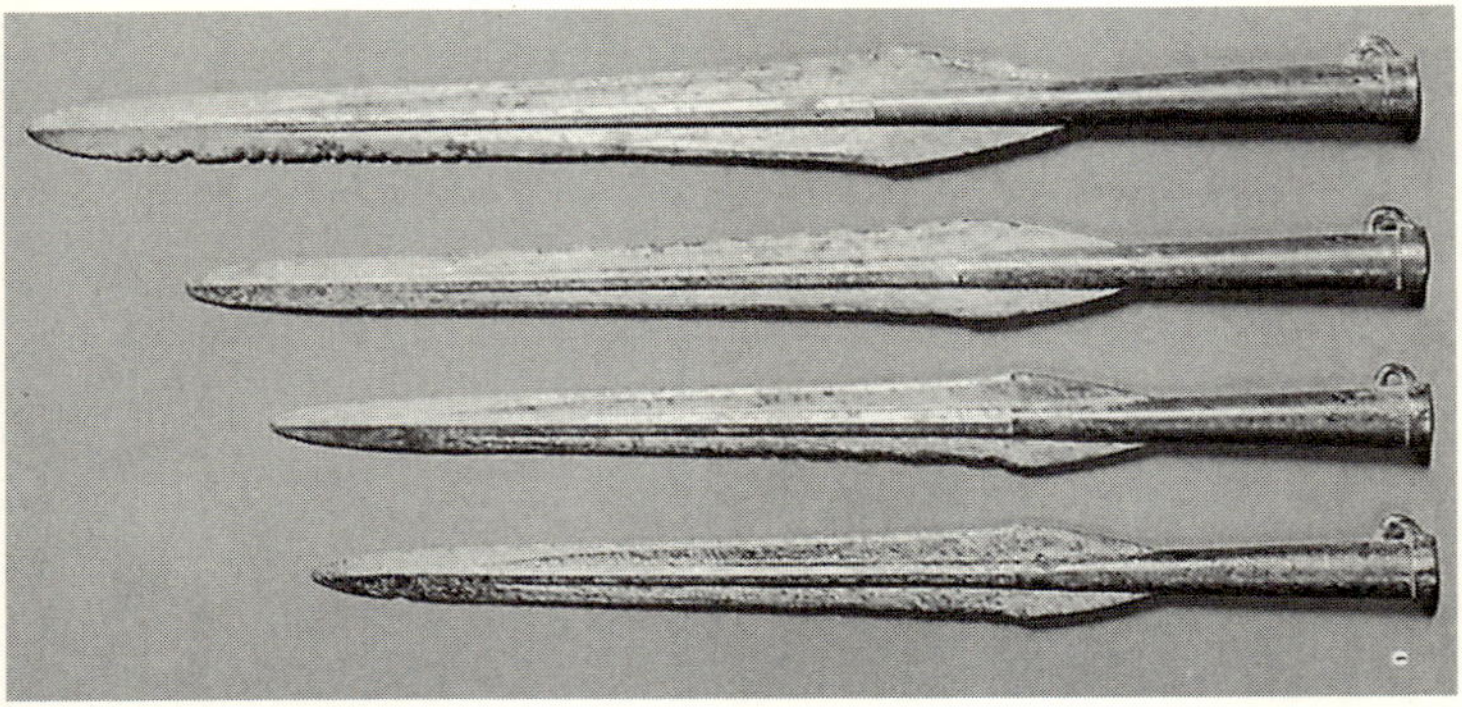

図 3-5　最初の国産青銅の矛（最上段の矛は長さ 68 cm）（樋口隆康編『大陸文化と青銅器』、7 頁）

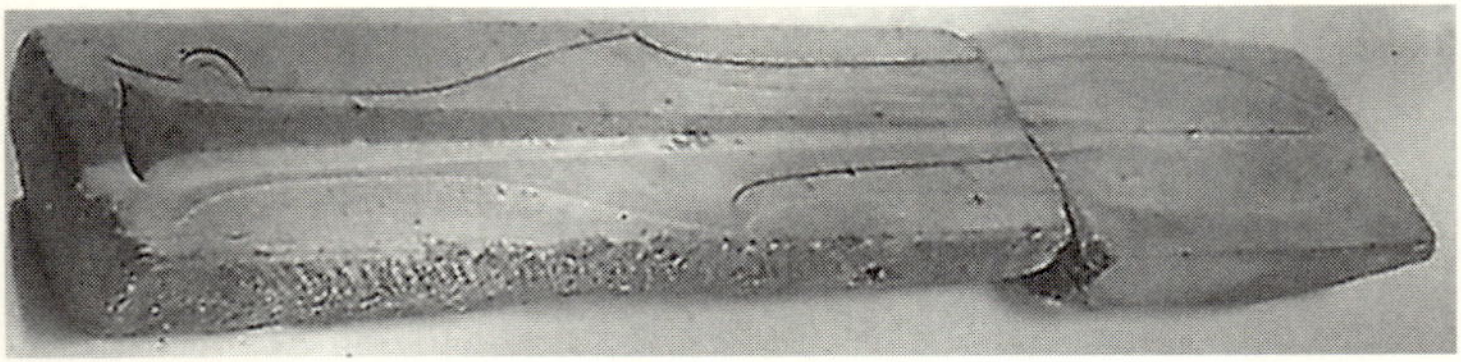

図 3-6　熊野神社銅矛の石製鋳型（2 世紀　長さ 86.4 cm）（春日市教育委員会）

銅矛などは中国では石型を用いて造られており、わが国でも初期には石型が用いられた。図 3 − 6 には、福岡県須玖岡本遺跡出土の広形銅矛の石製鋳型（石型）を示す[13]。これは二個の石材をつなげて、一本の鋳型を作っているものだが、広形銅矛の石製鋳型にはこの形式の物が数多くある、と岩永省三『金属器登場』は述べている。鋳物を専門とする筆者にとっては、大物にこの形式が多いことは、鋳込み時の鋳型内のガスをこの割面から逃がすためではなかろうかと推察させる。

石野亨は鋳物の専門家であり、彼の『鋳造』には青銅器鋳物の造り方が詳細に記されているが、石の種類に関しては単に砂岩と述べられているだけで、詳細には触れていない。そこで少しばかり、鋳型が具備すべき性質について触れておこう。鋳型はまず、鋳込む金属の熱に耐える必要があり、形を彫るためには被加工性に秀でていなければならず、中のガスを逃がすためには通気性が必要であり、製品の凝固後の熱収縮でも鋳物に割れを生じさせない、などの特性が要求される。これらの性質を兼ね備えた石材としては、蠟石や蛇紋片岩が持いられていた、と一九三〇年代に金子恭輔は指摘していた。[14]

青銅器といえば、われわれ日本人はまず銅鐸を思い浮かべるのではなかろうか。銅鐸は実は日本だけに存在する特異な青銅器で、古代史上最大の謎の一つとされている。銅鐸は非常に不思議な容器で、いまだもって何に使われたのかも分かっていない。しかも、これらのほとんどが地中に埋められ、突如として時代から姿を消してしまっていたのである。[15]

図 3-7　わが国最古の銅鐸（高さ 22.7 cm）（樋口隆康編『大陸文化と青銅器』、55 頁）

わが国の最古の銅鐸とされているものの一例を、図3－7に示そう。この銅鐸は、単に最古段階の銅鐸（高さ二二・七センチメートル）とされているだけで、製作された時代に関する明確な説明はない。製造された時期を推定すると、弥生時代中期（紀元前一〇〇年～一〇〇年）ではなかろうかと思われる。

それでは、銅鐸の鋳型はどのようにして造られたのであろうか。石野によると、「初期のものは石型（中子はもちろん土型である。）によって作られたようである。たとえば兵庫県姫路市名古山遺跡から発掘された石型の破片……」があるとしつつ、「しかし製品の形状が複雑なものや、大きなものは石型で鋳造することは非常に困難であり

図 3-8　流水紋銅鐸の石製鋳型、高さ 43.5 cm
（佐原真『祭りのカネ銅鐸』、41 頁）

……、当然わが国でも石型についで、（紀元前二世紀～紀元前一世紀ころには）土の鋳型が使用されたと推定することができる」としている。そして、土型（惣型）への変化は弥生時代後期以降であろう、と推察されている。「石型」と「土の鋳型」[16]については、それぞれ例として図３－８と図３－９[17]を挙げておこう。

土の鋳型（惣型）による銅鐸のつくりかたは、図３－９の中央のように、単純に規型（木板）を回転させることで外型が造られていた。そして、銅鐸の模様は、できあがったこの外型の表面をヘラで押すか、刻んで造られた。この造り方は、現在でも南部鉄瓶や茶釜の製法で見ることができる。さらに、外型からその左側にある中型（中子）を作り、一部（型持）を残して、銅鐸の厚さ分だけ削り取る。これも一種の削り中子法である。この型持は、中子を外型の中心に固定する働きをしている。図３－９の左から二つ目の中子に取り付けられているのがそれである。この型持の跡は、図３－７の銅鐸では、中央上部の表裏にある四つの孔となっている。

青銅器鋳物でもう一つ、忘れてはいけないものがある。それは鏡であろう。現代は鏡にはガラスが使われているが、当時は青銅鋳物が使われていた。樋口隆康によると、現存するもっとも古い鏡と考えら

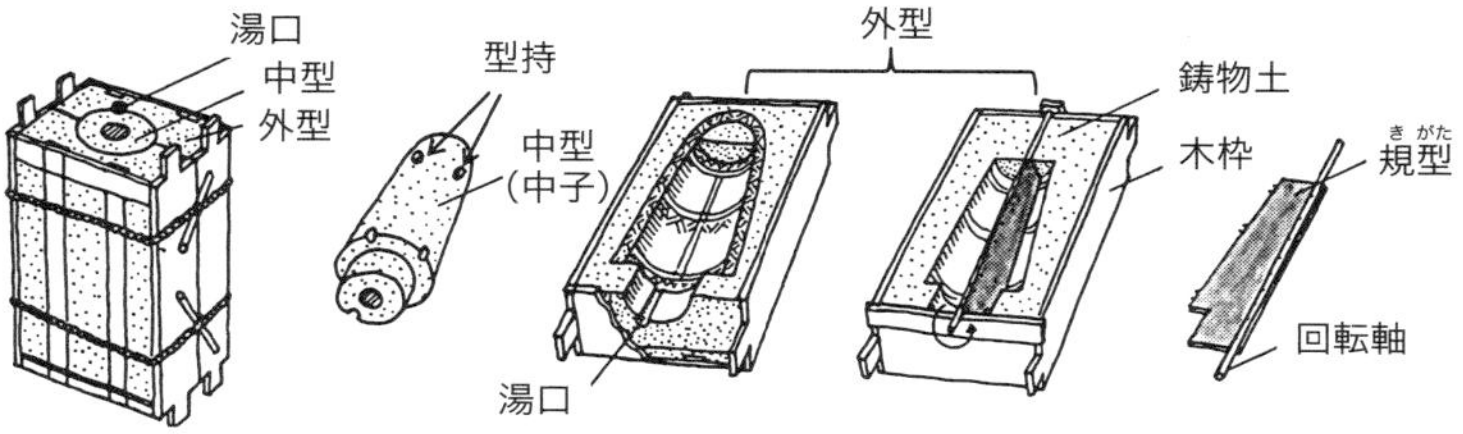

図 3-9　惣型による銅鐸のつくりかた（香取の図（香取忠彦『新装版　奈良の大仏』、27 頁）を一部修正）

直径 9.4 cm　　直径 9.0 cm

図 3-10　弥生時代後期（紀元 100〜300 年）の鏡（樋口隆康編『大陸文化と青銅器』、31 頁）

れている、弥生時代後期（紀元一〇〇年〜三〇〇年）に造られたものを図3-10に示そう。左の鏡は福岡県亀の甲遺跡で出土したもので、右の鏡は福岡県岩屋遺跡で出土したものである。

さらに、わが国の鏡を語るとき、三角縁神獣鏡は避けて通れない。三角縁神獣鏡は古墳に副葬された鏡で、常に注目を浴びてきたものである。直径二〇〇ミリメートル程度の大きさであり、鏡背に神獣（神像と霊獣）が鋳出され、中国、魏の年号を銘文中に含むものも多くある。これまでに日本の古墳時代前期の古墳から多く発掘され、おもに近畿を中心に五〇〇枚以上が出土している。

これを女王卑弥呼が魏の皇帝から贈られた銅鏡とする説があり、一方では国産の鏡とする説もある。これについては多くの論争がなされてきており、魏の時代（西暦二二〇～二六五年）に造られた中国鏡とする説がこれまで有力であった。この鏡は一九九七年からの奈良天理市にある黒塚古墳（三世紀末頃の前方後円墳）の調査で、一度に三三面もの三角縁神獣鏡が新たに出土したことでさらに有名になった。

この鏡に関して最近、鈴木勉は『三角縁神獣鏡・同范（型）鏡論の向こうに』[18]という本で、日本産説を掲げた。この本の書評で村瀬陸[19]は、「本書の意義は、少なからずあった三角縁神獣鏡日本産説を、製作技術面から導き出したということである。著者も指摘するように、多数派である大陸産説は、間接的な根拠の上に成立するものであって、あくまで推測の域を出るものではなかった。これは既往の日本産説も同様である」として、この本を高く評価している。

これら銅鏡の原料地金に関しては、東洋一[20]が、この時代の日本は銅が不足していたと述べている。「奈良の大仏建立の場合も、和銅元（七〇八）年に和同開珎が鋳造されて銭の流通を奨励しておきながら、他方、聖武天皇が天平十五（七四三）年十月十五日の詔に「奉盧舎那仏金銅一躯、衆国銅而鎔象」（『続日本紀』）とあるように、日本国内の銅をすべて使うという矛盾したものであった。その内実は当時の銅鉱山を枯渇するまで採掘し尽くしただけではなく、「叙位蓄銭令」や「知識」という名目によって民間に退蔵された和同開珎を回収して建立された可能性がある」としている。さらに「渡来銭は見事に鎌倉の大仏に転化した。また、京都方広寺大仏の鋳造は豊臣家の財政を圧迫させ滅亡のきっかけとなったが、この（奈良の）大仏は寛文二（一六六二）年五月一日の大地震によって崩壊した後、徳川幕府の財政政策のために寛永通宝の素材として綺麗さっぱり転用された」としている。わが国では、慢性的に銅が不足していたと考えるのが妥当なようである。

青銅鏡の造り方に関しては石野の『鋳造』に詳しく記されているので、興味のある方はこの本を参照いただきたい。しかし、われわれ現代人からすると、この青銅鋳物製の鏡で本当に己の姿がよく見えたのであろうか、との疑問が残るであろう。青銅製の鏡は単純に研磨しただけでは、研磨直後はよく映っても、時間が経つと銅が酸化して、よく見えなくなってしまう。そのため、まずは初めにヤスリで粗研磨し、次にせん（金属製の刃物）で研磨する。さらに、朴《ほお》の炭で炭砥ぎをし、仕上げは砥《と》の粉砥ぎで鏡面に仕上げる。そして最後に、この鏡面を梅酢で拭き、水銀に錫を溶かしたペースト状のものを塗布して、銀白色の光沢面に仕上げる。筆者が実物を見た感じでは、なかなかの出来である。しかしやはり、長期間使いつづけると、やがては表面が酸化して映りが悪くなる。すると、再びこの研磨操作を繰り返さなければならない。

このようにして鏡を使いつづけると、鏡は次第に薄くなり、魔鏡ができ上がることがある。石野によると、「鋳銅鏡（青銅鏡のこと）のうち鏡面を直接みても普通の鏡と変わりがないが、太陽光線を当ててその反射光を白壁などに投影すると、鏡背に鋳造されている仏像や文字（鏡背に基地部より厚く鋳出されている部分）が明るく写し出されるという現象を呈するものがあり、魔鏡と呼ばれている」としている。その詳細を検討し、実際に魔鏡を製作して、像を写しだした結果が図3－11である。裏の模様が忠実に写し出されているのがわかる。

また、石野は渡辺正雄の『日本人と近代科学』[21]という書を引用して、「日本に魔鏡があらわれたのは江戸時代からで、製造・修復のさいの日本人の手先の器用さも手伝って、明治初期には相当数の魔鏡が存在し、渡来した西洋人教師たちの注目を受けて、この奇現象がはじめて科学的に調査・探究されることとなった」と紹介している。渡辺は、明治初期のお雇い外国人教師がこの現象に興味を示したことに触れ、「日本研究―魔鏡の科学―」と題して、日本人科学者の研究も含めて二八頁を割いて、魔鏡を詳細に記している。話は少し脱線してしまったが、実に面白い現象なので、あえてここに紹介することとした。

藤野明の『銅の文化史』(22)によれば、慶雲五(七〇八)年一月に秩父の山奥で大規模な銅鉱山が見つかり、銅が大和朝廷に献上され、年号が和銅と改められた。そして八月には和同開珎という貨幣(銀銭と銅銭)が造られ、使用が始まったとある。いかに、この銅鉱山の発見が大和朝廷にとって重大であったかが窺いしれる。これをきっかけとして、奈良の大仏の鋳造に至る。この大事業には、「国銅を尽くして」(藤野)、全国から地金が集められた。さらには、「多くの寺院から、古いブロンズ(青銅)仏像、釣鐘、塔の相輪などが鋳つぶされることにもなった。主要な調達地としては、伊予、因幡、周防、武蔵、山城、摂津など」があったとされるが、武蔵は秩父の銅を指しているのであろう。これらを総合して、

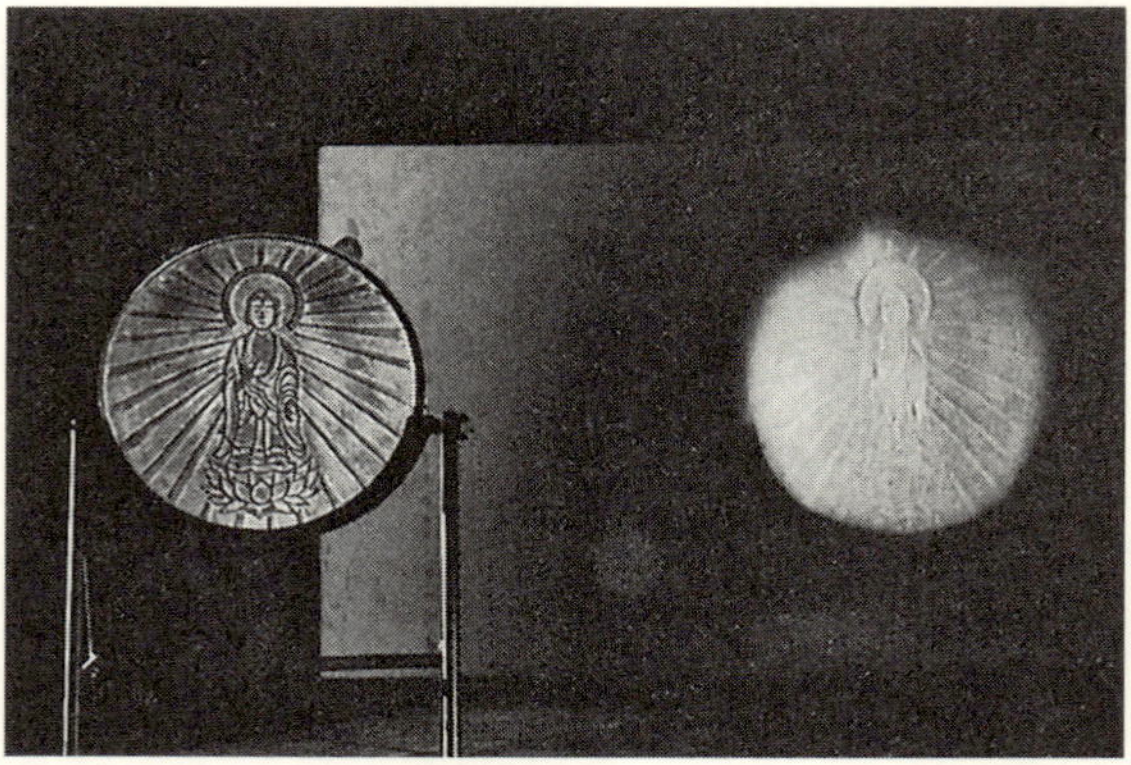

図3-11 作製した青銅鏡の魔鏡現象(石野亨『鋳造 技術の源流と歴史』、183頁)

大仏像の鋳造・鍍金のために投入された材料は、東大寺要録（東大寺誌、十二世紀）に次のように示されている。(23)

熟銅（製錬した銅）：四九九トン
白鑞《はくろう》（しろめ、粗錫）：八・五トン
錬金（金）：四四〇キログラム
水銀：二・五トン
炭：四六三〇立方メートル

奈良の大仏に関しては少し詳細に述べてみよう。わが国最古の鋳造仏像は何か、というのも、正確に答えるのが難しい問題である。石野の『奈良の大仏をつくる』によると、「推古天皇十三（六〇五）年、わが国の記録に残る最古の鋳像飛鳥大仏（高さ二・七五メートル、重さ一五トン）が、組合せ鋳型法で造型鋳造され、すこし遅れて法隆寺の薬師如来坐像などが鋳造された」としている。このように大きな大仏が最初の鋳造仏とは考え難いが、先に述べたように、これには「現存する」という説明が省かれている、と考えるべきだろう。

奈良の大仏は七四七〜七四九年にかけて鋳造され、その後、螺髪《らほつ》の鋳造、補修鋳造で仕上げ、鍍金（水銀による金メッキ）が完了したのは七五七年である。(24) その造り方は、香取の前掲書に図3－12のように示されている。図中の右上にあるコシキが青銅を溶かすための炉であり、その右側には、炉に風を送るためのたたら（足踏み鞴）が描かれている。

しかし、この図だけではその詳細がわからないので、図3－13に枚方旧田中家の足踏み鞴の写真を示

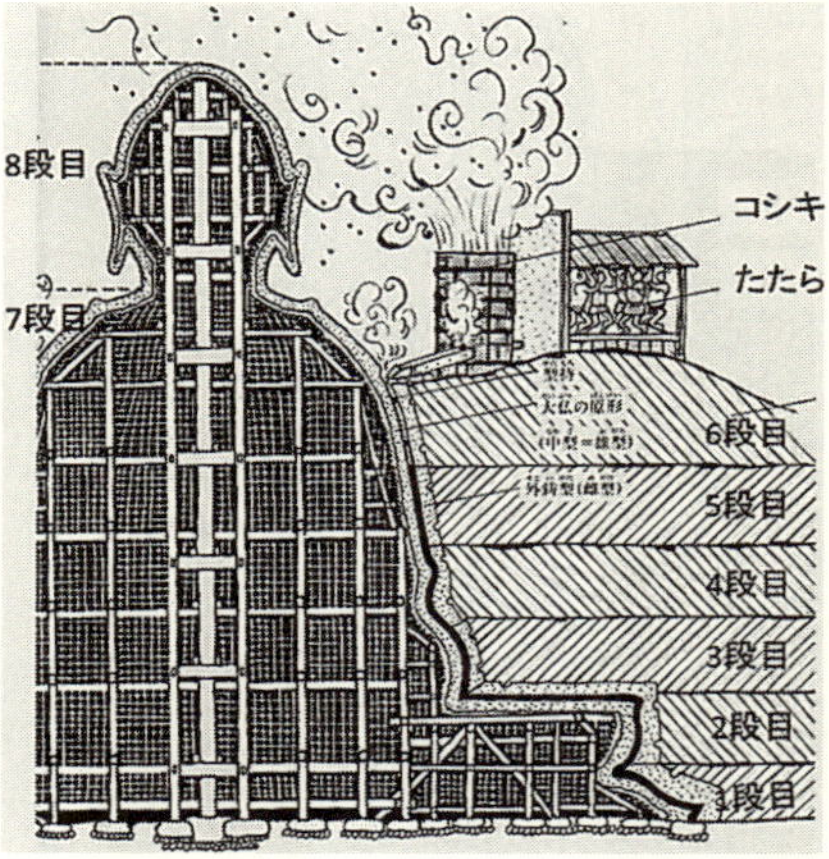

図3–12　奈良の大仏の作り方（香取忠彦、穂積和夫『奈良の大仏』、27頁）

そう。この詳細の機構はすでに図1－4で示したので、ここでは詳細な記述は省略する。このような溶解法（コシキとたたらの組合せ）を用いたことが、奈良の大仏のような大きな鋳物が成功した主原因と考えられる。

　前章で述べたように、コシキは縦型の溶解炉で、キュポラの原型といえる。キュポラは、現在では鋳鉄の溶解炉として知られているが、当初は青銅などの銅合金の溶解炉として発達し、その後に鋳鉄の溶解炉として使われるようになった。この詳細は章を改めて述べることとする。

　それでは奈良の大仏そのものに戻ろう。再び石野『鋳物の文化史』によると、像の高さは一四・八七メートル、重量二五〇トン（蓮華座を含めると、全体では三八〇トン）で、厚さ五・五センチとされている。この大仏は図3－12に示したように、八段（八回）に分けて造型・鋳造されている。『奈良の大仏をつくる』によると、「この大仏さまの場合、八回の鋳造が均等におこなわれたとすると一回に四〇〜六〇トンをとかしたので、容量一トン（一時間に一トン溶かせる）の炉で約五十基が毎回土手の上にならべられた勘定になります」[25]とのことである。いかに大規模な事業であったかがわかる。

　この点に関して筆者は、一時間に一トン溶かせる現在の小型キュポラでは、送風に五馬力のモータが必要なことから、人間の脚力を十二分の一馬力と推測すると、一基のコシキ炉にたたらで風を送るには六十人が必要であったと算出した。人間の脚力の馬力を推定すると、山に登る人の常識では、一時間に登れる高さは三〇〇メートルとされている。一馬力のモータは、家庭の少し大きめのエアコンに使われるもので、その消費電力は七三五・五ワットであるが、仕事に換算すると、七五キログラムの物を毎秒一メートル持ち上げられる力、とされている。この人が一馬力で山に登れば、一時間で三六〇〇メートル登れることになる。これを、体重七五キログラムの大人が山に登ることを考えると、その脚力は十二分の一馬力になる。すなわち、たたらを踏む人間だけで三千人もの踏み子が必要になる。

図 3-13　枚方旧田中家のたたら（踏み鞴）

これに、コシキを操業する作業者や炉に地金や炭を投入することを考え合わせると、全体では一回の鋳造時に五千人もの作業者が働いていたことになる。現時点で筆者は、この推定値は少し大きすぎたとは感じているが、大仏の鋳造がそれほどの大事業であったことは間違いない。このほかにも、奈良の大仏に関しては多くの本が著されており、筆者は、大仏に使用された金属材料に関しては荒木の著書[26]を、学術的な詳細な検討に関しては前田らの著書[27]をお奨めしたい。

前田ほか著『東大寺大仏の研究』は、大仏頭部の鋳造方式

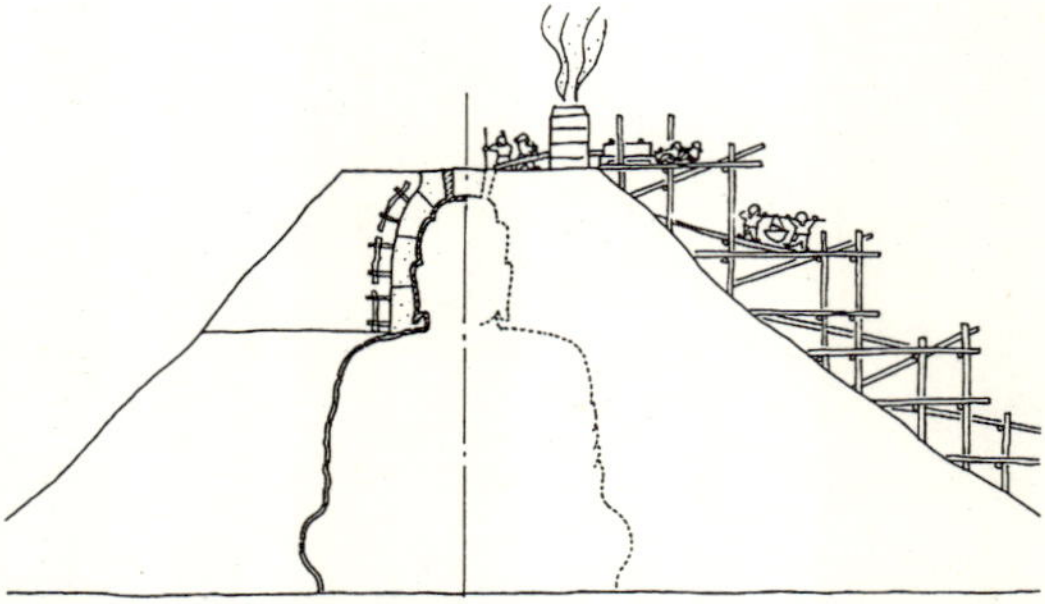

図3-14　奈良の大仏の鋳造法（前田泰次ほか『東大寺大仏の研究』、202頁）

を図3-14のように示している。ここでは、たたらは手押し式の手鞴で描かれている。人間の力は手よりも足の方が強いので、このような大きな鋳物を造るには図3-13のような足踏み式たたらの方が有利であるが、前田らは手鞴で描いている。これは、前章の図2-8と図2-9とまったく同じ機構であり、手鞴の方がたたら（足踏みふいご）よりも歴史が古いことはわかっているのだが、それではこの送風方法はどちらが正しいのであろうか。結局のところ、歴史的な結論はまだ出ていない。もっとも、中国式の手鞴（図2-8と2-9）では、手だけではなく、足の力も同時に使っているように見える。すると、この手鞴の送風機の性能は、図3-13のたたらとさして大きな差はなかったかもしれない。

それでは、たたらはいつごろから使われ始めたのだろうか。それを調べてみた結果、図3-15に示した、室町時代（十四〜十六世紀）に著された職人歌合絵巻（高松宮家本[28]）がみつかり、ここではコシキの右側にたたらを踏んで風を送っている様子が描かれている。しかしその一方で、和鋼記念館のホームページ[29]には、「踏鞴（たたら）が最初に記録に現れるのは〝東大寺再興絵巻〟で、十二世紀の大仏鋳造の際、銅の溶解に使用されたと紹介されています」とある。筆者はこの確証を求めて八方手を尽くして文献を当たってみたが、この二つの資料を超えるものは見つからなかった。そこで、日本におけるたたらの登場は、十二世紀の奈良の大仏改鋳時と判断することとした。つまり、奈良の大仏の最初の鋳込み時（七四七年）にはたたらは存在しておらず、図3－14の手鞴が使われていたとするのが正しい、と筆者は考える。

鉄鋳物の始まり

鉄鋳物を語るには、その原料である鉄の歴史を述べなければならないので、まずは日本古来のタタラ製鉄から始めよう。岡田廣吉編『たたらから近代製鉄へ』[30]によると、タタラの歴史は古墳時代まで遡ることができる、としている。古墳時代とは三世紀半ばから七世紀末頃までとされており、この時代は多くの前方後円墳が造り続けられた時代であり、前方後円墳時代ともいわれる。

岡田は、古墳時代の製鉄遺跡としては岡山県大蔵池南遺跡や緑山遺跡、広島県戸の丸山遺跡、カナクロ谷遺跡などがあるとしているが、炉の形に関する詳細な記述はない。一方、佐々木稔[31]は、八世紀のたたら（炉）の形を、新潟県の真木山製鉄遺跡をもとに図3－16のように復元している。しかし、砂鉄から銑鉄を製造するにはこの炉は高さが五〇センチと低く、この炉内からは銑・鋼・鉄滓が混合した遺物は発見できなかったが、銑鉄や過共析鋼の組織を有する鉄塊系遺物が見

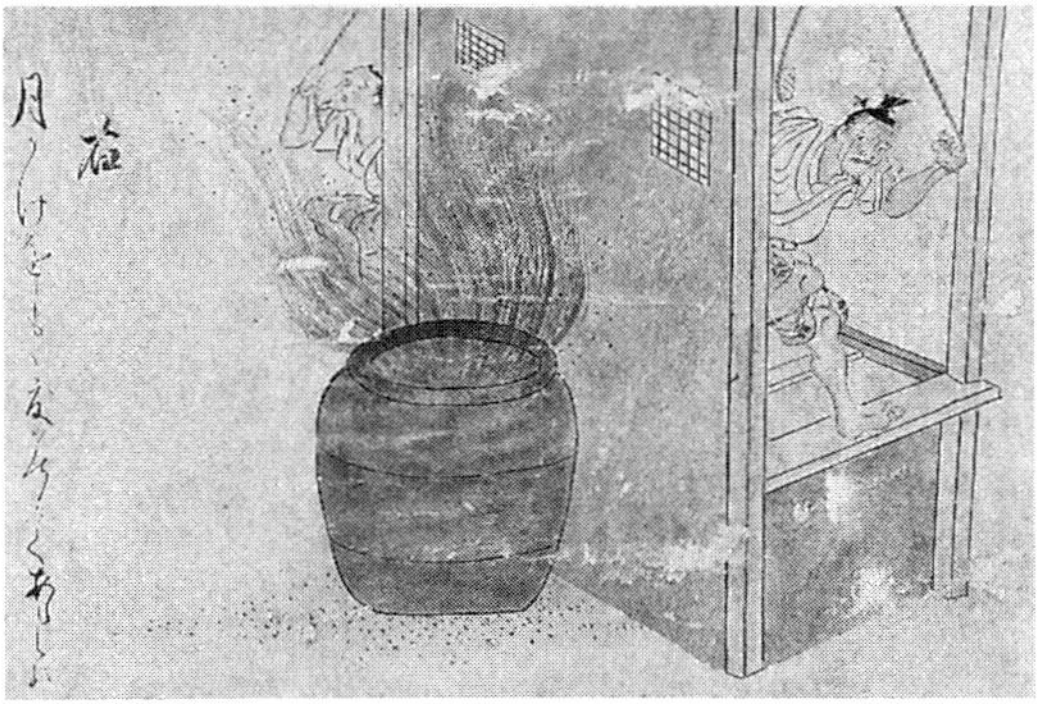

図3-15　職人歌合絵巻のコシキとたたら（高松宮家本）、国立歴史民俗博物館蔵

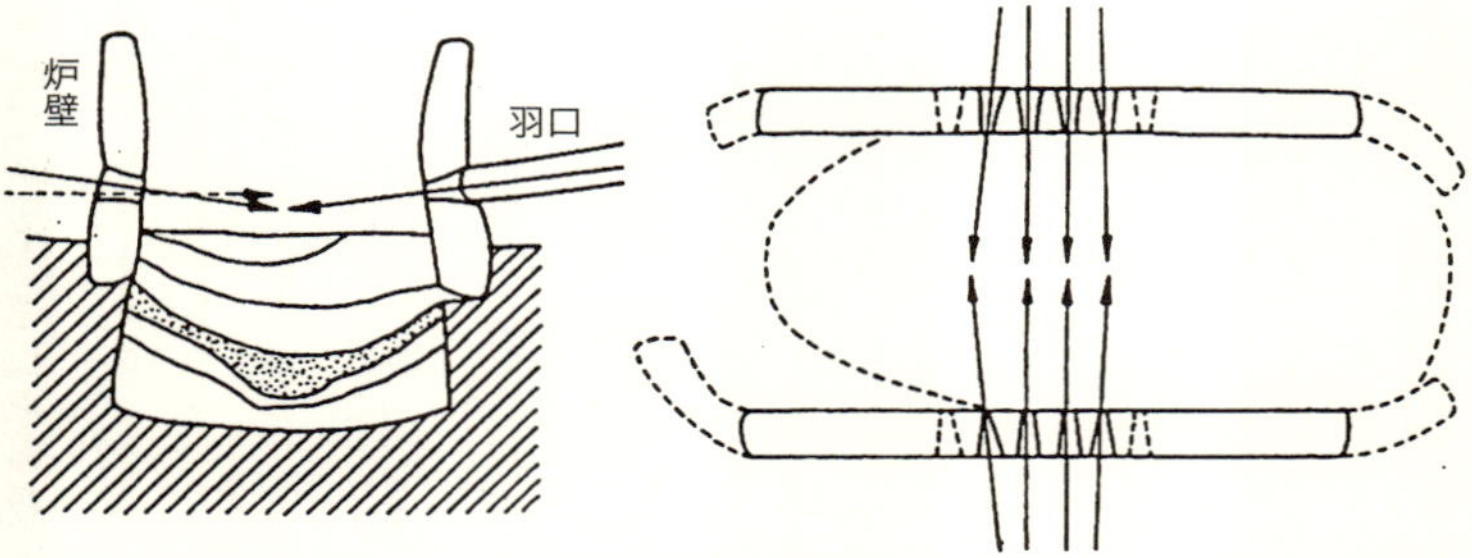

図 3–16　真木山製鉄遺跡（8 世紀）の長方形箱型炉の復元図（炉の高さ 50 cm）（佐々木稔「復元炉高と出土遺物の組成から推定される箱型・竪型炉の性格」、77 頁）

出されたという。これらは精錬途中の生成物なので、この炉は銑鉄を精錬して鋼を造る炉ではなかったか、と佐々木は推察している。いずれにしてもこの炉は、この時代のわが国に中国から縦型炉が導入されていたことを示す、有力な証拠と考えられる。

再び石野の『鋳造』によると、図3－17に示した鉄斧の鋳物は古墳時代（三〇〇年～六〇〇年）に造られた鋳鉄製で、「京都大学森田志郎博士の調査[32]によると、三・九六％C、一・三六％Siを含んでおり、明らかに鋳鉄製で、日本で作られたきわめて初期の鋳鉄鋳物と思われる」としている。この鋳物に使われた原料の鉄地金は、中国から輸入されたものであろうと推察されているのである。

右の引用で言及されている森田はこの斧を調査して、根元部（図3－17では上部）は楔形の中空で、同図右下のような中子Cを用いて鋳造した、と考えている。さらに、この斧の金属組織を調査し、白鋳鉄であることを確認し、これらの化学組成は図の下部に記した通りである、としている。しかし筆者には、当時の中国でこのように珪素量を一・三六％も含んだ鋳鉄ができたのであろうか、との疑問が残った。この点に関して、任善之の報告[33]には、古代中国（紀元前四〇〇年から一〇〇〇年まで）の多くの鋳鉄鋳物の化学組成が示されている。これを参考にしても、ほとんどの珪素量は〇・一%以下であり、このように高い珪素量の鋳鉄は見当たらない。不思議な値と言わざるを得ない。

筆者の見解[34]では、わが国のタタラ銑鉄は珪素量が〇・一%以下と少なく、明治時代になって木炭高炉が導入されても珪素量は〇・五%程度であり、これが一・〇%を超えるのはコークス高炉の操業開始以降であった。しかし、この鋳物は白鋳鉄であり、白鋳鉄は非常に硬く・脆い材料なので、筆者にはこれで木材が切り倒せたとは考え難い。つまり、この時点では斧には青銅鋳物の方が適していた、と考えるのが妥当であろう。

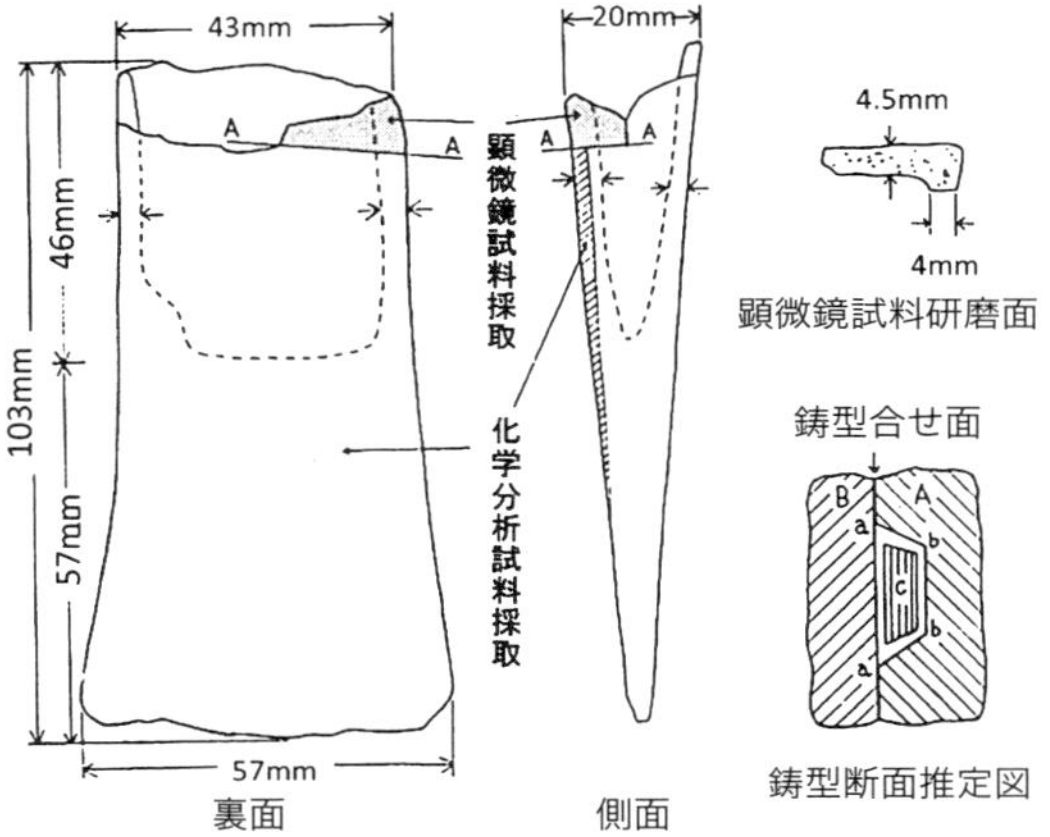

図 3–17　金蔵山古墳で発掘された鋳鉄製斧（森田志郎『金倉山古墳』、113 頁）
3.96%C-1.36%Si-0.06%Mn-0.095%P-0.019%S-Ti は極微量

石野の『鋳造』はまた、古い鋳鉄鋳物（筆者は現時点で日本最古の、と考えている）として、山口県の山の神遺跡の鋤先を挙げている。この鋤について、佐々木と赤沼[35]は、図3―18のように鋳鉄製鉄器の外観と試料の採取位置を示している。そして、この製作時期を弥生時代前期後半（三世紀頃）とする説もあるが、「鉄鋤先の鋳造の地も、おそらく中国大陸であろう。……この鋤先は、おそらく〔朝鮮〕半島西南部を経由して西日本に搬入されたものと思われ

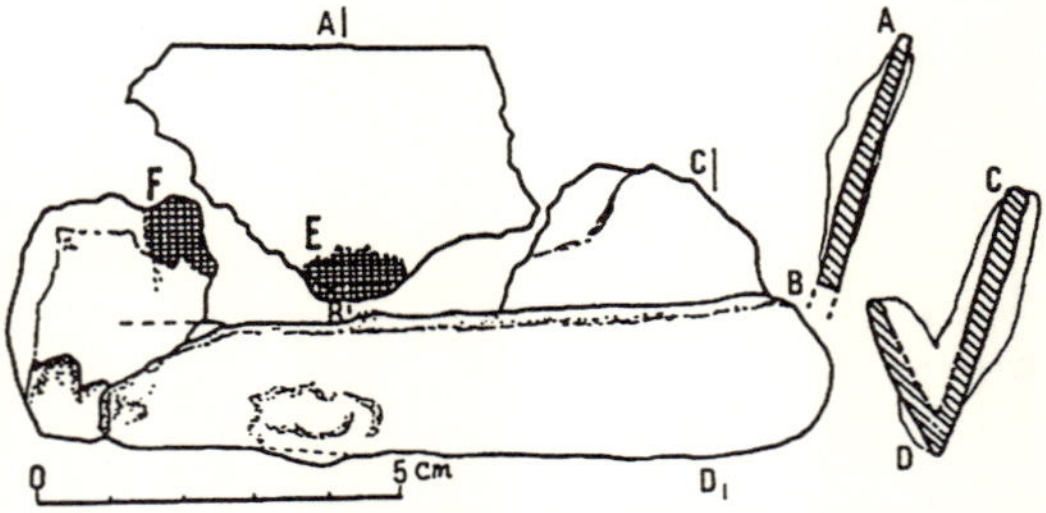

図 3–18　日本最古の鋳鉄製鉄器（鉄鋤）の計測図（佐々木稔・赤沼英男『鋳物の技術史』、286 頁）
網掛けした個所から錆片を採取、分析値：55.64%Fe-0.605%Cu-0.472%P

る」としている。また、佐々木はこれらの試片から金属組織を観察し、片状黒鉛鋳鉄（黒鉛が晶出している）であることを確認している[36]。

同報告のなかで、佐々木らは多くの鋳鉄部品の化学組成を紹介しているが、佐々木らの興味は微量元素の分析から原料鉄の生産地がどこであったかを特定することにあり、一方われわれ鋳物を専門とする者は珪素量やどのようにして造られたかに興味があるので、観点が異なる。したがって、図の下部に示された分析値が、製造技術の解明には結びつかないのが残念である。

これらの点に関して中山光夫[37]は、弥生時代前期（紀元前二〇〇年頃）から古墳時代後期（六〇〇年代）までの日本における初期の鉄器に関して取りまとめ、十五点の鉄器の出土地とそれらの炭素量を一覧表に示している。また、同報告では古代の鋳鉄溶解炉を詳細に調べて、最古の鋳鉄溶解炉は六世紀後半の岡山県久米郡久米神代・大蔵池南遺跡の方型炉が確実であろうとした。さらに、円型炉としては、七世紀後半と推定される福岡県の今川遺跡等と考え、これらの炉が本格的に使用されたのは奈良時代前期の七世紀後半から八世紀前半と推定している。

ところで、第二次大戦以前に生まれた日本人からすると、鋳鉄鋳物と言えばまずは鍋、釜が思い起こされるであろう。この点に関しては、五十川伸矢による、国立歴史民俗博物館での平成二年度の特定研究の詳細な成果報告[38]がある。そこでは、鍋・羽釜を中心に、八世紀〜十七世紀までの鋳鉄鋳物について、膨大な資料をまとめている。ここで羽釜とは、釜の中ほどに羽、すなわち〝つば〟が付いているものを指す。この羽は、釜をかまどにはめ込んだ時に落下を防ぐものだが、もちろん飯を炊く道具である。

五十川によると、「青銅鋳物の場合、慶長年間以前の現存する梵鐘だけでも約六百点あるのに対して、考古学的遺物として様々な観点から検討しうる鋳鉄鋳物の鍋釜の出土品、伝世品は、総計しても百五十点余りと僅少である」とのことであり、「出土量に鋳鉄鋳物の普及度がそのまま反映されていると即断することは危険である」としている。すなわち、鉄は錆びて朽ちてしまうのでその発見が難しいという、この分野の研究の困難を指摘している。

しかし五十川は、報告書の中で村上英之助[39]の資料を参考にして、古代寺院資材帳から銅鉄釜の一覧表を示してもいる。そこには、法隆寺に天平年間ころの鉄釜が、大安寺には天平十九（七四七）年の釜があるなど、そのほかにも多くの鉄釜の存在を示しているが、化学組成や金属組織はまったく示されていない。

なお村上は鉄釜に関して、「蒸し風呂に用いられることもあったと思われる〝鉄釜〟、それが主題である。……ただ、鉄釜をより広がりのある歴史の文脈のなかで見ていこうとすると、蒸し風呂用の鉄釜が一つの重要な手懸りとなることは、やがて後段で明らかになるであろう」と書き、さらに、「単に煮炊き用の用具であれば、陶製の釜で十分なはずである」としている。日本人の風呂好きは、すでにこの頃から始まっていたのである。

このようにさまざまな文献から諸説を見てきたが、結局、日本最古の鋳物は何か、という問題に正確に答えることはできていない。特に、鋳鉄鋳物は長時間の間に錆びてしまい、その特定が難しいからであろう。誠に残念な結びである。

注

（1）志村宗昭・孫本栄「中国の古代冶金（上）　豊富な金属文物、悠久な冶金の歴史」『金属』51―11（一九八一年）、五七頁。
志村宗昭・孫本栄「中国の古代冶金（中）　青銅の冶金鋳造技術」『金属』51―12、一九八一年、五六頁。

（2）志村宗明「「中国古代冶金」再論　北京鉄鋼学院 古代冶金史組との対話」『金属』53―9、一九八三年、六一頁。

（3）『故宮銅器選萃』国立故宮博物院印行、一九七四年。

（4）Tan Derui（譚徳睿）Ed.: *An Illustrated History of Ancient Chinese Casting*（中国伝統鋳造図典）, Foundry Inst. of Chinese Mechanical Eng. Soc., 2010, p. 90, 91.

（5）Önder Bilgi Ed.: *Anatolia, Cradle of Castings*, Istanbul, 2004.

（6）B. L. Simpson: *History of The Metal-Casting Industry* 2nd Ed., American Foundrymen's Soc., 1969.

（7）前掲 Tan Derui Ed.: *An Illustrated History of Ancient Chinese Casting*, p. 70.

（8）Tan De-rui: *China Foundry* 14-1 (2017, 1) A2, A3.

（9）加山延太郎『鋳物のおはなし』日本規格協会、一九八五年、二六頁。

（10）前掲 Tan Derui Ed.: *An Illustrated History of Ancient Chinese Casting*, p. 104, 105.

（11）石野亨『鋳造　技術の源流と歴史』産業技術センター、一九七七年、四、六、一五、二二、七九、九一、一八三頁。

（12）樋口隆康編『大陸文化と青銅器』講談社、一九七四年、七、三一、四二、六九頁。

(13)『熊野神社銅矛鎔范（銅矛鋳型）画像』春日市教育委員会教育部文化財課。岩永省三『金属器登場』（講談社、一九九七年）、一〇三頁も参照。

(14) 金子恭輔「古代銭の鑄造法について」『鋳物』5、一九三三年、七三一頁。

(15) 藤森栄一『銅鐸』学生社、一九六四年。

(16) 佐原真『祭りのカネ銅鐸』講談社、一九九六年、四七頁。

(17) 香取忠彦『新装版　奈良の大仏』草思社、二〇一〇年、二七頁。

(18) 鈴木勉『三角縁神獣鏡・同范（型）鏡論の向こうに』雄山閣、二〇一六年。

(19) 村瀬陸「書評『三角縁神獣鏡・同范（型）鏡論の向こうに』」『考古学研究』64―1、二〇一七年、一〇三頁。

(20) 東洋一「渡来銭と真土」『京都市埋蔵文化財研究所研究紀要』10号、二〇〇七年。

(21) 渡辺正雄『日本人と近代科学』岩波書店、一九七六年、三七頁。

(22) 藤野明『銅の文化史』新潮社、一九九一年、一七九、一八七頁。

(23) 石野亨『奈良の大仏をつくる』小峰書店、一九八三年、二六、三一、六五頁。

(24) 石野亨『鋳物の文化史』小峰書店、二〇〇四年、二七頁。

(25) 中江秀雄『材料プロセス工学』朝倉書店、二〇〇三年、七九―八〇頁。

(26) 荒木宏『東大寺盧舎那仏の金属材料（謄写版印刷）』出版社不明、一九五八年。

(27) 前田泰次・西大由・松山鐵夫・戸津圭之介・平川晋吾『東大寺大仏の研究』岩波書店、一九九七年、二〇二頁。

(28) 職人歌合絵巻（高松宮家本）室町時代後期ころ、この原本《東北院職人歌合絵巻》は鎌倉時代とされている。

(29)「鞴（ふいご：吹子）」和鋼博物館ホームページ www.wakou-museum.gr.jp/spot5/。

(30) 岡田廣吉編『たたらから近代製鉄へ』平凡社、一九九〇年、一五頁。

(31) 佐々木稔「復元炉高と出土遺物の組成から推定される箱型・竪《たて》型炉の性格」『鉄と鋼』91、二〇〇五年、七五頁。

(32) 森田志郎『金倉山古墳』西谷真治、鈴木義昌共著、倉敷考古館研究報告、第1冊、一九五九年、一〇五頁。

(33) 任善之、劉志民・和訳「中国古代鋳鉄の発展」、日本鉄鋼協会「鉄の歴史――その技術と文化」フォーラム、二〇〇六年八月二十六日、一八頁。
(34) 中江秀雄『大砲からみた幕末・明治』法政大学出版局、二〇一六年、九八、一八五頁。
(35) 佐々木稔・赤沼英男『鋳物の技術史』鋳物の科学技術史研究部会編、日本鋳造工学会、一九九七年、二八四頁。
(36) 佐々木稔『鉄の時代史』雄山閣、二〇〇八年、三三、三四頁。
(37) 中山光夫「鋳鉄溶解炉の系譜をめぐって」『地域相研究』第一七号、一九八七年、八頁。
(38) 五十川伸矢『古代・中世の鋳鉄鋳物』国立歴史民俗博物館 研究報告、第46集、一九九二年、一頁。
(39) 村上英之助「鉄釜――わが国古代鋳鉄に関する研究（中）」『たたら研究』27号、一九八五年、二六頁。

第四章　貨幣の歴史

1　貨幣とは

貨幣とは何か。日銀の貨幣博物館が発行している『お金の豆知識』[1]によると、「①誰もが欲しいと思う物、②集めたり分けたりして、皆が納得できる価値の大きさを表現できる物、③持ち運びが容易で、保存できる物を、交換の仲立ちとして使うようになりました。これが「物品貨幣」と呼ばれるもので、例えば、狩猟用具の矢じり、食料の稲、衣料となる麻布、さらに装飾品の原料となる砂金などが用いられました」とある。これに、中国などでは貝、とくに子安貝（別名宝貝）や、西太平洋の諸島などでは石の貨幣、石貨が使われていた。さらに、①から③のような特性を備えたものとして、「これらの面で優れた特性を持った金・銀・銅などの貨幣が作られるようになっていきました」とある。実に的を射た

図 4-1　エレクトロン貨（金銀合金貨）
紀元前六七〇年頃（11×13 mm）（高橋亘編『新版貨幣博物館』、12 頁）

言い回しであり、筆者は貨幣の定義としてこれを採用することとした。

しかし本書は鋳造に関するものなので、紙幣は除いて、ここでは金属製の貨幣（コイン）の鋳造品を主体に話をすすめる。ただし、ここで一つ問題が生じる。これまでは「世界最古の」という形容は、「現存する」とか「これまでに発見されたものでは」という限定が付くことを述べてきた。しかし日本の貨幣の始まりはもう少し複雑なのである。その詳細は第三節で扱いたい。

2　世界最古の貨幣

世界で最初に使われた金属製の貨幣が何かという問題も、正確に答えるのは難しい。『お金の豆知識最初のおかね』によると、「金属製の貨幣は、紀元前七世紀前後に中国やリディア（現在のトルコの西部）などで出現したとされています。西洋最古のコインは、紀元前六七〇年頃、リディアで作られたエレクトロン貨〔図４－１〕(2)である、といわれています。また東洋では、刻印や銘のない鋤《すき》の形をした布《ふ》幣《へい》〔図4－2〕が、紀元前七七〇年頃の中国・周王朝時代に作られたとされています」とある。
図4－1のエレクトロン貨にはリディア王の紋章であるライオンの頭部が打刻されており、これをリディア金貨とも称する。このエレクトロン貨を鋳造品とするか鍛造品とするかは難しい問題である。なぜならば、後で図4－11で述べるように、江戸時代の金貨、甲州の露一両と同じ製法がとられているからである。すなわち、この金の粒は鋳造で造られ、それに打刻されているものなので、これを鋳造で造られたと表現するのは無理があるのである。ただし、純金などの高価でごく軟らかい金属を除くと、一般的には貨幣はほとんどすべてが鋳造で造られてきた。

この点に関して三上隆三の『貨幣の誕生――皇朝銭の博物誌』(3)は、「古代の東洋諸国にあって、その国独自の貨幣を鋳造・使用したのは、中国は別として、意外にも日本と西域諸国があったにすぎない。もとより中国貨幣に触発されてのものではある。しかし西域諸国の貨幣は単発的とでもいうのか、貨幣量も鋳造期間も極めて限られたもののようであった。したがって古代における〔我が国の〕自国貨幣の本格的な鋳造・行使は、異例の壮挙であり、貨幣史的栄誉を担うものだった。古代律令国家の貨幣鋳造への意気込みがわかるというものである」と後書きに記している。世界史においても、わが国の貨幣が重要な位置を占めていることがわかるが、鋳物を専門としてきた筆者にとって、鋳造貨幣の扱いが東洋と西洋で大きく異なることにも初めて

図4-2　青銅製布《ふ》幣《へい》（BC8世紀～BC5世紀）（高橋亘編『新版　貨幣博物館』、13頁）

気づかされた。

貨幣になぜ金属が使われたかに関して三上は多くのページを割いているが、十分に納得できる理由は示されていない。しかし、エレクトロン貨に代表される西欧型貨幣の製造法を打圧（打刻）法と呼び、「西欧型貨幣の特徴は、円形であるが無孔、すなわち原則として穴あきコインは無いということである」と述べている。「実は西欧型貨幣の長い歴史においても、貨幣を鋳物として製造した事実はあった。ただしこれは正式というか、貨幣製造法の本流となることはなかった。打圧によって崩壊してしまうような粗悪・拙劣な金属によって貨幣をつくる場合に限って、余儀なく例外的に採用するのが鋳物貨幣なのである。そして鋳物貨幣の場合には穴をあけることも容易なことから、西欧では穴あきコインは粗悪なものとの意識が成立・普及している。現在でも西欧のコインは穴あきのものは稀で、例外的にしか存在していない」としている。この延長線上から考えると、わが国の五円玉の中央に穴があけられているのは、この後で述べるように、中国銭の影響と考えるべきであろう。

表4-1　貨幣の二大タイプ対比表（三上隆三『貨幣の誕生――皇朝銭の博物誌』、60頁）

	西欧型貨幣	東洋型貨幣
①素　材	金　銀	銅
②製造法	打圧造	鋳　造
③文様デザイン	絵　画	文　字
④形　状	円形無孔	円形方孔

東西の貨幣の製造法に大きな相違があったということのような指摘は、筆者にとっては認めがたい事実と言わざるを得ないが、面白い指摘でもある。この点に関して三上は、西欧型と東洋型貨幣を比較して、その相違点を表4－1のように示している。ここでは、西欧貨幣は金銀製で、東洋は銅製と示されており、西欧は素材金属の価値に、東洋では貨幣の形にこだわった傾向がわかって興味深い。しかし、これ

はどこまで本当であろうか。

図4－3に、ローマ時代の石灰岩製の青銅貨幣用の鋳型の写真を示す。[4] このコインの絵柄は、紀元前一四六年の〈勝利、幸運とアテネの図柄〉からなっている、と書かれている。この写真を掲載しているシンプソンの書は、現在までにわれわれが入手できる最も信頼のある鋳物の歴史書であり、古代ローマでは青銅製の鋳造コインが使われていたことがわかる。

図4–3　ローマ時代の青銅貨幣用の石灰鋳型（Simpson: *History of the Metal-Casting Industry*, p. 59）

しかしながら、アナトリアの古代鋳物について記した書[5]には紀元前六～七世紀の打圧法による金貨は記載されているが、青銅製の鋳造コインに関する記述はない。石野亨も鋳物の歴史に関する著書[6]で貨幣に関して多くのページを割いているが、残念ながらそこには西欧のコインに関する記述はまったくなく、詳細は不明である。

東洋の国、古代インドはリディアと中国に次いで世界で最も古く金属貨幣が造られた地域の一つとされている。[7] ここでは、紀元前六〇〇年～紀元前三〇〇年ころに打圧法による銀貨が発行され、その後も、三二〇年～五〇〇年頃にかけて打圧法による金貨が発行され、十二世紀末～十三世紀にかけてムスリムがインドを征服し、打圧法によるイスラム文字の刻まれた銀貨を発行した、とされている。これらはすべて、打圧法による金貨か銀貨である。

図 4-4　ハーイル出土金貨（778〜800 年）（「アラビアの道　サウジアラビア王国の至宝」）

図 4-5　ハーイル出土銀貨（798〜824 年）（「アラビアの道　サウジアラビア王国の至宝」）

本書をほぼ書き上げたときに、「アラビアの道」と題した、サウジアラビア国立博物館所蔵物の展覧会[8]が東京で開催された。この展覧会は、写真撮影が許可されている珍しい展覧会であった。そこで急遽カメラを持参で再度駆け付けてみると、明らかに打圧法で作られたことがわかる金貨と銀貨が展示されていた。それが、図４－４の直径二〇ミリメートル程度の金貨と、図４－５の直径二五ミリメートル程度の銀貨である。ちなみに、図中に示されている数字は、展示物と一緒にそれらの説明文を示すものである。したがって、図４－５の銀貨の方が実物は大きいのに、ここでは小さめに示されている。

これらのコインをよく見ると、左右対称ではなく、右端に打圧の際に地金（金と銀）がはみ出しているのがわかる。これが、これらのコインが打圧で作られたことを示す証拠である。

しかし、トンプソン[9]は紀元前一〇〇年ころの青銅貨幣（直径一九ミリ）の粘土鋳型が、一九三六年にデリー近郊で発掘されたことを報告している。この事実は、古代のインドにも鋳造製の青銅コインがあったことを裏付けている。すると、打圧法は製造数の少ない金貨か銀貨にのみ適用されたのではなかろうか。

鍛造でコインのような複雑な模様を大量生産するには大きな力と丈夫な金型が必要であり、その実現は近代になって、蒸気機関の発明まで待たなければならない。例えば、明治以降のわが国のコインはすべて鍛造品（これを型鍛造という）で、鋳造品はなくなってしまった。鍛造法の進歩で、同一形状の貨幣の製造に関しては、量産性と寸法安定性に優れるようになったのである。世界的にみても、現在使われている鋳造コインは筆者には確認できていない。その原因は、鍛造加工法（主に動力と金型）の進歩である。

3　わが国の貨幣

和同開珎

読者は、わが国で最初のコインは和銅元（七〇八）年に造られた和同開珎（図4－6）と学校で習ったのではなかろうか。確かに、前掲『貨幣博物館』や『貨幣の誕生――皇朝銭の博物誌』などの日本の貨幣の本にもそのように書かれている。しかし滝沢武雄の『日本の貨幣の歴史』[10]は、「わが国で本格的

銀銭、直径 24 mm　　　　銅銭、直径 24 mm

図 4-6　和同開弥（和銅元（708）年）（高橋亘編『新版　貨幣博物館』、14 頁）

に大量に鋳造された貨幣は和同開弥であったが、この貨幣が生まれる前には、まったく貨幣と呼ばれるようなものはなかったのであろうか。……そのような市での取引には、鋳貨ではないにしても、なんらかの物品交換の媒介物が用いられたと考えられる」と疑問を呈している。

一方、いまから六〇年前に刊行された小葉田淳の『日本の貨幣』[11]は、「和同銀銭の前に銀銭が存在したことは確かなようである。ただ、これらの和同以前の銭については、現在のところ的確にそれに当たる（貨幣であると証明できる証拠）と認められる銭が存在していない」としている。両書ともに、何をもって最初の貨幣とするのか、という問題を提起しているのである。これらの書物が一九九六年以前に出版されていたことを考慮すると、あとで述べる富本銭に関する記載がないのは当然である。

滝沢の書は、和同開弥の中央の四角い孔に言及して、「金属製で中央に方孔（四角の穴）を持つ円形の貨幣を銭貨（銭《ぜに》）というが、中国ではこれを用いた歴史は長く、それまでの布幣・刀幣に代って、周代にはこの形式の銭が用いられていた」としている。和同開弥はこれを単に踏襲したに過ぎない、と言っている。

それでも、中国でなぜお金が円形になったのか、あるいは、なぜ四角孔が中央にあるのかは分かっていない。「中国で最初に出現する円形で中心部に孔のあるもの、垣銭《えんせん》とか環幣《かんぺい》とよばれるものですが、これらの貨幣は中心部は四角形でなく、円形です。……貨幣の製作的技法だけではとけない」と西谷大(12)は述べている。

たとえば、方孔の四角の穴に四角の棒を通して外形を加工（ヤスリ掛け）して整えるため、という説がある。しかし、多くの銭には方孔にバリ（鋳造時に二つの型の隙間に溶けた金属が侵入したことでできる薄い板状の突出）が残されているものが多く、加工説は成り立たないと筆者は考える。わが国の和同開珎以降の貨幣は、単に中国の開元通宝をモデルに作られたのではなかろうか。

滝沢は、和同開珎が造られた時のモデルとなった開元通宝（図4－7）を次のように紹介している。

直径 24.9 mm

図 4–7　開元通宝（唐銭）（621 年）（高橋亘編『新版　貨幣博物館』、14 頁）

「中国は唐の高祖が天下を統一すると、武徳四（六二一）年に新たに銅銭を造り、銭文を開元通宝とした。これはほぼ均質の貨幣が大量に鋳造され流通したことと、唐朝の持つ政治勢力の強大さと、それに伴う権威とによって、その流通範囲は中国に止まらず、周辺諸国にまで及んだ」。この文章は開元通宝が広く流通したことを表しており、広く流通した事実自体がまた貨幣の定義をなすように思われる。

それでは、なぜに和同開珎という名称が付けられたのかを考えてみよう。先に、和同開珎は和銅元年に造られた、とし

表4-2　皇朝十二銭（鋳銭地は中村一紀の推定による）（滝沢武雄『日本の貨幣の歴史』、27頁）備考は一部修正して示した。

名　称	初　鋳　年	鋳　銭　地	重量(g)	成分中に占める銅の割合(%)
和同開珎	和同元(708)	近江・河内	3.75〜1.59	90.3〜53.9
万年通宝	天平宝字4(760)	山城	5.47〜2.56	78.0
神功開宝	天平神護元(765)	山城・大和	4.78〜3.03	83.1〜75.3
隆平永宝	延暦15(796)	長門	4.38〜1.43	81.8〜70.0
富寿神宝	弘仁9(818)	長門・周防	4.56〜1.36	
承和昌宝	承和2(835)	周防	2.24〜0.95	
長年大宝	嘉祥元(848)	周防	2.16〜0.93	71.5
饒益神宝	貞観元(859)	周防	1.94〜1.08	
貞観永宝	貞観12(870)	周防・山城	2.74〜0.97	52.8
寛平大宝	寛平2(890)	周防	2.81〜1.50	
延喜通宝	延喜7(907)	周防	3.75〜2.06	73.2〜2.0
乾元大宝	天徳2(958)	周防	3.51〜2.25	69.4〜9.4

備考　ゴシックで示した銭貨は、それぞれ旧銭に対し10：1の価値とされた（当十銭）。延喜通宝、乾元大宝には鉛を92.4%、75.1%含む鉛銭というべきものがあった。和同開珎には銀銭があり、万年通宝のときは同時に開基勝宝（金銭）、大平元宝（銀銭）が造られた。

た。実は、わが国で最初の大型の銅鉱山が秩父の山奥で見つかり、その銅塊が朝廷に献上されたことを祝い、年号が慶雲から和銅に改められたとされている。年号を変えるほどの大きな発見だったのである。この和銅元年に和同開珎が造られている。それでは、和同開珎は和銅で造られたのであろうか。この辺の事情は後で詳細に記したい。

和同開珎を含めて、これに次いで発行されたわが国の貨幣の一覧表（皇朝十二銭）を表4－2に示す。滝沢によると、「和同開珎は和同元年の初鋳以来、唯一の貨幣としてその役割を果たしてきたが、その貨幣価値の下落によって、何らかの対策が必要とされた。万年通宝等の新鋳はその結果行われたのである」とある。表4－2の備考にはこれら貨幣の換算比率が示されており、万年通宝は和同開珎の十倍の価値で通用していたことが示されている。万年通宝以外にも、十二銭のうち七銭が十倍の価値で通用していたことから、この時代にはいかに貨幣価値の下落が激しかったかがよくわかる。その原因の一つは、贋金の鋳造であった。形に価値を持たせた鋳造銭は贋金の製造を防ぎ得なかったのであろう。

皇朝十二銭の最後の貨幣である乾元大宝が発行されてからも、貨幣の流通は次第に衰弱していったという。滝沢によると、「いずれにしても、『今昔物語集』には、十一世紀に当たる時代の話には、銭に関するものが出て来ないのであって、著者が銭に興味が薄かったらしいことと合わせて、銭貨流通の衰退がうかがえるのである」としている。小葉田はこの点に関して、「このような銅鉛料の供給事情と政府の貨幣政策のために、鋳銭の量が低減したことはもちろんであるが、その質量も劣悪軽小となり、鋳造技術も疎漏粗笨《そろうそほん》となって不完全な製品が多くなった。承和昌宝以降の銭貨は、形量ともにほとんど半減し、延喜通宝・乾元大宝に至ってはさらに軽小となっている」としている。粗悪品が多くなり、政府発行の銭貨がしだいに世の信用を失って流通が頓挫すると、十二世紀半ばころから中国銭の輸入になっていく。これには、皇宋通宝（北宋銭）や嘉定通宝（南宋銭）、洪武通宝（明銭）、永楽通宝（明銭）などがあった。

「室町時代以降も大量の銅銭（主に明銭）が流入したが、これらの渡来銭だけでは経済の拡大に応じた必要量を満たすには足りず、渡来銭を真似て鋳造した私鋳貨幣（鐚銭《びたせん》）でこれを補う状態が江戸時代初期（十七世紀初頭）まで続いた」と『新版　貨幣博物館』に記されている。再び日本独自の貨幣が流通を始めたのは江戸時代になってからのことである。

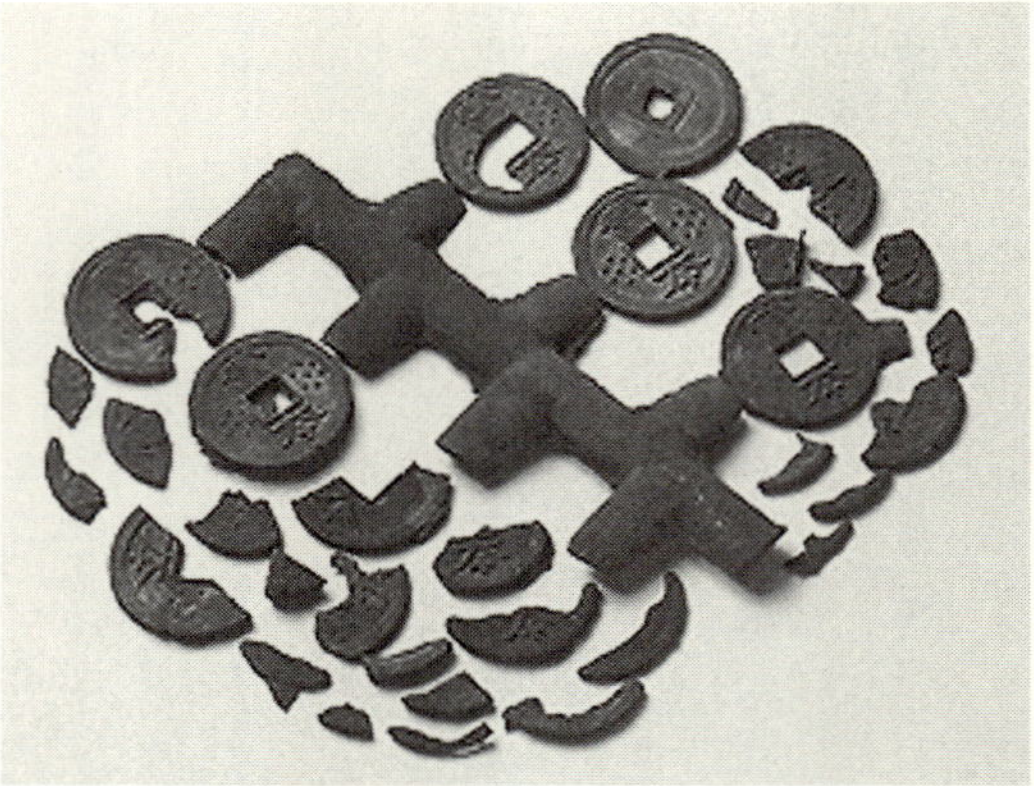

図 4–8　富本銭と鋳竿（複製品）、貨幣博物館

富本銭

富本銭こそ、天武十二（六八七）年に造られたわが国最初の貨幣であったのではなかろうかと、最近になって言われ始めている（松村恵司『日本初期貨幣研究史略』[13]）。それは、平成十（一九九八）年の夏に藤原京の飛鳥池遺跡（奈良県）で、七世紀後半の地層から富本銭が約四十枚と、その鋳型や鋳棹《いざお》（図４－８）が発見されたことによる[14]。藤原京とは、わが国で初めての中央集権国家体制が確立された大化の改新（六四五年）以後に、新しい首都として造営された都である。その後、和銅三（七一〇）年に平城京に遷都されるまでの間、藤原京はいわば日本の首都であった土地である。

富本銭が歴史上に存在したことはそれまでにも知られていた。例えば西谷大は一九九八年に出版された前掲『お金の不思議——貨幣の歴史学』で、「日本でも厭勝銭《ようしょうせん》（まじない銭）の富本銭が、八世紀の初めには存在することが確実になってきており、貨幣の始まりとされる和同開珎も厭勝銭を視野に入れた研究が必要になってきている」としている。厭勝銭とは銭をかたどった護符の一種で、災いを避け好運を願うため所持するものとされている。

つまり、貨幣の形としては富本銭が和同開珎よりも早く製造されたことがわかっているのだが、一番古い通貨は何であったかという答えはまったく出ていない。平成十(一九九八)年の夏の発掘で、奈良国立文化財研究所は〈富本銭は、わが国最初の流通貨幣である可能性がきわめて高い〉という発表をした。しかしその主旨は、富本銭が日本最古の通貨であると断定したわけではない、とも言われている。

さらには、富本銭の出現が学術上、歴史研究上重要な意味のある発見であることは十分に認められるが、和同開珎が全国的に五〇〇ヶ所以上から出土されていること、正倉院文書をはじめ多くの文献に流通の記録が残されていることに比べると、富本銭は今回を含めてもわずか六例の出土しかなく、文献上の記録が皆無に等しい富本銭を〈最古の通貨〉とは断定し難い、という意見がまだまだ多いようである。

この点に関して、先述の松村恵司『日本初期貨幣研究史略』は以下のようにまとめている。「飛鳥池遺跡の発掘調査によって、この遺跡が富本銭の鋳造遺跡であること、そして富本銭の鋳造年代が西暦七百年以前に遡ることが判明し、富本銭が和同開珎に先行する鋳造銅貨であることが確定した。……しかしながら飛鳥池遺跡の富本銭発見以降も依然として富本銭厭勝銭説が燻り続け、初期貨幣史の再構成をめぐる議論の深化を妨げている。筆者もかって平城京出土の富本銭を厭勝銭と誤認し、富本銭厭勝銭説を展開した経緯があり、その責任の一端を感じるところであるが、七世紀後半の銭貨を厭勝専用銭貨とする考えには断じて賛同することができない」。松村氏は現時点で飛鳥資料館長であり、独立行政法人国立文化財機構理事長を兼務されている、この分野の有力な研究者である。したがって、ここでは富本銭をわが国最古の貨幣とみなすことにする。

図 4–9　和同開珎の銭范（鋳型）の破片（高橋亘編『新版　貨幣博物館』、14 頁）

貨幣の鋳造

現代の鋳物の製造は砂でつくった鋳型（砂型）が用いられることが最も多いが、初期の和同開珎の鋳造には、砂型や石型ではなく、図4－9に示した銭范《せんはん》といわれる素焼きの鋳型が使用された。鋳銭所の跡からその破片が出土していることから、この事実が判明している。また、図4－10に示した江戸時代の枝銭の鋳造では、一回の鋳造で多量の貨幣が造られていたことがわかる。これらの貨幣の製造には大量生産が求められたのである。貨幣の鋳造に関しては石野の『鋳造』に詳細に述べられており、「貨幣鋳造の最大の特徴は、最初から多量生産方式が考えられたことである」としている。

中国銭には貨幣としての利用の外に、わが国では銅地金として使われたとする、東洋一の詳細な報告(15)がある。ところが東は、もし通説どおり銅の原価以上に高く評価された銅貨を鋳潰して大仏・梵鐘・鏡等を鋳造したとすれば、逆になぜ高く評価された銅銭でより安い銅をより多く買って鋳造しなかったのか、という素朴で重要な疑問が浮上してくる、ともしている。

上記の通説に対しては、すでに「中国の銅銭は素材の市場価格がその額面をしばしば上回るものだった」とする黒田明伸氏の批判が

図4–10　枝銭　江戸時代（1863）（高橋亘編『新版貨幣博物館』、49頁）

掲載されている。銭の鋳造技術は日本に存在したにもかかわらず、なぜ安く評価された銅で銭を鋳造せず、銅よりも高く評価された莫大な量の渡来銭をわざわざ中国から輸入したのか。なぜ中国側がその高く評価された銭で安い日本の物資を買いまくらず、逆に銭の輸出禁止令を度々発したのか。なぜ日本は銅貨一文銭だけを多量に輸入し、一貫して折二銭・大銭等の高額大型中国銅銭（これらは一文銭に対して重量は比例して重くない）を頑なに拒んで輸入してこなかったのか。なぜ渡来銭を鏡や大仏等に鋳治したのか等のさまざまな疑問に、通説では一言たりとも答えられない、という反論があるのである。

大判・小判

先に表4－1で三上は、東洋型の（金属）貨幣は、材質が銅、鋳造による文字デザインで円形方孔であり、西欧型貨幣は金銀で、打圧造、絵画デザインで円形無孔であるとした。確かに、わが国には後述の大判・小判や露一両などがあるが、鋳造による円形方孔の金貨はないと、筆者は考えてきた。それがこのたび、再度の貨幣博物館の訪問で、**開基勝**寶銭に出会った[16]。

これは、日本で最初に作られた金貨で、天平宝字四（七六〇）年に鋳造された金貨とされている。しかしながら、開基勝寶銭は出土数があまりに少ない。貨幣と認めるか否かについては、富本銭の項での

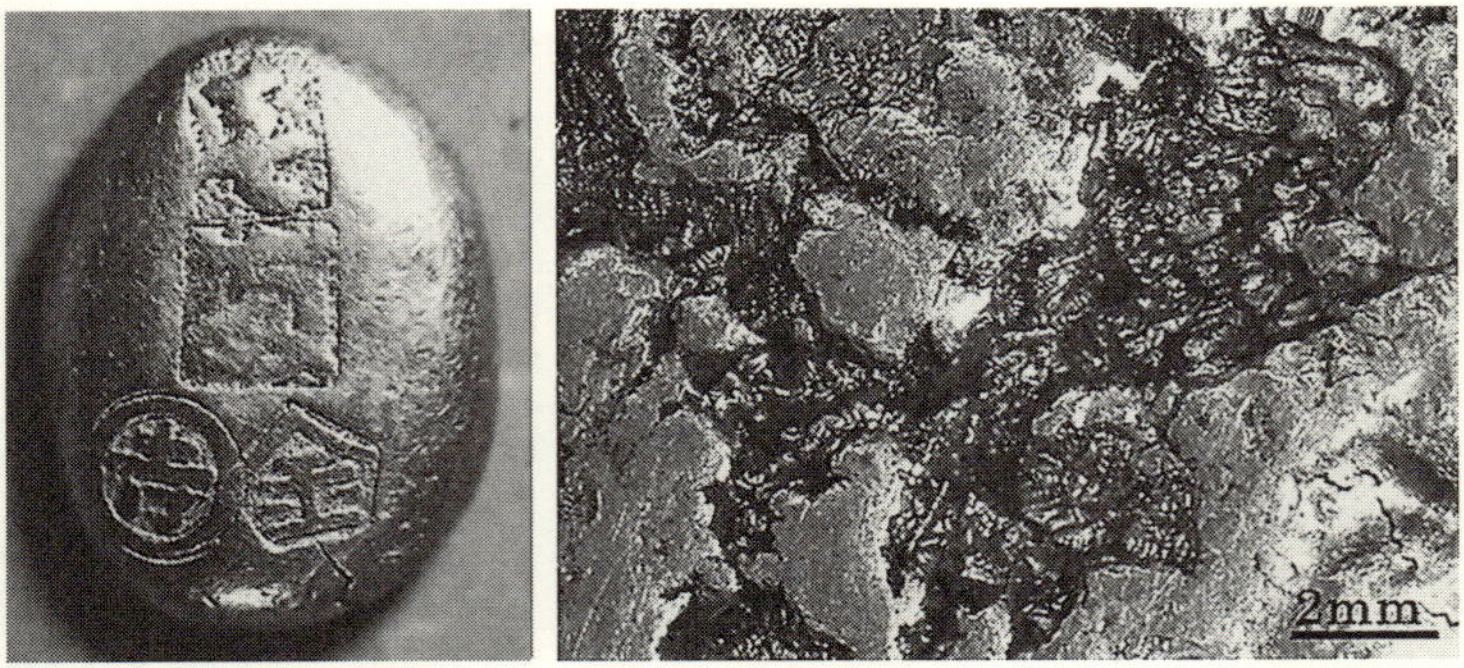

図4–11　甲斐武田の露一両、表と裏（佐藤健二提供）

松村の定義に準じるならば、出土数が少なく文献上の記録が皆無に等しい富本銭を〈最古の通貨〉とは断定し難いということになる。筆者もこの定義に準じて、開基勝寶銭は広義の貨幣には含めないこととした。しかし、金貨が鋳造で造られていたことは事実である。

大判・小判が鋳造で造られたと言ったら、読者はこれを信じられるであろうか。鋳造を専門にする筆者にとっても考え難い事象であった。『新版　貨幣博物館』によると、「戦国時代後期（十六世紀頃）には、江戸時代貨幣制の芽生えともいえる動きが見られた。戦国大名による楽市、楽座などの商業振興策や城下町の建設を背景に商工業が発達し、高額貨幣の需要が増大したため、各地で金銀貨がつくられ流通するようになった。とくに甲州の武田氏は金貨に貨幣単位を設け、豊臣秀吉は金銀貨発行の集中化をはかった。これらのことは後の徳川幕府の貨幣制度に大きく影響を及ぼしている」としている。その一例が図4－11[17]に示した露一両である。これは重さ一五・三グラムで、長さ二〇・七、幅一五・二ミリメートルである。

この金貨は図4－1に示したエレクトロン貨と同じ製法であり、

所定の重量に調整した金地金をルツボで溶解し、それを平らな耐火物の上に注ぐと、溶融した金は表面張力で丸くなる。例えば、図4‐12[18]に示した蓮の葉の上の水滴のように、である。この状態で溶融した金が凝固すると図4‐11左の露一両の原形ができ上がる。この金塊の上面に「金」や「吉」の文字を打刻したものが露一両である。最初に凝固した金塊の上面は自然な形である。しかし、金を含む一般的な金属は凝固時には数パーセントの体積収縮を伴う。その結果、最終凝固部となった下面には空洞（ひけ巣）ができてしまう。このとき、金属の凝固でできる特有の形（すでに凝固した部分の樹木のような形、これを樹枝状晶・デンドライトという）がひけ巣にあらわれる。その形（模様）が、図4‐11の右図（下面）に認められる。逆に述べれば、この模様が下面にあることから、露一両は上から凝固したことがわかる。

図4‐12　蓮の葉の上の水滴（中江秀雄『新版　鋳造工学』、136頁）

また、一般的な貨幣に関する書物では、例えば図4‐11の左側も表面の写真は示されても、裏面の写真は示されない。この点、佐藤氏は鋳物の研究者なので、露一両の製法を考える一助として、このような写真を撮って提示されたのであろう。

それでは大判・小判に話を進めよう。前掲の小葉田によると、「慶長六（一六〇一）年、関が原の役に勝利を納めて天下の覇権を握った徳川氏が、大判・小判・一分判・丁銀・豆板銀（小玉銀）のいわゆる慶長金銀（慶長大判や慶長小判など）を鋳造した。

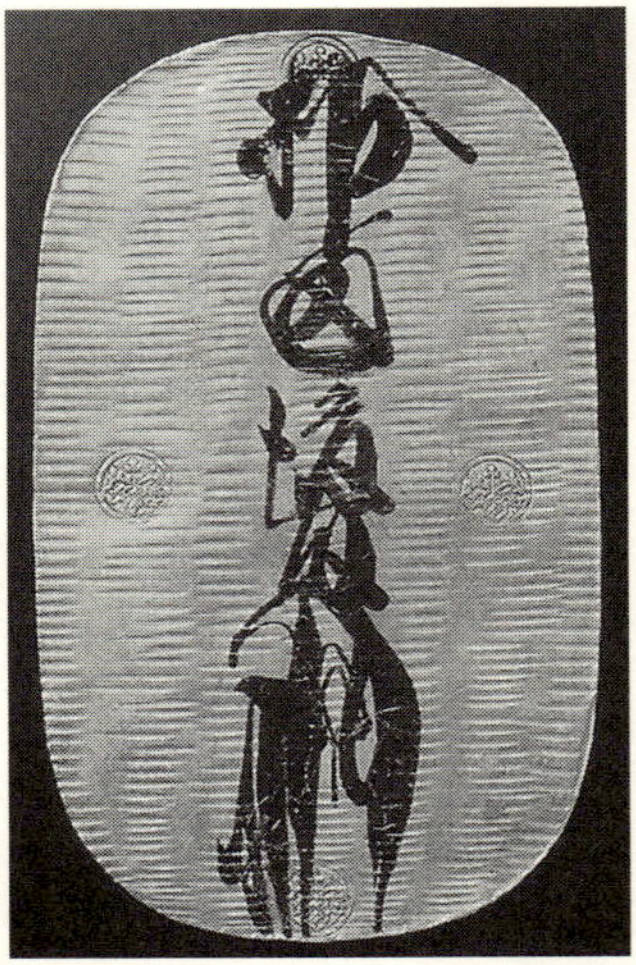

図 4–13　慶長大判、165.4 g、金 68%（高橋亘編『新版　貨幣博物館』、30 頁）

慶長金銀が日本の貨幣史上非常に重要なものであり、画期的な意義を持つにいたったことは後に述べる」として、これらは鋳造で造ったとしている。正確には、それらの原料地金の鋳塊は鋳造で造った、というべきであろう。これが図4－13に示す慶長大判であり、慶長小判である。

大貫麻里⑲も金座に関する詳細な報告で、やはり金座を貨幣鋳造機関としている。しかし、大判・小判が鋳型を用いて鋳造されたという報告はない。金貨ではその重さが最も大切であり、鋳型への鋳造では正確な重量のものは造り得なかったので、鋳造による成形は行われなかったのではなかろうか。

貨幣の鋳造に関しては石野の『鋳造』にも詳細に述べられているが、大判・小判に関しては鋳造で造ったとする記述は少なくとも文章中にはない。しかし石野は、三和銀行『お金のあゆみ』より引用した二頁にわたる近世貨幣制度の変遷の表では、明らかに鋳造としている。その詳細は知る由もないが、おそらく、大判・小判の場合にはその原料地金（棹金）は鋳造で造られているが、その後の延金（金の打ち延ばし）から荒造場（かたちに打ち延ばす）、槌目場・端打場《はたうちば》、色付場（この詳細は後述）と包金所（和紙に包み、封印）の工程は云わば鍛造作業なので⑳、石野は大判・小判が鋳造で造られたとは言いきれなかったのではなかろうか。

図4–14　小判の端打場の絵（高橋亘編『新版　貨幣博物館』、46頁）

大判・小判の製法に関しては「金吹方之図」[21]もよく知られているが、ここでは『金座絵巻』の小判の端打場（小判を重ねて側面を木槌で打ち、形を整える作業）の絵を図４－14に示す。確かに、木槌を打っている様子が描かれている。したがって、大判・小判の仕上げ作業は鍛造というのが正しそうである。

色付場（色揚げ、ともいう）は鋳物とは関係がないが、大判・小判を見る目を養う意味で重要であり、ここに敢えて取り上げる。これは、できあがった大判・小判の見栄えを良くするために行った化学的処理である。斎藤努は前掲『お金の不思議――貨幣の歴史学』のなかで、端打場を経て形のできあがった物は、「わずかに黄色味がかった白っぽい色をしており、とても金色とはよべない。しかし、実際の小判は、品位に大きな差があるにもかかわらず、少なくとも表層の色は「山吹色」に輝いて見える。……天保小判の分析結果〔図４－15〕によると、小判のごく表面は金の濃度がきわめて高くて純金に近く、……内部になるにしたがって徐々に銀の濃度が高くなり、約七ミクロン（千分の七ミリメートル）からほぼ一定となる」と記している。「このような表面付近の金濃縮は、小判製造工程の最後で、「色揚げ（色上げまたは色付け）」という」工程を行うことによってなされた。この作業は一種の酸洗であり、貨幣博物館ではこれを再現している。

　これで山吹色に輝く大判・小判の完成となった。江戸時代の大判・小判の金濃度は五六～八七パーセントであり、このような手法を駆使して、金の含有量が少なくなった大判・小判も、純金に近い山吹色を出していたことがわかる。やはり、金貨は見てくれが大切であったのだ。

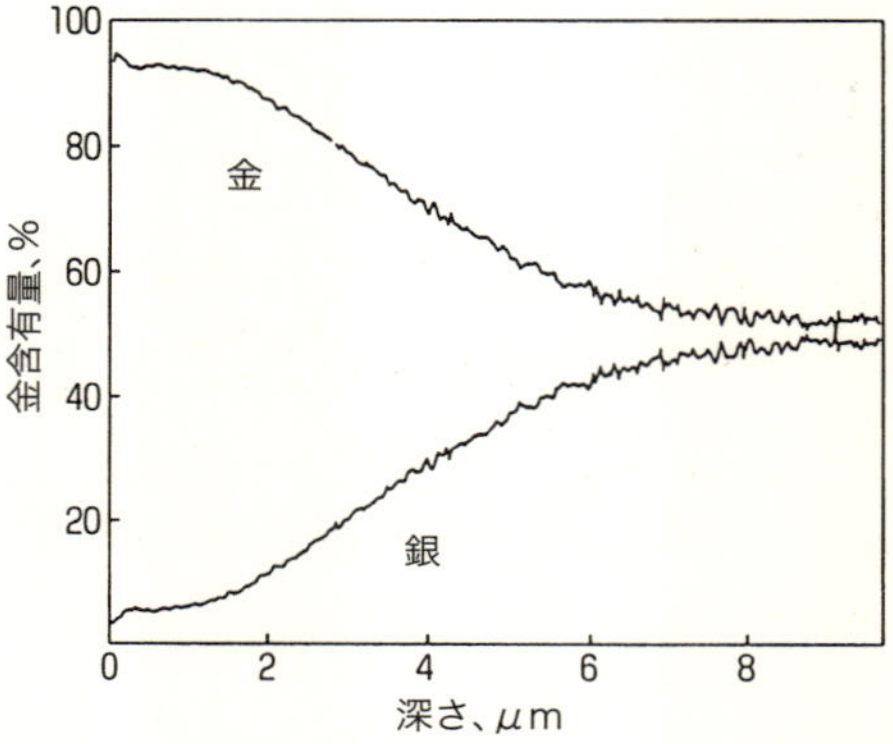

図 4–15　天保小判の表面近傍の金、銀の濃度分布
（国立歴史民俗博物館編『お金の不思議』、153 頁）

注

（1）日本銀行金融研究所貨幣博物館『お金の豆知識　貨幣の起源、最初のおかね』。日本銀行貨幣博物館館内配布リーフレット（二〇一四年まで配布）

（2）高橋亘編『新版　貨幣博物館』、二〇〇七年、一二、一三、一四、二〇、四二、四六頁。

（3）三上隆三『貨幣の誕生——皇朝銭の博物誌』朝日新聞社、一九九八年、五—三八、六〇、二六七頁。

（4）B. L. Simpson: *History of The Metal-Casting Industry* 2nd Ed, AFS, 1969, p. 59.

（5）Önder Bilgi Ed. : *Anatolia, Cradle of Castings*, Istanbul, 2004, p. 117.

(6) 石野亨『鋳造　技術の源流と歴史』産業技術センター、一九七七年、二四五―二七四頁。

同『鋳物　5千年の足跡』日本鋳物工業新聞社、一九九四年、八六―一〇〇頁。

(7) エリック・デュシュマン『世界の貨幣コレクション』第1号、アジェット・コレクションズ・ジャパン、二〇一三年。

(8)「アラビアの道　サウジアラビア王国の至宝」東京国立博物館、二〇一八年一月二三日〜三月一八日。

(9) F. C. Thompson, The Technique of Casting Coins in Ancient India, *Nature* 162, 14 August 1948, p. 266-267.

(10) 滝沢武雄『日本の貨幣の歴史』吉川弘文館、一九九六年、一、二六、五二頁。

(11) 小葉田淳『日本の貨幣』至文堂、一九五八年、一、二六、一〇三頁。

(12) 国立歴史民俗博物館編『お金の不思議――貨幣の歴史学』山川出版社、一九九八年、二、一一六、一五二頁。

(13) 松村恵司『日本初期貨幣研究史略』IMES Discussion Paper（No. 2004-J-14）、一頁。

(14) 貨幣博物館　GNU一般公衆利用許諾契約書。

(15) 東洋一「渡来銭と真土」『京都市埋蔵文化財研究所研究紀要』一〇号、二〇〇七年、七三頁。

(16) 日本銀行金融研究所『貨幣博物館　常設展示図録』、二〇一七年、一六頁。

(17) 佐藤健二「貴金属貨幣の解析と製造法」、第86回　文化財と技術の研究会（二〇一七年七月八日）。

(18) 中江秀雄『新版　鋳造工学』、産業図書、二〇〇八年、一三六頁。

(19) 大貫麻里「江戸時代の貨幣鋳造機関（金座、銀座、銭座）の組織と役割――金座を中心として」、日本銀行金融研究所『金融研究』一九九九年九月、五一頁。

(20) 金座の歴史『https://www.imes.boj.or.jp/cm/history/nihonbashi/kinza.pdf』『金座絵巻』より。

(21)「金吹方之図」『国立公文書館　デジタルアーカイブ https://www.digital.archives.go.jp/DAS/pickup/view/category/categoryArchives/.../00

第五章　釣鐘の歴史

1　西洋での歴史

石野亨の『鐘をつくる』(1)によると、「世界でもっとも古い鐘は、古代オリエントの都市バビロン（メソポタミア地方の古代都市）で発掘された約三千年前のもの」であるという。「中国大陸でも商代（約紀元前十六～前十一世紀）には、鐘の祖形と思われる金属製の打楽器がつくられ、鼎《かなえ》と組んで鐘鼎《しょうてい》と呼ばれ、宗廟《そうびょう》での祭りにかくことのできない礼器《れいき》であり、……わが国に伝えられたのは七世紀ごろで、雄大な東大寺鐘、銘で名高い神護寺鐘、形の優美な宇治平等院鐘など、数々の名鐘が現存し、……」と報告されている。

他方、『日本大百科全書（ニッポニカ）』の「鐘」の用語解説によると、古代オリエントがバビロンの

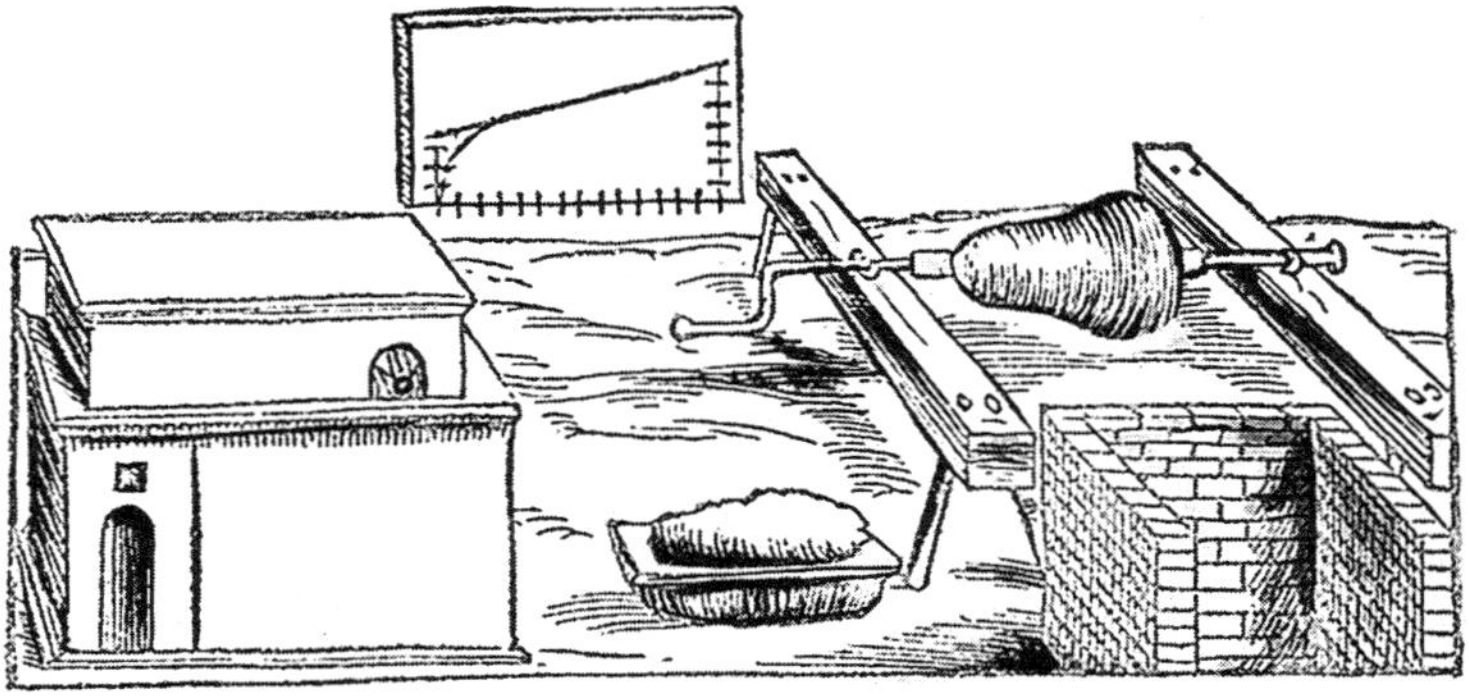

図 5-1　初期の鐘の鋳造工場（Simpson: *History of the Metal-Casting Industry*, p. 92）

鐘（舌付きの鐘）の発祥地で、鐘はここから西へ伝播し、その後ギリシア正教会から北アフリカの修道院に伝えられ、さらには六世紀から八世紀頃にヨーロッパに入った、とされている。しかし、バビロンの鐘はトレーガーの『世界史大年表』(2)にも、また石野の他の著書(3)にも記載がなく、これ以上のことはわからなかった。

シンプソン(4)（ナショナル・エンジニアリング社の社長、アメリカ鋳造学会の会長も務めた）によると、西欧での最初の鐘楼の鐘は、ノーラの司教聖パウリヌスによって西暦四〇〇年ころもたらされたとされている。そして、ローマ時代が終わり、いわゆる暗黒の中世（四七六～一〇〇〇年）から十四世紀のルネサンス時代にかけて、鋳造技術が発展した。これは教会の大聖堂の鐘が、鋳物の芸術品として登場したことが大きな原因であった。そして、鐘の鋳造技術はやがて大砲の製造へと発展してゆくことになる、と述べている。

シンプソンは当時の鐘を造った鋳物工場の概要を、図5－1のように示している。この図では、左の建物が反射炉で、後方にはビリングッチョが発明した鐘の型（引板、この詳細は後に図5－13で示す）があり、右は鐘中子の製作過程を示している。この図

図5-2　大聖堂のステンドグラスに描かれた鐘の鋳造風景
(Simpson: *History of the Metal-Casting Industry*, p. 99)

では反射炉があまりに小さく描かれているので、鐘の製造工程の説明にもっぱら重点を置いて描かれたもの、と考えるべきであろう。

さらにシンプソンは、当時芸術の都であったイタリアでは六〇八年に鐘が造られ、それがイギリスに輸出されて、ワーマウス大寺院に設置された、としている。イギリスで最初に鐘が造られたのは一一五〇年になってからで、やがて鐘の鋳造は軌道に乗り、その一つにAlwoldus鐘鋳造所があった。一三二〇年には、ヨーク・ミンスターの大聖堂のステンドグラスに、かの有名な『鐘鋳造の図』が、鐘の鋳型の製造から仕上げまでの工程を通して描かれた（図5－2）。この図では、左から右に、鋳型（中子）の造型、取付けとその清掃の様子が描かれている。そして、当時の鐘の鋳造者は、社会のなかで尊敬される職業であった、とも記している。

ロシアでは、一七三二年にモスクワで二二〇トンの大鐘（図5－3）が鋳造されたが、不幸にしてこれは割れてしまっている。この鐘の鋳造には四基の反射炉が用いられたという。一方で石野は、この鐘は一七三三～一七三五年に造られたもので、その重量を一九三トンとしており、これらの数値には若干の食い違いが見られる。

この鐘の割れ（図5－3の右下）は、モスクワの大火の際に鐘を守るためにこれに水をかけたことで一部が割れてしまったのが原因だと、市村元の報告[5]に詳細に書かれている。また、ロシアはこれ以外にも大鐘を有する国として知られており、一つはTroztkeeの一七一トン大鐘と、一一〇トンのモスクワ大鐘が存在する、とシンプソンは記している。ロシアは、何とも巨大なものを好む国家であったようだ。ロシア製の巨大な大砲については第七章で触れたい。

西欧での釣鐘の製造の歴史について記したシン[6]によれば、十六世紀までは鐘鋳造の技術的な記録は存在していないが、テオフィルスというペンネームをもつドイツ人僧侶が、一一二五年頃に鐘の製造に関する活発な議論を開始したという。そして、イタリアの冶金学者V・ビリングッチョが一五四〇年に『火工術（*Pirotechnia*）』と題する本を著したのが、鋳造についての技術的文献のはじまりだとしている。

図5-3　モスクワの大鐘（220トン）

一方でサンダースら[7]は、いかにもアメリカ人らしいが、世界で最も著名な鐘の一つに自由の鐘（Liberty Bell）がある、としている。この鐘は、一七五一年にペンシルバニア州の創立五十周年を期してロンドンのトーマス・リスター鋳造に発注し、一七五三年三月、議事堂外側の中庭広場に吊り下げられた。しかし、初めて鐘が鳴らされた際に、ひびが入ってしまった。その外観が図5－4である。

この鐘はアメリカ独立戦争に関連したモニュメントとして、最も著名なものの一つである。アメリカの独立と奴隷制の廃止、合衆国の国民性と自由の象徴として最も親しみのある記念碑的事物の一つであり、国際的にもよく知られてきた。

これまでに述べてきたように、鐘に関しては重量や製造年月日などの数値が筆者によって微妙に異なっており、西欧の鐘の歴史を正確に記述するのは難しいことを痛感させられた。例えば、V. Debut ら(8)によれば、音響楽器としての青銅製の鐘は今から約三千年前に中国で造られてきたが、西欧ではやっと十七世紀になってから鐘の芸術性がピークに達し、その形状と音の関係が技術的に明らかにされてきたという。いずれにしても、西洋よりも中国の方がこの分野でも著しく先行していたことになる。石野が『鋳物5千年の足跡』でいうとおり、「キリスト教の教会で鐘が使われだしたのは、ローマ皇帝がキリスト教を圧迫しなくなってからで、五世紀から七世紀にかけて鐘が鳴らされた記録があるが、イギリスでは七五〇年にきめられた時間に教会で鐘を鳴らす規則がつくられ、ドイツやスイスでは十一世紀ごろから普及したといわれている」という事情があった。鐘は人々の日常の時間を刻む役割も果たしていたのである。

図5–4　アメリカの自由の鐘（Sanders and Gould: *History Cast in Metals*, p. 142）

2　中国の鐘

同じく石野の『鋳物5千年の足跡』によると、「中国には商から春秋の頃（紀元前十六～前五世紀）、鐃《どう》や鉦《しょう》と呼ばれる断面が杏仁（あんずの種子）形で、短い円筒状や長い棒状の柄をつけた楽器があり、西周中期から戦国（紀元前九二七～前二二一年）の頃には、つり手がつき、ぶらさげて叩いて鳴らす鐘《しょう》や鎛《はく》も見られた。……これが鐘の祖型で、朝鮮半島や日本に伝わり、竜頭《りゅうず》（つり手）と音筒をもった朝鮮鐘や、竜頭のみのついた日本の梵鐘が生まれた」としている。鐘の文化もまた、中国から朝鮮を経てわが国に伝わってきたのである。いずれにしても、ヨーロッパに比べて中国での鐘の製造は著しく早い。これも、溶解炉と送風機の相違に基づくもの、と考えると納得できる。

図 5–5　春秋の時代に作られた雲紋鐃（Tan Derui: *An Illustrated History of Ancient Chinese Casting*, p. 140）

そこでまずは、中国で最も古いとされている鐘の一つである鐃《どう》の一例を図5－5に示す。これは春秋（紀元前七七〇～紀元前四七六年）に造られた雲紋鐃《どう》で、その高さは五一・四センチメートルである。(9) この形はまさに右の引用文そのものであり、楽器の一種であることがわかる。

図 5-6　曾侯乙墓の鐘群（武漢）、戦国早期

この柄の付いた楽器である鐃を数多く集めたものが、曾侯乙墓からの出土品である図5－6に示した鐃群で、武漢市の湖北省博物館に展示されている。曾侯乙墓は中国の湖北省随県で発見された戦国時代初期（紀元前四七五年）の諸侯の竪穴式墓で、中国を代表する古墳の一つである。図5－6の鐃群は写真右下の親子像からその大きさが理解できるであろう。筆者は十年ほど前にこの博物館を訪れ、これらの複製品の演奏を聴いたことがある。なかなか素晴らしい音色であったことを記憶している。

中国を代表する大鐘の一つに、大鐘寺の鐘（図5－7）がある。この鐘も、筆者は十数年前に大鐘寺鐘楼（図5－8）の長い階段を登って見に行ったことがある。鐘があまりにも大きく、この写真を撮るのに苦労したことを鮮明に覚えている。

この鐘は明代の永楽年間（一四〇三～一四二四年）に鋳造された中国最大の鐘で、大鐘寺の銘板には、高さ五・五五メートル、外径三・四メートル、重さ六三トン、とある。石野の前掲書『鐘をつくる』には、高さ六・七五メートル、外径三・三メートル、重さ四六・五トンとあって、数値が微妙に異なっているが、筆者は大鐘寺の銘板の数字を信用することとした。しかし、大鐘寺の鐘楼はかなり大きな建物であり（図5－8）、いったいどのようにしてこの大きな鐘を引き揚げたのは、不思議でならなかった。

図 5–7　大鐘寺（北京）の大鐘

図 5–8　大鐘寺の鐘楼

3　わが国の鐘

坪井良平の『日本の梵鐘(10)』によると、「日本にある梵鐘はその製作地によって三つに大別される。も

図5–9　わが国最古の京都・妙心寺の梵鐘
（坪井良平『日本の梵鐘』、図版第一）

ちろんその大部分は日本で製作されたもので、……「和鐘」と呼ぶ。……その頂部には双頭式の獣頭からなる竜頭《りゅうず》と名付けられた懸釣《けんちょう》装置があり、胴のやや膨らんだ鐘身の外面には袈裟襷《けさだすき》という大小、長短の区画が施されている。次には「朝鮮鐘」がある。……それは鐘身の外形は和鐘と同様であるが、……竜頭は和鐘のごとく双頭式ではなく単頭で、その代わりに旗挿《はたさし》と呼ばれる装飾筒が付いている。……第三には「支那鐘」がある。……その多くは下端が水平ではなく荷葉形に波状を呈する……」としている。この「支那鐘」の特徴は、先の図5－7に見ることができる。ここでは、わが国の鐘は原則として梵鐘と記すことにする。

　わが国の梵鐘で最も古いとされているのが、京都妙心寺の梵鐘（図5－9）である。坪井によると、この梵鐘は「本邦最古の紀年銘鐘として、古来有名な京都府妙心寺鐘（図版第一）がある。梵鐘は高さ一五〇センチメートル強、口径八六センチメートル。この時代のものとしては口径に比して高さが高く、そのため非常にすっきりした感じを与える」と紹介している。その優雅な様子は図からも十分に窺いしれる。

石野の『鋳造』によると、この梵鐘は「天武天皇二（六九八）年福岡県粕屋郡で鋳造され、内面に銘文が陽鋳されている」。陽鋳とは、鋳物表面に文字や模様が突起しているもので、逆に凹んでいる場合は陰鋳とか陰刻と呼ぶとのことである。またこの梵鐘と同じ作者によると思われるものに、福岡観世音寺の梵鐘（無名）がある。

わが国の梵鐘の中で、豊臣・徳川の合戦（大阪冬の陣・夏の陣）の発端となった有名な梵鐘がある。それは、図5－10に示した、京都の方広寺の梵鐘である。この梵鐘は、東大寺の梵鐘をまねて慶長十九（一六一四）年に造られた、高さは四・〇四メートル、重さは三六トンという大鐘である。方広寺そのものは、天正十四（一五八六）年に豊臣秀吉が造らせた寺であったが、やがて大地震で崩壊したものを、秀吉の死後を継いだ秀頼が徳川家康の勧めで、秀吉の供養のために慶長十五年に再建し、この大鐘をそこに設置したのである。

図 5-10　方広寺の梵鐘（石野亨『鐘をつくる』、27 頁）

この梵鐘の銘文には〈国家安康〉の文字があり、これを〈家康を分断すれば国安し〉という意味であろうと林羅山らが言いがかりをつけ、それを家康が利用して秀頼を挑発し、豊臣方に戦端を開かせたというエピソードでよく知られた大鐘である。

なお、四国霊場八十八箇所の梵鐘を取りまと

図 5–11　香川県国分寺の古鐘（高さ 1.5 m）
（山田文夫『讃岐　札所の梵鐘』、42 頁）

めた、四巻にもなる山田文夫の労作[11]があるので、あえてここで少し紹介する。それぞれはA四版のカラー刷りで、六〇〜七五ページからなる。山田は香川県の鋳物工場の経営者であったが、平成十二（二〇〇〇）年に香川県銑鉄鋳物工業組合の組合設立三十年記念誌に『香川の鋳物史』を書いたのが発端で、日本古鐘研究会会長の指導の下に取りまとめたのがこれらの本である。四国霊場の最も古い梵鐘を図5ー11に紹介する。この梵鐘は香川県国分寺の古鐘（重要文化財、平安初期）で、四国霊場での最古のものとされている（『讃岐　札所の梵鐘』より）。わが国最古の梵鐘とされている、前掲の妙心寺鐘（図5ー9）に次ぐ古鐘の一つである。その大きさは、口径八九六ミリ、口辺の厚さ八三ミリ、鐘身高一四八三ミリである。

　山田によると、「四国霊場第八十番・白牛山《はくぎゅうさん》国分寺は天平年間聖武天皇の発願により諸国に建てられたもので、讃岐国分寺は天平宝勝八（七五六）年完成したようだ。行基菩薩が十一面千手観音菩薩を刻んで安置、弘法大師によって補修され、霊場になったという。特別史跡に指定され全国でも珍しく礎石が立派に残って保存されている。梵鐘は四国地区で最古の鐘と言われ重要文化財に指定されている。日本でも十指に入る奈良時代とも推定される梵鐘で、考古学上でも注目され、話題の多い貴重な古鐘である」とされている。

つづいて、大阪の四天王寺に話を転じたい。四天王寺は、聖徳太子建立七大寺の一つとされ、推古天皇元（五九三）年に建立されている。

しかし、四天王寺の大鐘が、数奇な運命をたどった世界最大級の梵鐘であったことは、ほとんど世の中に知られていない。

この鐘の歴史を調べた市村元によると、「明治三六年に大阪で第五回勧業博覧会が開かれたが、この年は聖徳太子の千三百年御遠忌にもあたっていた。このため当時の四天王寺聖徳太子頌徳会では、後世の紀念として頌徳鐘《しょうとくしょう》と名付ける一大梵鐘《ぼんしょう》の鋳造を発願し、小松宮彰親王を総裁にして大阪府を中心に広く勧進を開始した」という。「鋳込みが行われたのは明治三六年一月二十四日で、……大梵鐘の衝き初めの法要は明治三十六年十一月二四日に行われた。……この日の衝き初めに鳴らされたっきり（余りに音色が悪かったので）、この巨大鐘はその後四十年を経た昭和十七年までの永きにわたり、二度と衝かれることのない、鳴らずの鐘となってしまった」と述べている。そして、昭和十七年十二月二十五日に衝き納めの法要が行われた。その時

図 5-12　四天王寺の鐘の衝き納めの法要（頌徳鐘）（市村元「幻の世界最大鐘」）

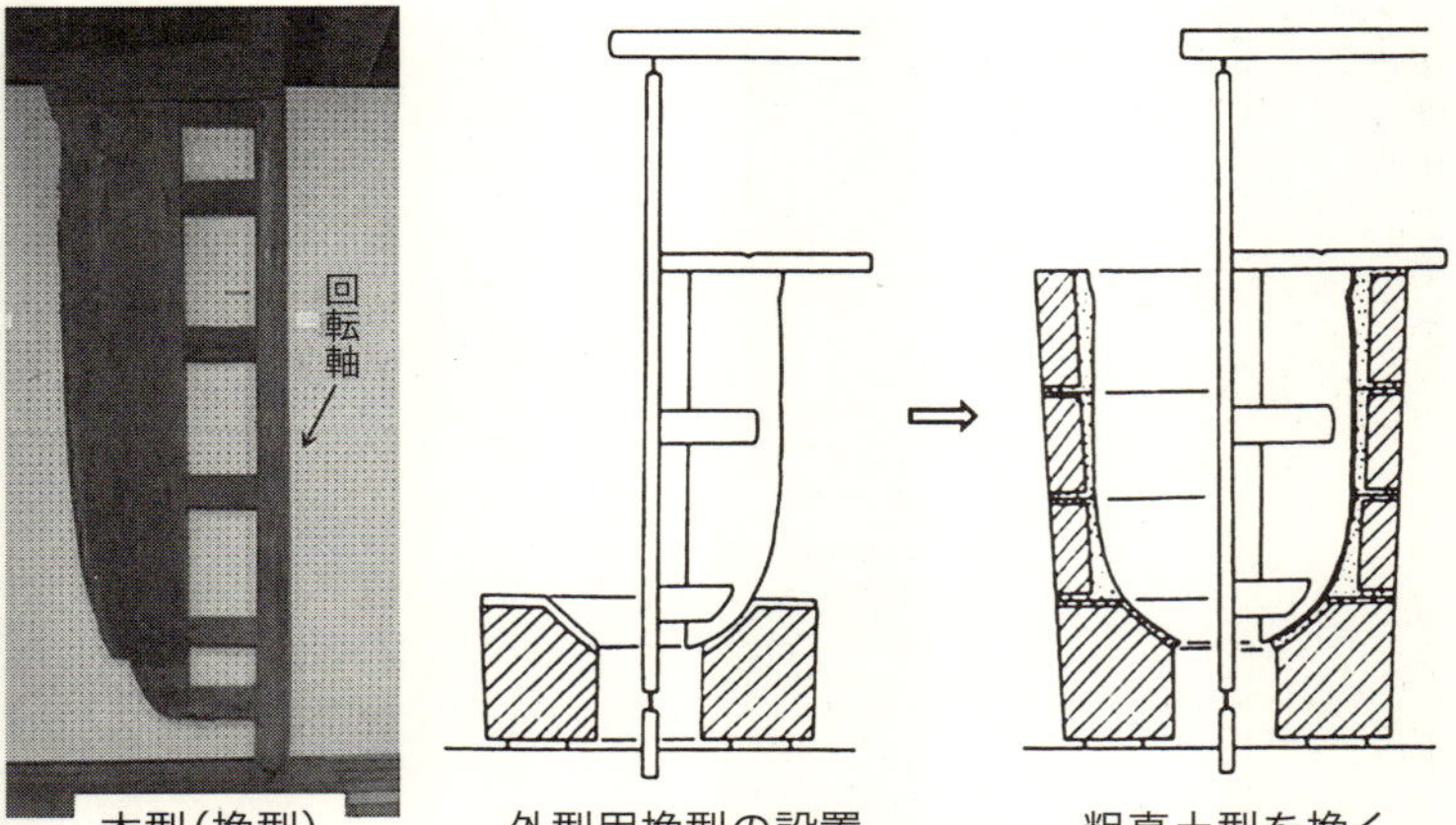

図5–13　梵鐘用の挽型と真土型（主型、外型）の造り方（大阪田中家）（枚方市教育委員会『旧田中家』、54頁）

の写真が図5－12である。この法要の後で、太平洋戦争末期に出された金属回収令によって、この大鐘は国に供出されてしまったのである。

　この梵鐘の大きさは、趣意書によると、重さ一五八トン、高さ七・八八メートル、口径四・八五メートルとある。図5－3に掲げたモスクワの大鐘（一九三トン）に次ぐほどの大鐘だったのである。この辺の詳細資料を探していたところ、『頌徳鐘由来記』[12]に行きついた。これで市村の記述が正しかったことを、筆者もあらためて確認できた。

4　わが国での梵鐘の造り方

　わが国にはほかにも数多くの梵鐘が存在するが、その詳細は坪井の『日本の梵鐘』に譲るとして、これからはわが国での梵鐘の造り方を、主に鋳型の造型法を中心に記したい。まずは、代表的な鐘の鋳型の造り方を、大阪は枚方市にある鋳物の博物館、田中家の例で確認しよう。図5－13に梵鐘の惣型の造り方を示した[13]。左は田中家に展示されている鐘の木型（挽型あるいは引板）で、「真土《まね》」で主型を造る様子を示している。挽型を右の二つの図のように回転させ、下から順に主型を成型するのである。したがって、梵鐘の型は平板状の板（挽型）でよいことになる。これが図5－1にも示しておいた引板である。

　このあたりのことは、鹿取一男の『美術鋳物の手法』[14]に詳しい。鹿取によると、真土とは、「細粒の川砂や山砂に粘土をほぼ二対一くらいに混ぜ、水を加えて良く混練し、これを橙赤色になるまで焼成してから粉砕したものをいう。……真土を使って鋳型をつくる方法は、仏像や梵鐘などの鋳造に古くからわが国で行われていた。そして現在も美術鋳物の主体は真土型鋳造法であるといってよい。真土型は焼成のやり方で分けると焼型と惣型の二つになる。焼型は、中子を納めてから約八百℃くらいで焼成する（そのままの状態で鋳造する）。この方法は銅像や美術工芸品などの鋳造に用いられる。また、惣型は鋳型表面だけを約八百℃に焼き、別に焼成した中子を納めて（室温で）鋳造する。これは釜や梵鐘などを鋳造するのにもちいられている」としている。

　これで外型はできたので、次に中子の製造法を図

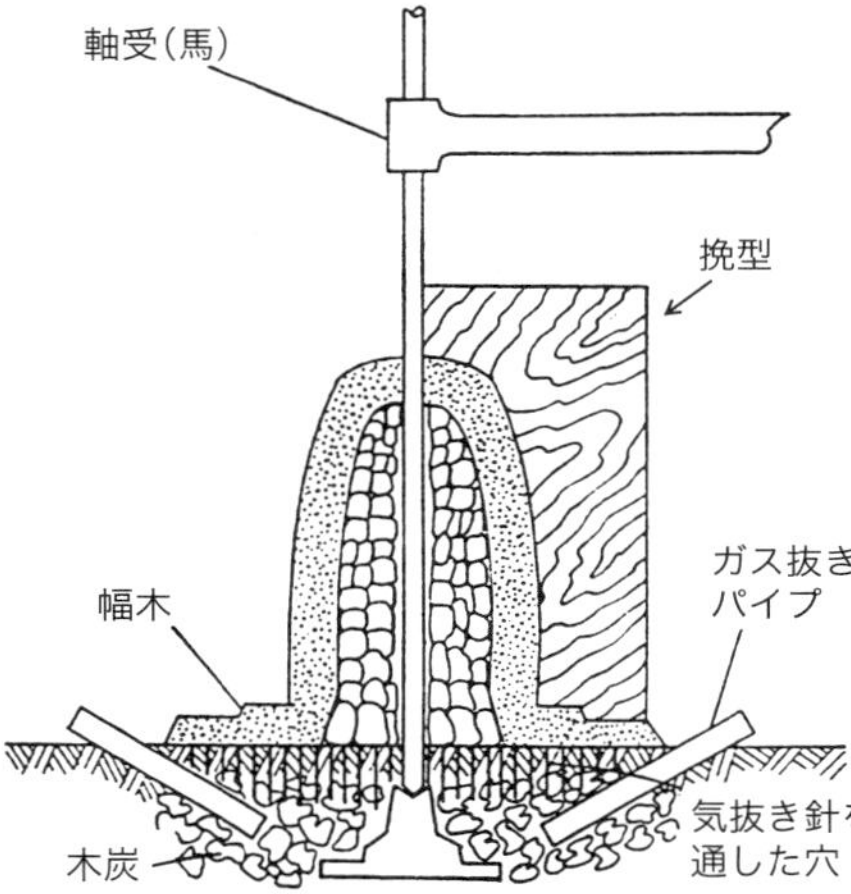

図5–14　梵鐘の中子挽き（挽中子）（鹿取一男『美術鋳物の手法』、91頁）

表5-1　わが国梵鐘用砂型鋳型の造型法（吉田昌子「鐘の鋳型技術」、51頁に筆者が加筆）

鋳型材質	鋳型の熱処理	鋳型の作り方
真土型法	焼型法（高温鋳込み）	込型法（近代に発達）
		蠟型法
	惣型法（乾燥型・室温鋳込み）	挽型法　挽中子式
		込削り中子式（中子一体型）
		込削り中子式（中子継ぎ型）
		挽中子・込削り中子折衷式
	原型削り中子法（削り中子法）	
生型法（近代に移入）		

5−14に示しておきたい。ただし、この原図では燃料がコークスと記されていたが、昔の製造法を考慮して、木炭に改めた。この場合には、先の図5−13の挽型とは逆の形の挽型を準備し、中子を成型する。できあがった中子は、図のように木炭で十分に乾燥させ、その後に主型に納める。

このような梵鐘の造り方に関して、吉田昌子[15]はわが国の古鐘製造法を調査するとともに、現存する日本全国の鐘の鋳造所やヨーロッパの鐘製造所を訪ね歩き、それらの結果を取りまとめた。吉田の表に筆者が一部手を加え、わが国梵鐘用砂型鋳型の造型法をまとめたものが、表5−1であった。ここでいう生型は、明治以降にわが国に導入された砂型であり、ここではその説明を省く。

図5−14に示した挽中子の場合、その寸法は図5−13の主型よりも、梵鐘の肉厚分だけ小さめに造る。これに対して、表5−1の中の削り中子式（込削り中子、あるいは削り中子法ともいう）とは、まず中子を造り、それを模型にして主型を造ったのち、主型を取り外して、中子を梵鐘の肉厚分だけ削り取り、これらを組み合わせる手法である。この手法の利点は、主型の挽型が不要な点にある。

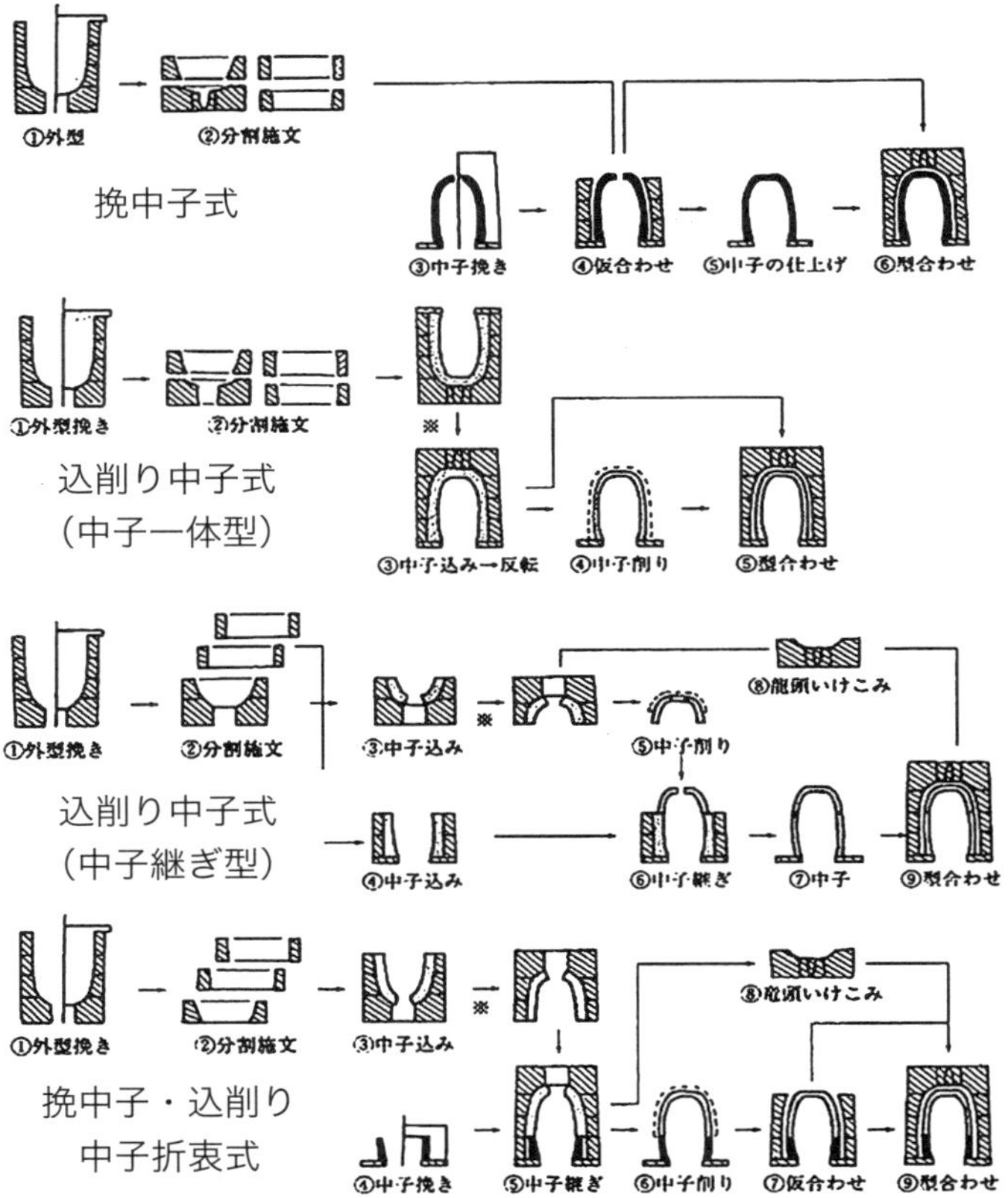

図 5-15　わが国古来の梵鐘の造り方（吉田晶子「梵鐘鋳型の造型方法」、153 頁）

これらを踏まえて、吉田が取りまとめた、わが国古来の梵鐘の造り方を模式図に示したのが図5－15である。

ところで、梵鐘の形をよく見ると、それが大砲によく似ていることに気付くであろう。特に、第七章（図7－17）で示す臼砲の形は、まさに梵鐘そのものといえる。この点は西欧においても同様であり、洋の東西を問わず、梵鐘の鋳造技術が大砲の製造に応用されていったのである。

注

（1）石野亨『鐘をつくる』小峰書店、一九八四年、三、一一、二八、五九頁。
（2）J・トレーガー著、鈴木主税訳『世界史大年表』平凡社、一九八五年。
（3）石野亨『鋳造　技術の源流と歴史』産業技術センター、一九七七年、一九五、二〇三頁。
石野亨『鋳物5千年の足跡』日本鋳物工業新聞社、一九九四年、六九、七四、七五頁。
（4）B. L. Simpson: *History of the Metal-Casting Industry* 2nd ed. AFS, 1969, p. 91-99.
（5）市村元「幻の世界最大鐘——四天王寺頌徳鐘の悲劇の生涯」『鋳造工学』70、一九九八年、五七頁。
（6）Sung Ying-Hsing: "The Early History of Casting, Molds, and the Science of Solidification", *A Search for Structure, Selected Essays on Science, Art, and History*, The MIT Press, 1982, p. 140.
（7）C. A. Sanders and D. C. Gould: *History Cast in Metal*, AFS, 1976, p. 142.
（8）V. Debut, M. Carvalho, E. Figueredo, J. Antunes, and R. Silva: *The sound of bronze: Virtual resurrection of a broken medieval bell*, J. Cultural Heritage, 19, 2015, p. 544.
（9）Tan Derui Ed.: *An Illustrated History of Ancient Chinese Casting*（中国伝統鋳造図典）, Foundry Inst. of Chinese

Mechanical Eng. Soc., 2010, p. 140.

(10) 坪井良平『日本の梵鐘』角川書店、一九七〇年、図版第一、一三、五三頁。

(11) 山田文夫『讃岐 札所の梵鐘［改訂版］』自費出版、二〇〇五年、四二頁。ほか、土佐、阿波、伊予の梵鐘についての著作がある。

(12) 貴志清太郎『頌徳鐘由来記、貴誌七宝堂』、一九〇三年。

(13) 枚方市教育委員会『旧田中家』鋳物民俗資料館、二〇一一年、五四頁。

(14) 鹿取一男『美術鋳物の手法』アグネ、一九八三年、九一頁。

(15) 吉田昌子「梵鐘鋳型の造型方法」『国立民俗学博物館研究報告』29、二〇〇四年、七一―一七九頁。同「鐘の鋳造技術――ヨーロッパと日本の鋳型造型法の比較を中心に」『関西大学博物館紀要』11、二〇〇五年三月三十一日、三九―五七頁。

第六章　銅像と仏像

1　銅　像

わが国の鋳物を語る上で、仏像を避けて通ることはできないが、西欧の鋳物には、仏像は存在しないけれども銅像がある地域が多い。したがって、仏像に銅像を加えて世界の塑像鋳物を語るべきであろう。銅像の歴史は古く、現存する最古のものは、今から四千年以上前にエジプトで制作されたペピ一世の像（図6－1[1]、カイロ博物館）とされている。

ピーター・クレイトン[2]によると、これはヒエラコンポリスの神殿で発見された大きな銅像で、王冠とキルトのあるべき胴の部分が失われている、とされている。図6－1の写真はその頭部である。実に素晴らしい、何と気品のある銅像であろうか。

エジプトの次には、古代ギリシャの銅像も忘れることができない。例えば、図6−2に示すポセイドンの像は紀元前四七五年に鋳造で造られているが、多くの部位に分けて鋳造し、それらを溶接で繋いでいたことが明らかになっている(原文ではweldingとなっているので、溶接と書いたが、正確にはロウ付けと思われる。しかし、広義の溶接にはロウ付けも含まれるので、溶接でよしとした)。このように肉の薄い鋳物を造るには、蠟型法を用いたことが推察できる。この点については次節で詳細に述べたい。また、この時代には電気やガスによる溶接は考え難いので、ロウ付けをふくむ接合と想像されるのだが、これを逆に考えてみると、このように複雑な形を鋳物で一体成型するのがいかに難しかったかを物語っているように思われる。[3]

図6–1　世界最古の銅像、ペピ一世像(カイロ博物館、Jon Bodsworth 撮影)

このような昔に溶接技術が存在したことは驚きではあるが、しかし先に図3−3で示した中国の鼎が紀元前十六〜十五世紀に溶接で組み立てられていたことは、すでに述べた通りである。この鼎は紀元前十五世紀頃に造られており、このギリシャの像よりもはるかに古い。これらの事実は、複雑な形状の銅像を造るにはむしろ、多数の鋳物部品から一つの全体を組み立てた方が簡単であったのかもしれない、とも考えさせられた。

図6–2　ギリシャのポセイドン像（Smith: *A Search for Structure*, p. 201）

このような銅像の石膏型による造り方をイラストで描いた資料を探し出すことができなかったので[4]、ルイ十四世の騎馬像の「湯道方案」で、図6－3に示す。ここに見られる、十本の縦線とその先で枝分かれした線状（あるいは棒状）のものが湯道（湯を流し込むための道）である。このように、複雑な鋳型に万遍なく溶けた銅を行き渡らせるためには、このような手法が用いられている。

　第四章の貨幣の歴史の項でも記述した「アラビアの道[5]」展に、等身大の男性頭部の青銅鋳物像（図6－4）が展示されていた。この像は紀元前一世紀から紀元二世紀の間に造られたものとされている。この銅像は中空で、肉厚三～四ミリメートル程度のごく薄い造りであった。すると、このような複雑な形を図3－2や図5－15に示した込削り中子式で造ったとは考えられず、蠟型法で造ったと考えられる。この削り中子式の詳細は後に図6－12で示す。

　このように複雑で平滑な形状の像も、現代の技術を用いれば、蠟型法で造るのはそれほど難しくはない。蠟型による鋳物の製造過程は、図6－13で後述するように鋳型を加熱して模型の蠟を溶かし出せば、銅像のための鋳型内の隙間（空間）が得られるため、鋳型から模型を機械的に取り出す必要はなくなる。これに対して、複雑な形状の塑像を模型にして石膏や真土で鋳型を造るには、鋳型を数多くに分割しなければならないし、例えば図3－2で示したように、鋳型を分割して造り、耐火物製の模型を削り、これを中子として組み立てて一体の鋳型とする手法をとらねばならない。しかしこの手法では、このように肉厚の薄い鋳物を造ることは非常に難しい。このような考え方から、この男性頭部像は蠟型法で造られた、と推測した。

しかし、それでも大きな疑問が残る。この像をよく観察すると、外表面は荒れた粗面でできているが、内面（この図では頭部の裏面）はきわめて平滑であることがわかる。本来は、外表面を平滑な面で作りたいのであるが、実物は逆になっている。当時の蠟型鋳物の技術では、耐火物製の中型に鋳物の厚さ分

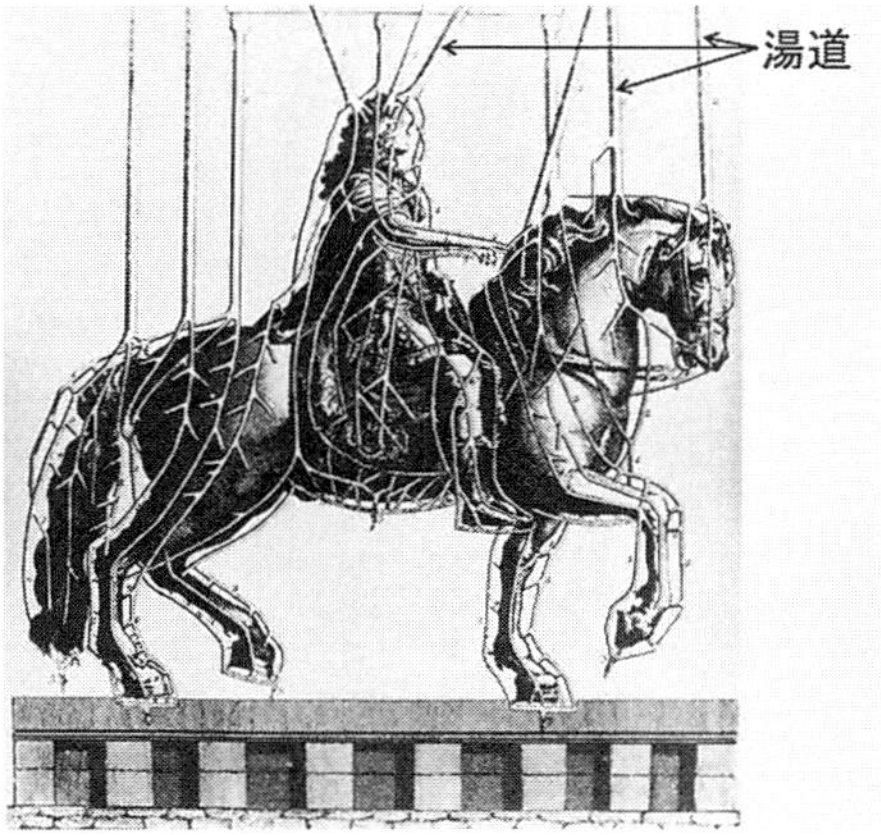

図 6–3　ルイ十四世騎馬像の湯道方案（1699 年・ヴァンドーム広場）（Sanders and Gould: *History Cast in Metals*, p. 198）

図 6–4　男性頭部の青銅鋳物（カルヤト・アルファーウ出土）（「アラビアの道　サウジアラビア王国の至宝」）

だけ蠟を薄く貼り付け、銅像の外形（蠟型）を得ていたはずである。この蠟型を耐火物中に埋め込んで銅像の鋳型としているので、像の外表面は粗くならざるをえなかったのであろう。一方で、内表面は耐火物製の中型の表面を平滑に仕上げた結果、きわめて平滑に仕上がっている、と考えられた。

ここでまた、中国の銅像にも少し触れておこう。先に第二章と第三章で、中国の青銅器・鉄器鋳物について述べてきた。そこでは、中国は西欧に比べて鋳物先進国であり、その主な原因は縦型炉の採用と、これに風を送る送風機の機構にある、と記した。しかし、中国の銅像を詳細に研究した書物を見つけることができなかったので、これまでにも参照してきた潭徳睿の『中国伝統鋳造図典』(6)に頼るほかはなかった。この本によれば、西安は兵馬俑の銅馬車が最も古く、その高さは一・五二メートル、幅は二・二五メートルに及ぶ四頭立ての馬車の鋳物が現存しており、筆者も目にしたことがある。その彩色銅製馬車の写真を、図6－5に示す。

兵馬俑の銅馬車よりも古いかもしれない銅像には、三星堆の鋳物がある。三星堆遺跡は、紀元前十七世紀から十一世紀にかけて栄えた長江文明の一つである。これは、一九二九年に、農民が畑で偶然に玉器を見つけたことによって発見された。その後、一九三一年にはイギリス人牧師によって再度発見されたが、その重要性が理解されずにそのまま捨て置かれていた。しかし一九八〇年になってようやく、四川省による本格的な発掘調査が行われて、宝物が詰まった一号坑と二号坑が発見された。この遺跡は巨大な城壁に囲まれ、東西約二一〇〇メートル、南北二〇〇〇メートルの大都市であったことがわかった(7)。そこに現在の三星堆博物館が建設されている。筆者は十数年前にここを訪れ、不思議な多数の鋳物を見た。その一つが図6－6に示した銅面である。これらの面は、どう見ても中国人の顔ではない。

三星堆の鋳物にはまた、高さ二・六二メートル、重さ一八〇キログラムの不思議な人物像（立人像）もあるが、これを銅像として扱うべきか否かは判断に迷うところである。筆者がここを訪れた時には、この像は海外展示のために持ち出されており、残念なことに実物を見ることはできていない。除朝龍はこの像について、「同時代の中国において最大の青銅鋳造人物像として知られている。この像は精緻な文様の施された長いガウンを着用していたが、文様の中心的な構成は空を舞う四匹の勇壮な龍の姿である。……あくまでも三星堆古代蜀国の龍であることを強調するために当時の製作者がわざと付け加えたものであろう」としている。

図 6–5　彩色銅製馬車：兵馬俑の墓（BC 221〜BC 207 年）
（Tan Derui: *An Illustrated History of Ancient Chinese Casting*, p. 156）

これまで述べてきたように、中国は数多くの大型の青銅器を造ってきたが、現代を除くと、本物の銅像はほとんど造られていない。たとえば、莫高窟や雲崗石窟、そして八世紀に造られた楽山大仏（世界最大の石像）と明皇稜の石像群など、多くの石像は存在するが、銅製の像はほぼ現存していないようである。(8) しかし近年は、大勢の観光客を集める目的でか、数多くの巨大な銅像が鋳造と板金加工の併用で造られている。例えば、図６－７に示した世界最大とされる魯山大仏は二〇〇八年に造られ、像高一二八メートル、総重量千トンと言われている。現地を訪れてみたが、あまりの大きさと、空気の

図 6-6　三星堆銅面（三星堆博物館）

図 6-7　中国の魯山大仏：像高 128 m、総重量 1,000 トン

汚れのせいで遠景ではよい写真が撮れず、真下から仰ぎ見るしかなかった像がこれである。

一方わが国の銅像については、金子治夫の『日本の銅像』[9]がわが国の銅像二三六体についてまとめている。この本では、野外に置いてあるものを銅像と定義している。不思議な定義であるが、その意味で鎌倉の大仏は銅像とされ、奈良の大仏は大仏殿に設置されているためか銅像に含まれていない（仏像に分類されている）。この鎌倉の仏像（大仏）を除くと、明治十三（一八八〇）年に製作された兼六園の大和武尊像が最も古いことになる。これは、地域の振興のために造られたもので、中国も同様と考えるべきであろう。中国にも日本にも、屋外に設置する銅像という文化や習慣はほとんどなかったのである。金子の書の序文で、毛利がこの点を裏づけている。「ところで、わが国で銅像といえば普通は明治以降の銅像を指す。江戸時代以前は街頭などに肖像彫刻を設置する習慣がなかったからだ」、「異説はあるものの、日本近代における銅像の嚆矢《こうし》は、金沢兼六園の《大和武尊像》とされることが多い」。筆者にも納得できる見解である。

2　仏像の誕生

高田修は『仏像の誕生』をめぐって、このように記している。「いまでは仏教のあるところ、どこでも仏像崇拝が見られるが、釈尊の時代から数世紀のあいだ仏像が作られた形跡はない。仏像は、いつ、どこで、どのようにして作られ崇拝されるようになったのか。ガンダーラ、マトゥラー両美術の検討をとおして仏像誕生の過程をさぐり、仏像の出現が美術史上、また仏教史上にもつ意味を明らかにする」。それよりも前に書かれた『仏像の起源』では、「ガンダーラが一歩先んじて佛像を表現し始めたのに対し、マトゥラーではやや遅れて仏像に踏み切ったと見るべき理由がある」としている。[10]

釈迦は紀元前六世紀頃に生まれたが、仏像の出現は紀元一世紀後半から二世紀頃とされている。仏像の起源の一つであるガンダーラ美術は、ギリシャやシリア、ペルシャ、インドの様々な様式を取り入れた仏教美術として有名である。この点について『仏像の起源』は、「われわれの研究によれば、佛像は

図6-8　苦行の釈迦（ラホール博物館，2世紀後半）（高田修『仏像の起源』、図版27頁）

ガンダーラ及びマトゥラーの両地において展開した互いに全く異質な美術により、異なる環境の中で、それぞれ獨自の表現様式を以って特徴づけられながら、各別に生み出されるに至ったもので、その発生において、一方が他方の造型的影響をこうむったと見るべき證跡は全然みとめられない」としている。

ガンダーラはパキスタン北西部からアフガニスタン東部に及ぶ地域で、紀元前六世紀頃から紀元六世紀頃までヘレニズム・ローマの影響を著しく受けた。これがガンダーラ美術であるが、すると、わが国の仏像も遠くはギリシャ・ローマの影響を受けていたことになる。ギリシャ・ローマ時代の銅像は、わが国の仏像と無関係ではないのである。

高田の『仏像の起源』には、多くの図版が上質の用紙に印刷されている。そこには、かの著名な苦行の釈迦像も含まれている（図6－8）。この仏像は、紀元二世紀後半の作とされていて、まさに初期の仏教美術を代表するものの一つである。

入江泰吉[11]らは、仏像の素材について調査した結果をまとめている。「仏像が何によって作成されているのか、つまり素材別に分類すると……木造、銅造、乾漆、塑像、石造に大別できる。ほかに銀造、紙造、鉄像などの特殊なものもあるが……それらは前の五種にくらべるとごく限られた数量でしかない」。

わが国の仏像の多くは、銅鋳物で造られていたことがわかる。これらの仏像の鋳造法には〈木型法〉、〈削り中子法〉と〈蠟型法〉などが用いられた。また、前節でも述べたが、日本では飛鳥時代から金銅仏（仏像）が制作されたが、人物をかたどった銅像が造られることはなかった。鋳造仏の材料は銅とスズの合金である青銅で、これに金メッキを施した金銅仏が多い。

なお、仏像の生まれ故郷であるガンダーラなどでは石造が主流であったが、わが国では木造や銅造が本流となった。これは、わが国では大陸ほどに適当な石材がなかったことが原因であろうとされている。もちろん、本書は鋳造に関する本なので、銅造に限定して話を進めよう。

再び石野の『奈良の大仏をつくる』(12)を参照すると、「一般に仏教では丈六《じょうろく》（坐像で八尺：約二・五メートル）の像を本格的なものとし、これ以上大きくなると大仏と呼んでいる。……わが国最古の飛鳥大仏、世界最大の大きさを誇る奈良大仏、およびその試作にきわめて高度の技術が駆使された鎌倉大仏の三体は、いずれも青銅の鋳像で、古くからわが国三大仏として親しまれてきた」としている。

飛鳥大仏が収められている法興寺は、曽我氏と物部の戦が仏教派であった曽我氏の勝利で終わった翌年の崇峻天皇元（五八八）年に建設が計画され、推古天皇四（五九六）年に塔が完成した。飛鳥大仏（図6－9）はわが国最初の仏像（大仏）とされ、推古十三

図6-9　釈迦如来像（飛鳥大仏：ピクタス提供）

（六〇五）年に天皇の銘によって鋳造され、法興寺に安置されたという[13]。その重さは一五トン、像高二・七五メートルである。この大仏は、造られた当初から歴史の暗さを背負っていたようで、度重なる戦火に見舞われ、顔の部分だけが創立当初の面影を残している。しかし、始めからこのように大きな仏像が造れるはずはなく、それまでに多くの仏像が造られたが、すでに現存しないだけのことであろう。

わが国の仏像の鋳造法には「木型法」、「削り中子法」と「蠟型法」などがあると先に記したが、大仏のように大きなものは、図6－12で示すように、削り中子法が用いられた。削り中子法の詳細については、あらためて図3－2をご確認いただきたい。ちなみに石野の『鋳造』には、図6－10に示した飛鳥大仏の背面と肩部の拡大写真が示されている。これらの写真からは、この大仏が明らかに削り中子法で造られたことがわかる証拠、つまり、鋳型の分割模様が明確に確認できる（これを、ばりあるいは鋳ばり、という）。このような写真は一般的な仏像の写真では見られないので、故石野先生が鋳物の専門家であったことを雄弁に物語っている。石野はこの著書で、削り中子法が当時すでに百済からわが国にもたらされていたことを明らかにしているのである。

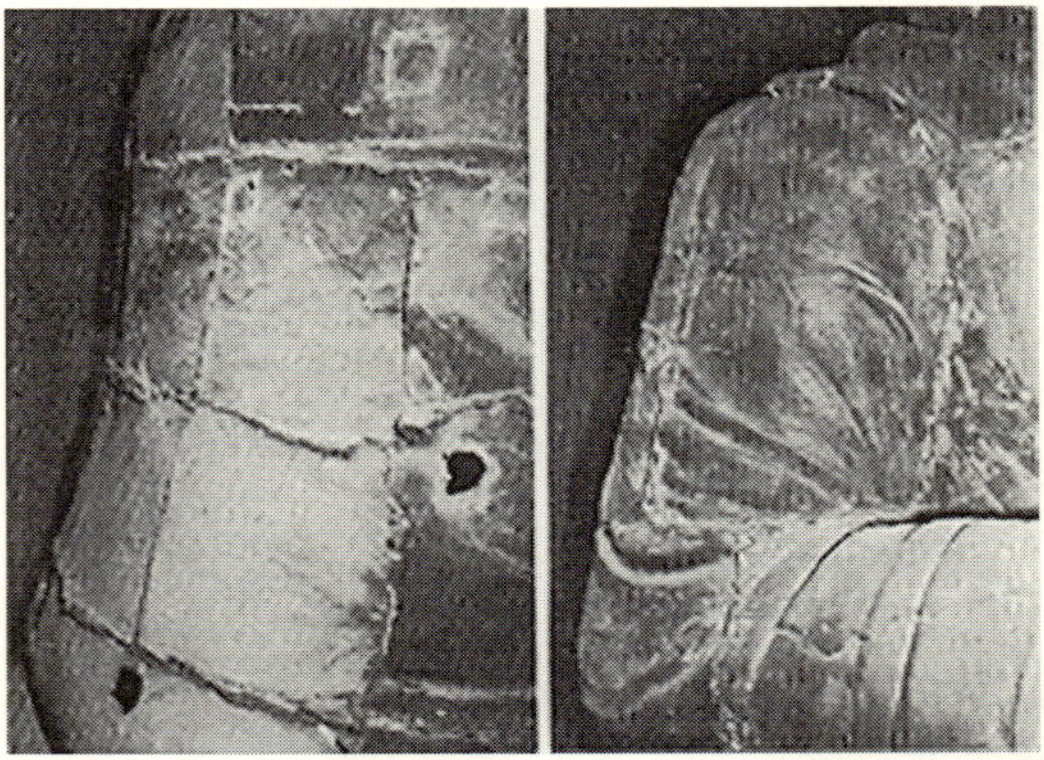

図6–10　飛鳥大仏の外観　左；背面、右；肩部（石野亨『鋳造　技術の源流と歴史』、117頁）

それにしても、大仏の正面（図6－9）にはこのようなばりの発生は確認できないので、人目につかない裏面であるから、仕上げを省いたのであろう。その証拠には、肩部の横面にもばりが認められている。

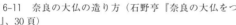

さて、話を奈良の大仏に移そう。『奈良の大仏をつくる』によると、この世界最大の鋳造仏は、天平十五（七四三）年に聖武天皇が大仏建立の詔《みことのり》を発し、天平十九年に第一段目の鋳込みが行われた。その後、八回の鋳込みで総量三八〇トン（同書では本体は二五〇トンと書かれている）、座高一五メートルにも及ぶ鋳造作業が続く。一段の高さはしたがって、約二メートルになる。この本体の鋳造工程には、二五ヶ月を要したとのことである。本体がおよそ完成した完成した後に、その補修や金メッキの塗布などの仕上げの工程を経て、天平勝宝四（七五二）年四月九日に開眼供養会がおこなわれた、とされている。

図6-11　奈良の大仏の造り方（石野亨『奈良の大仏をつくる』、30頁）

大仏の鋳型の製作工程は香取・穂積[14]の挿絵によく描かれていて、その一部はすでに図3－12で示したので、ここでは石野のイラストで図6－11に示そう。この二人の研究者の説明によると、はじめに木組み

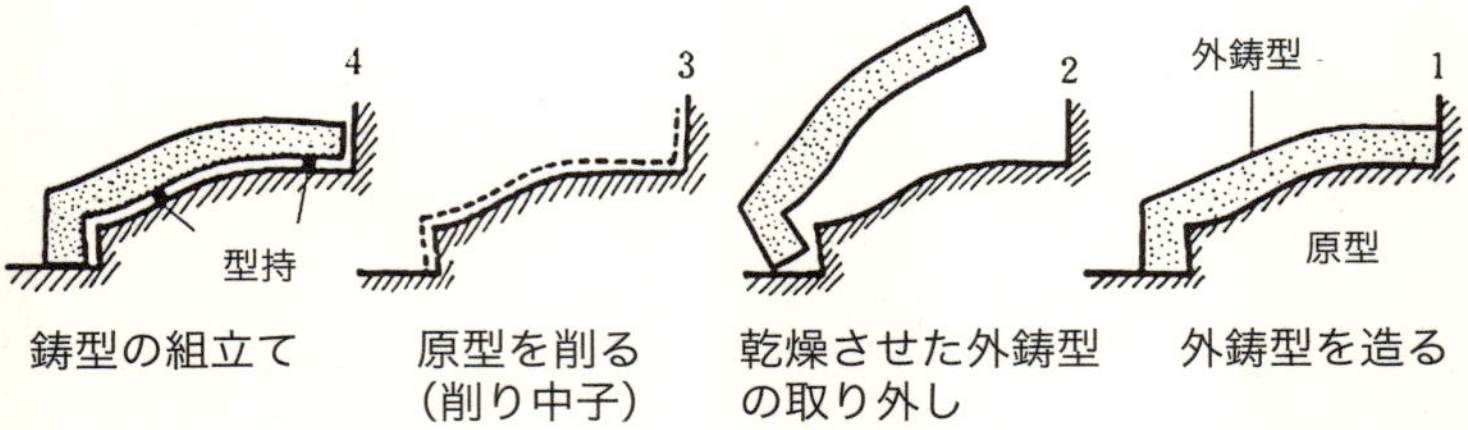

図6-12　大仏の1段目の鋳型の造り方（香取忠彦・穂積和夫『新装版　奈良の大仏』、38頁）

の上に厚さ二〇〜三〇センチほどに土を塗ってその原型を造り、乾燥させ、大仏と同じ塑像を造る。大仏の鋳型の作製と鋳造は図3－12の一段目から行う。それは塑像最下段（図では一段目）に鋳型土を塗りつけ、乾燥させてからこの原型（外型）を取り外し、さらに炭火で乾燥させる。外型を取り外した塑像は、塑像から大仏の厚さ分だけ塗りつけた土を削り取り（これも削り中子法である）、その後に乾燥させた外型をその周囲に並べ、その外側に土手を築いて鋳型を補強した。この際に、外型と中子の両者が接触するのを防ぎ、その間隔を保つために型持（スペーサー）を装入する。これら一段目の造り方を、香取・穂積は図6－12のように示している。

これで一段目の鋳型ができたので、この隙間に溶けた青銅を流し込む。図6－11では六段目辺りを数多くのコシキと足踏み鞴を用いて鋳込んでいる様子が描かれているが、この作業を下から上まで八回繰り返し操作して、鋳込みは完了する。このように書くと、いとも簡単に大仏の鋳造ができたように聞こえる。事実はそうではない。全体の鋳込みに要した期間は二五ヶ月で、これを八で割ると、大仏の鋳造は三ヶ月ごとに行われたことになる。したがって、次の溶解・鋳込みの時には先に出来上がった下の段の鋳物は完全に冷え切っており、その上に上段を鋳込んでも簡単には溶着して一体化しない。そこで、「鋳からくり」という機械的な接合方法を用いている。[15] この詳細は鎌倉の大仏の内部で実物を見ることができるので、実物を見ることをお勧めしたい。図6－11をみると、銅の溶解炉はコシキで、送風機は図3－13で示した足踏み鞴（たたら）で描かれている。この送風機は図3－13で示したものと同じであり、香取・穂積も同様に描いている。しかし、前田ら[16]が図3－14のように手鞴（図2－8）で描いていることはすでに示した。この時代には足踏み鞴がなかったことも、先に第三章で示した通りである。このあたりの、溶解炉と送風機に関してはいまいちど、第八章で記したい。

これで大仏の原形は出来上がったので、次は金メッキの番である。奈良の大仏は当初、金メッキが施され、黄金色に輝いていたのである。これを鍍金という（塗金、滅金ともいう）。この方法は、水銀に金を溶かして、金アマルガムを作るものである。石野の『奈良の大仏をつくる』によれば、この操作は「水銀の中に金の小さなかけらを入れてゆっくり加熱すると、金はたやすくとけてどろどろの銀白色のペースト状になります。これは金と水銀の合金で、金アマルガムといいます。……梅酢でふいた仏体に、このアマルガムを鉄べらで塗りつけ（ると）、……仏体は銀白色にかがやいてきます。つぎに三五〇℃くらいに加熱すると水銀だけが蒸気になってにげ、（金だけが残されて）黄金色になります。これを布で磨けば完了です」としている。水銀の蒸気は有害であり、多くの水銀中毒者が出たのではないか、ともいわれているが、この手法は現在でも京都や日光で、文化財の仏具の金メッキに用いられている。

また、木型法では単純な形状の仏像の製造にしか対応できないので、複雑な仏像の製造は蠟型法が主流であった。香取は、「古代の日本では、惣型がおもな鋳造の方法でしたが、金銅仏の多くは、蠟型という独特の方法でつくられていました。これは蜜蠟《みつろう》で原形をつくる方法です。あるいは、中型を用いる

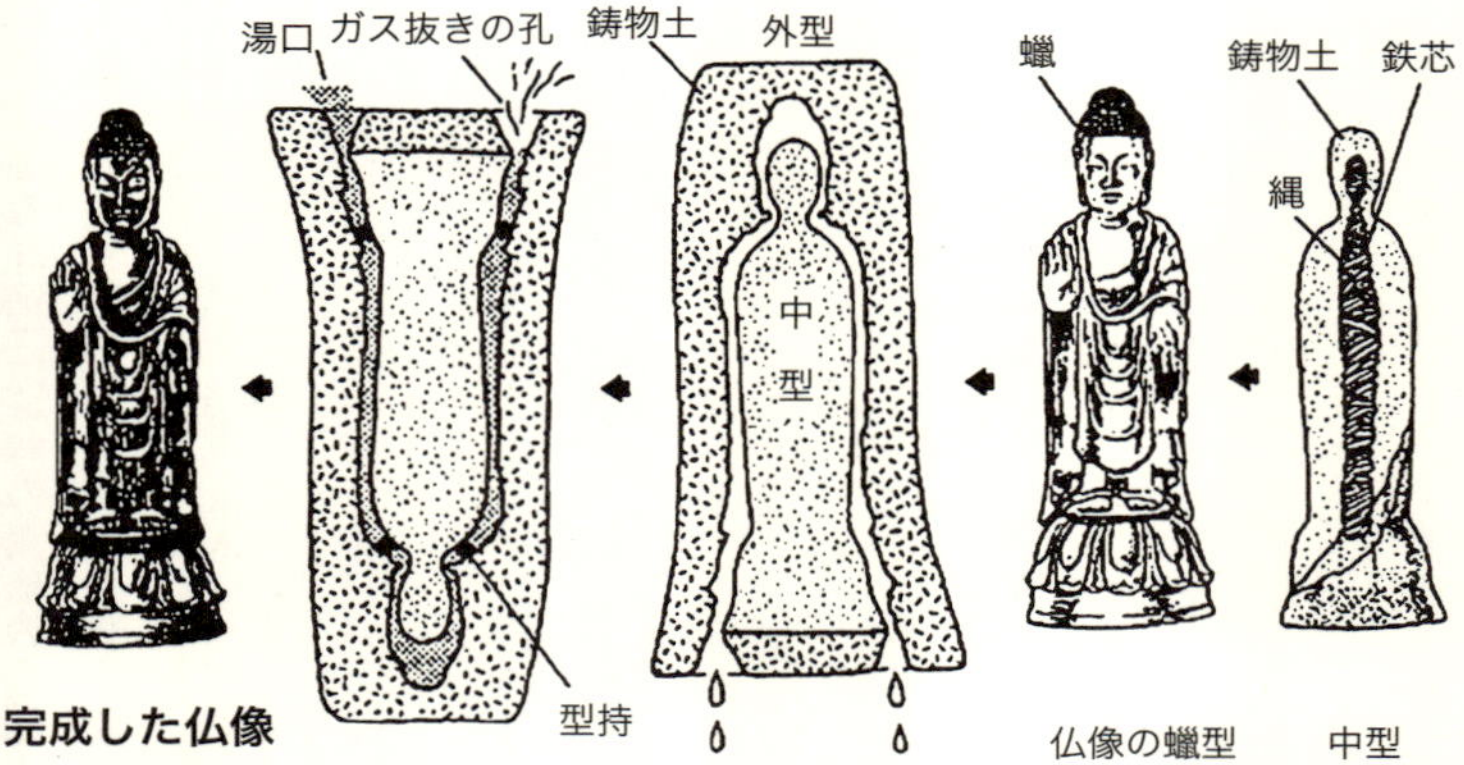

図6-13　蠟型による仏像の造り方（原図を筆者が一部修正）（奈良文化財研究所飛鳥資料館「はじまりの御仏たち」）

Dのような方法もあります」としている。このDとは、図6－13に示したような方式である。

これらの相違は、全体を蠟型で造る方法と、粘土などでできた中型に蠟を塗布し、表面部だけを蠟型とする方法がある。後者の方が一般的で、大きな仏像を造るのに適した方法とされる。中型を用いた蠟型法による仏像の製作過程が図6－13[17]である。この方法では、鉄芯の上に縄を巻付け、その上に鋳物土を塗布して中型を造る。この中型の上に蠟を塗布し、それを仕上げて仏像の蠟型を造る。この仏像の蠟型を鋳型土で覆い・乾燥させたのちに焚火等で加熱して蠟だけを溶かし出し、できあがった空間に溶融金属（おもに青銅）を流し込む。その後に、鋳型を崩して仏像を取り出すことで、鋳造による仏像の原形ができ上がる。これを仕上げて、金メッキを施すことで金銅仏が完成となる。

それでは、大仏鋳造の銅地金などの問題に移ろう。石野の書によれば、日本全国の銅鉱山から銅地金が集められた、としている。一方、香取の書によれば、「当時は、鉱石を掘り出す技術がまだあまりすすんでいなかったので、これらの金属を集めるのはたいへんなことだったのです。そこで人びとは、たいせつにしている銅鏡などを、大仏を鋳造するのに使ってもらうため、さし出しました」としている。

この点について東洋一[18]は、「また奈良の大仏建立の場合も、和銅元（七〇八）年に和同開珎が鋳造されて銭の流通を奨励しておきながら、他方、聖武天皇が天平十五（七四三）年十月十五日の詔に「奉盧舎那仏金銅一躯、衆国銅而鎔象」（『続日本紀』）とあるように、日本国内の銅をすべて使うという矛盾したものであった。その内実は当時の銅鉱山を枯渇するまで採掘し尽くしただけではなく、「叙位蓄銭令」や「知識」という名目によって民間に退蔵された和同開珎を回収して建立された可能性がある」とより詳しく記している。

他方で荒木宏[19]は、すでに七〇年前の論考で、「銅四十万斤は、諸方面から集めた銅地金で、これには雑多な種類が入り交じっていたろう、銅器具、富豪の蓄銅、或は自然銅なども交じっていたかも知れない。……この銅地金四十万斤と、鉱山から来た熟銅三十九万斤余と合わせると、七十九万二千九百余斤となる。これに対して附加材料として白鑞《しろめ》（鑄）は一万七百余斤を用意したのである。この白鑞の量は銅の総量と見合わせて、少な過ぎるようで、予備の量はなかったように見える」とある。やはり、雑多な銅器具も回収して用いた、と読める。しかし、この辺の金属地金の事情は前田らの『東大寺大仏の研究』には記載されていない。

それでは、奈良の大仏の鋳造がどのような規模で行われたかを、鋳物を生業とする者として、次のように推測してみた。この大仏の重量は三八〇トンとも二五〇トンとも言われている。これを八回に分けて鋳造するには、少なくとも一回（一度）に四〇トンは溶解したであろう。しかも、これら大量の溶けた青銅を短時間で鋳込まないことには、鋳型隙間の隅々まで溶けた青銅を行き渡らせることができない。そこで、筆者はかつて『材料プロセス工学』[20]という本のなかで、一時間に一トン溶かせるコシキ四十基を同時に動かす、と仮定した。たとえば、宝永七（一七一〇）年の斎藤家のコシキの構造を図6－14[21]に示す。この炉はその内径から推測して、一時間当たり一トン程度の青銅を溶解できる炉である。

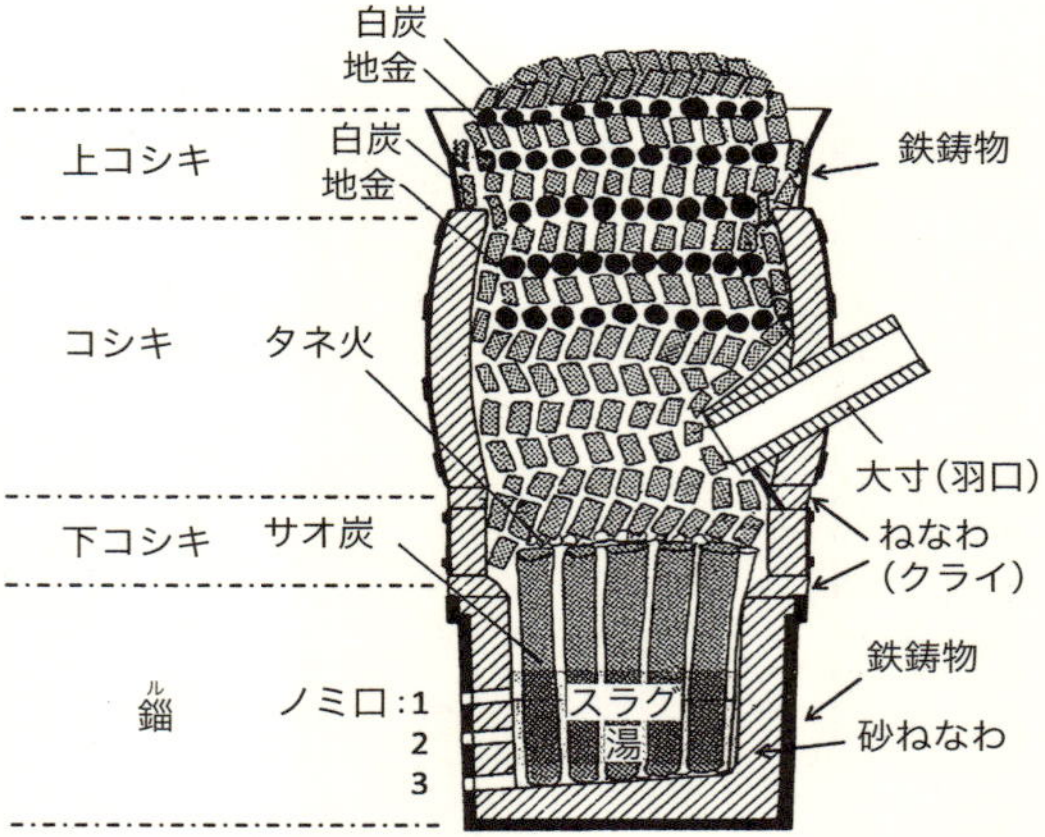

図6–14　江戸時代のコシキ（筆者が加筆修正）（倉吉市教育委員会『倉吉の鋳物師』、195頁）

少し専門的になるが、コシキの溶解について工学的に考えてみよう。コシキは燃料である木炭を羽口から吹き込んだ空気で燃やし、その熱で青銅などの地金を溶かす炉である。図中には、炉底に湯（青銅が溶けたもの）とその上に、炉の耐火物や木炭の灰分、青銅の酸化物等からなるスラグを筆者が書き加えた。スラグは湯よりも比重が小さいので、湯の上にある。この炉は風を吹込む羽口は一本で、炉底部の左側にある三本の孔は出湯孔（ノミ口）である。どこまで湯が充満しているかは、開ける孔によってわかる。少し正確に記すと、湯やスラグは木炭よりも比重が大きいので、この中の木炭もスラグ層の上に押し上げられる。そこで、炉底に沢山の湯を溜めてから一番下の出湯孔から一度に全量の湯を出せば、大量の湯が一度に得られることになる。ちなみに、この炉での炉底部内部の湯量は三〇〇キログラム程度になる。もう少し大型のコシキでは、炉底に一トン程度の湯を溜めることが十分に可能である。

コシキは、炉の高さが低いことを除くと、現在のキュポラと構造・原理はほとんど同じである。一時間に一トン溶かせるキュポラの送風には五馬力のモータが必要[22]、とされている。一馬力を人間の足の力に換算すると、一二人になる。一馬力とは、七五キログラムの荷物を負った人が毎秒一メートル持ち上げるに要する力に相当する。例えば、大人の日本人がリックサックを背負って（七五キログラム）、富士山の麓から山頂までの三六〇〇メートルを登ることを考える。これが一時間で登れれば、その人の脚力は一馬力になる。しかし、山登りの常識では一時間に三〇〇〇メートルとされている。したがって、日本人男子の脚力は一二分の一馬力になる。すると、四〇基のコシキを足踏み鞴で同時に動かすには、五×一二×四〇で二四〇〇人近い踏み子が必要になる。さらに炉に材料を投入する者などを考えると、溶解・鋳込みには五千人が必要になるであろうと推定される。ちなみに、石野はコシキの数を五十基と推定している。

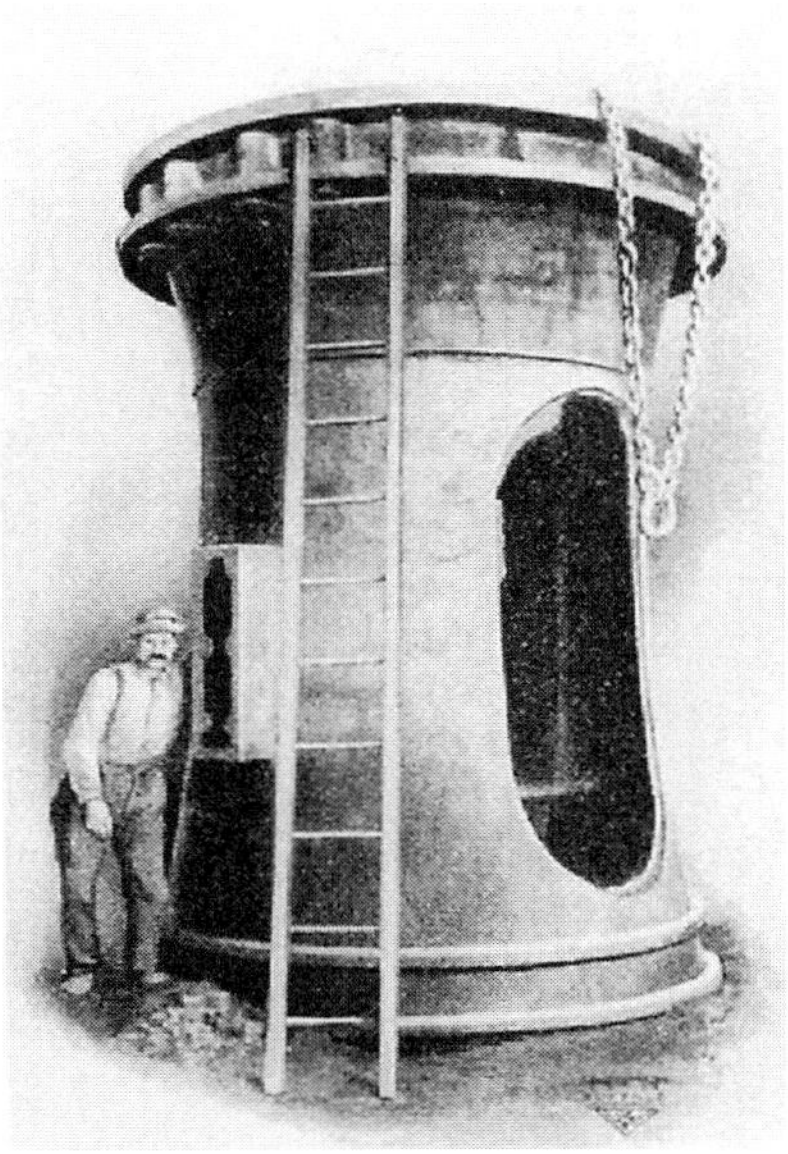

図 6–15　当時最大の 50 トン蒸気タービン鋳物（1897 年、GE 社）（Sanders and Gould: *History Cast in Metals*, p. 277）

それでは、四〇トンもの湯はどのく

らいの時間で鋳込まれたのであろうか。現在では、一トン程度の大型鋳物は一分程度で鋳込むのがよいとされている[23]。とすれば、四〇トンもの鋳物を鋳込むにはどの程度の時間がよいのであろうか。これにはサンダースとグールドの書[24]に、一八九七年に五〇トンにもなる、当時最大の鉄製の蒸気タービン鋳物がゼネラル・エレクトリック社で造られた例が紹介されている(図6-15)。この時の鋳込み時間は、三・五分とされている。一般的に、鋳込み時間は金属の種類にほとんど影響されないので、奈良の大仏の各段の鋳込み時間も数分以内であったであろう、と推察する。その際には、先に記したように、コシキの炉低部に湯を溜めておいて、一気に鋳込んだのではなかろうか。

ただし筆者のその後の検討[25]で、図6-14のコシキの構造(有効高さ:炉の高さと内径の比)に基づいて、少し考え直した。コシキは有効高さが小さいので、送風抵抗が少ない分だけ送風動力(踏み子の数)が少なくて済むはずである。それを石野の論文報告[26]から計算すると、キュポラに比べてコシキは有効高さが五分の一であり、送風動力も五分の一でよいことになる。したがって、一炉当たりの踏み子の数は一二人程度ですむことになった。それが正しいとしても、溶解・鋳込みの日には、大仏の周辺に三千人程度の作業者がいたことになる。まさに、大事業であったことがわかる。

この点については、前掲の『倉吉の鋳物師』にも、「手フイゴ・箱フイゴから、さらに足踏み式の大型フイゴ、すなわち「たたら」と変遷して、明治三八年頃までに四~六人乗りのたたら踏板を使用し、溶解していた。……片方には六人踏みで両側十二人乗りと、たたらとしては大型のものもある」とする記載があり、今回の推定値にほぼ一致する。注(20)に挙げた以前の筆者の論考では、キュポラに必要なモータの出力を単純に鑪(タタラ)に適用してしまったために、誤りを犯したかもしれない。今回はタタラ炉の構造を考慮した結果である。何事も、単純に換算してはいけないことを気付かされた。

注

(1) Jon Bodsworth: http://www.egyptarchive.co.uk/html/hidden_treasures/hidden_treasures_08 html.
(2) ピーター・クレイトン著、吉村作治監修『古代エジプト　ファラオ歴代誌』創元社、一九九九年、八五頁。
(3) C. S. Smith: *A Search for Structure, Selected Essays on Science, Art, and History*, The MIT Press, 1982, p. 201.
(4) C. A. Sanders and D. C. Gould: *History Cast in Metal*, Cast Metals Inst. AFS, 1976, p. 198.
(5) 「アラビアの道　サウジアラビア王国の至宝」東京国立博物館、二〇一八年一月二三日〜三月一八日。
(6) Tan Derui Ed.: *An Illustrated History of Ancient Chinese Casting*（中国伝統鋳造図典）, Foundry Inst. of Chinese Mechanical Eng. Soc., 2010, p. 156.
(7) 除朝龍『三星堆・中国古代文明の謎』大修館書店、一九九八年、八、四四頁。
(8) 中国国際貿易促進委員会、中国国際商会編・出版『中国自然風光与名勝古跡』、一九九八年。
(9) 金子治夫『日本の銅像』淡交社、二〇一二年、四、一八八頁。
(10) 高田修『仏像の誕生』岩波書店、一九八七年、裏表紙、一〇頁。
高田修『仏像の起源』岩波書店、一九六七年、四一五頁、圖版二七。
(11) 入江泰吉・青山茂『仏像——そのプロフィール』保育社、一九六六年、一四〇頁。
(12) 石野亨『奈良の大仏をつくる』小峰書店、一九八三年、三—三三、五八、六五頁。
(13) 石上善應『仏像入門』ちくま学芸文庫、二〇一三年、一四二頁。
(14) 香取忠彦著、穂積和夫イラスト『新装版　奈良の大仏』草思社、二〇一〇年、二六—二八、四四頁。
(15) 石野亨『鋳造　技術の源流と歴史』産業技術センター、一九七七年、一一六、一二七、一三三頁。

(16) 前田泰次・西大由・松山鐵夫・戸津圭之介・平川晋吾『東大寺大仏の研究』岩波書店、一九九七年、二〇二頁。
(17) 奈良文化財研究所飛鳥資料館　飛鳥資料館開設40周年企画特別展（二〇一五年六月十四日）「はじまりの御仏たち」。
(18) 東洋一「渡来銭と真土」『京都市埋蔵文化財研究所研究紀要』10号、二〇〇七年、七九頁。
(19) 荒木宏『東大寺盧舎那仏の金属材料、孔版』（出版社不明）、一九五八年、一一頁。
(20) 中江秀雄「6・鋳造」『材料プロセス工学』朝倉書店、二〇〇三年、七八頁。
(21) 倉吉市教育委員会『倉吉の鋳物師』、一九八六年、二二、一九五頁。
(22) 日本鑄物協会編『鑄物便覧』丸善出版、一九五二年、表6—32、ターボブロワーの例。
(23) 加山延太郎『鋳鉄鋳物教本』共立出版、一九六六年、一七〇頁。
(24) C. A. Sanders and D. C. Gould: *History Cast in Metal*, The Founders of North America, American Foundrymen's Soc., 1976, p. 277.
(25) 中江秀雄「反射炉と甑による鋳鉄製大砲の製造」『鋳造工学』90、二〇一八年、四六七頁。
(26) 石野亨「鋳物　キュポラに關する研究（第1報）——爐内の風の流れについて」27、一九五五年、六〇一頁。

第七章　大砲の歴史

1　世界の大砲

アルバート・マヌシーの『大砲の歴史』[1]によると、「大砲とは、おおざっぱにいって、人間には重すぎる武器（巨大な矢、重い槍、石、砲弾）を投げつける道具といった意味である」としている。そして、最初の大砲としてローマ時代のカタパルト（古代大型投石機）を挙げている。さらに、「中国の時限爆弾（中空弾に火薬を大量に詰めて爆発させる武器）が四世紀に（できていたことが）、西欧の思想家の間で問題となっている。大砲の鋳造法については、十七世紀になってようやく西欧の宣教師たちが中国に教えることになったが、時限爆弾のような大砲の原型ともいうべきものは、西欧に火薬が登場する十二世紀よりはずっと前にすでに中国にあった」として、この時代の中国科学の先進性を挙げている。そ

図7-1　西欧での最古の大砲、鉄帯締め小型のボンバード射石砲（マヌシー『大砲の歴史』、6頁）

して、西欧における最初の大砲として、一三三〇年に造られた、鉄帯で締め付けられたボンバード射石砲を挙げている（図7－1）。

ここではまず、中国の大砲から始めよう。中国国内で発見された鋳鉄砲で最も古いとされているものに、一三七七年に鋳造された図7－2の洪武大砲[2]がある。この大砲は一三七七（明洪武十）年に製造されたもので、図7－2右の写真から、鋳出し文字の銘文が読み取れる。大砲の長さは千ミリメートル、口径二一〇ミリメートル、重量は四五〇キログラムとあり[3]、小型の鋳鉄砲とされている。

その化学組成は図7－2の下部に示した通りで、炭素量が非常に少ない。この化学組成では鋼の範疇になり、鋳鉄ではない。この点に関しては、鄭巍巍らの論文も過共析鋼としている。しかし問題は、通常の鋳鉄では一二〇〇℃程度で溶かせるのに対して、この過共析鋼を溶かすには一四〇〇℃まで加熱しなければならないのに、どのようにして溶かしたのであろうかという点である。鄭の『洪武大砲をめぐって』に報告されている金属組織を見る限りでは、確かに完全に溶解された過共析鋼であることが確認でき、黒鉛はまったく出ておらず、炭化物（レデブライト）と燐の化合物（ステダイトという）が数多く存在する。したがって、非常に硬い材料であり、砲の内径加工は当時の技術では不可能であった、と考える。

　これと比較して一四一五（永楽十三）年に製造された「奇」字号砲は青銅砲ではあるが、その内部構造は図7－3）のように示されている。この種の大砲では弾丸は一つの砲弾ではなく、散弾（小さな数多くの弾丸）を発射するものであって、散弾であるならば、内径加工が不十分でも実用可能であったはずである。大砲の内部構造をこのような形式とすることで、内面加工を省略、あるいは粗加工とすることができたのではなかろうか。このような（散弾を発射する）内部構造については、水野[4]も報告している。

図 7-2　1377 年に鋳造された洪武大砲の（a）外観と（b）銘文（1.4〜1.8%C-0.45〜0.61%Si-0.6〜0.8%P-0.03%S-0.03%Mn）（鄭巍巍ほか「明初期に鋳造された洪武大砲の金属組織学的調査」、177 頁）

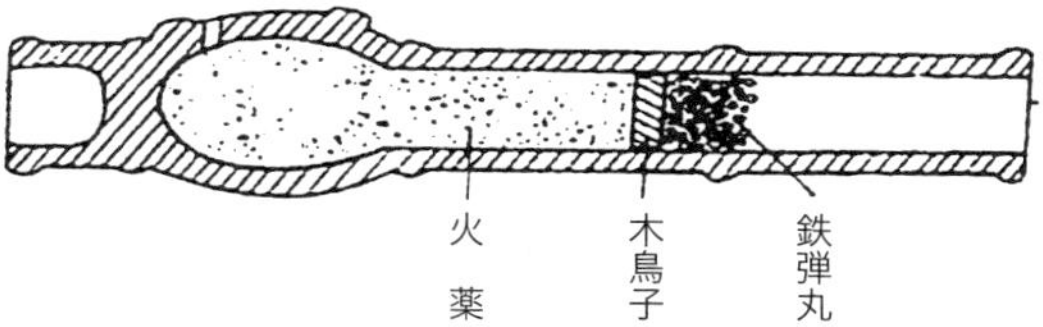

図 7-3　永楽年間に鋳造された青銅砲の内部構造（鄭巍巍『洪武大砲をめぐって』、54 頁）

　鄭は、洪武大砲以降の一四〇〇年代から一六五〇年代までの大砲八四門を調査し、その大半は青銅製であり、一五〇〇年代後半になって鋳鉄砲が現れた、としている。そして、この現象を、青銅から鋳鉄材質に戻る、としている。そして、「早期の鋳鉄大砲は品質が脆いので破裂する

図7-4　エジンバラ城のモンス・メグ砲（Sanders and Gould: *History Cast in Metals*, p. 9）

ケースが多く、洪武大砲と同時期に製造された鎮江鋳鉄大砲の場合、出土二三門の内、破裂した大砲は数門もあった」としている。高品質の鋳鉄砲の製造はやはりまだ難しかったのである。

それでは、同時代の西欧に目を向けてみよう。火薬を用いた大砲で著名なものに、一四五五年に造られたイギリスはエジンバラ城にあるモンス・メグ（Mons Meg）砲がある。その外観を図7－4[5]に示す。この砲は鉄の鍛造製で、直径五〇〇ミリメートルの鉄弾を、おおよそ一・三キロメートル飛ばすことができた、とされている。この大砲が鍛造で造られたのは、当時の西欧には大量の鋳鉄を溶解できる炉とその送風装置がなかったためであろう、と井川克也は推察している。[6]スコットランド王は、一四五五年から一五一三年までの間に、このモンス・メグ砲を用いて、反逆した貴族の城塞を破壊してしまったので、その後の城塞の構造までも変えてしまった、とされている。

井川克也によると、「鉄器時代は紀元前二〇〇〇年以降といわれているが、鉄鉱石を固態還元した錬鉄が用いられ、鉄を溶解し鋳造する技術は、その融点が高いためもあって容易には開発されなかった。鋳鉄が溶解されたのは中国が最も早く、紀元前六〇〇～五〇〇年といわれ、ヨーロッパよりも二〇〇〇年近く先行したとされている」と述べている。なぜであろうか。

井川は志村の「中国の古代冶金[7]」について記した論考を引用して、「これは中国炉の形状がたて形で、

図 7–5　ロンドン塔にある有名なダルダネッレ砲（Sanders and Gould: *History Cast in Metal*, p. 10）

また送風能力が大きかったため一二〇〇℃前後の融点をもつ鋳鉄を十分に溶解することができたため」としている。本書ですでに述べてきたことだが、ヨーロッパやエジプトではルツボ炉が用いられており、たて型炉の導入はずっと後だったのである。

モンス・メグ砲に対して、図7－5に示したロンドン塔にあるダルダネッレ砲は、トルコからの戦勝品である。巨大なこの青銅鋳物砲（一四六四年トルコ製、長さ五・一八メートル、重量一八トン）は二分割して鋳造された大砲で、戦場にてネジ部で締結して一体に組み立て、砲撃に使用したとされている。あまりに重く、分割なしでは運搬が難しかったのであろう。前掲のマヌシーによると、大型の大砲は移動性が不十分で、その運搬には苦慮した模様である。やがて、一五〇〇年代に入ると大砲の軽量化が進み、フランス軍砲兵が軽量の大砲を用いてイタリア軍の槍兵大集団を壊滅した事実が語られている。大砲も軽量化が不可欠であったのである。

これらの大砲に用いられた弾丸は、古くは自然の丸い石を用いた。これを石弾という。石弾は製造コストが安いが、鉄よりも比重が小さいので、その破壊力は鉄弾には及ばなかった。再びマヌシーによると、大砲の歴史では、初期には石弾が一般的であった、としてい

図7-6　世界最大のモスクワの大砲

る。それが、「一四〇〇年までに、鋳鉄の鉄弾が使用され始めた。そして、大砲の改良が進むにつれて鉄弾が石弾に取って代わることになった。一五〇〇年代の終わりになると、石弾は昔の射石砲などの旧式の大砲で使われるだけになった」という。

　モスクワには図7－6に示す、ギネスブックにも掲載されている世界最大の大砲がある。この大砲は通称「大砲の皇帝」と呼ばれ、一五八六年に製造され、クレムリン宮殿に展示されている。その重量は約一八トン、全長五・三四メートル、口径〇・八九メートル、外径一・二メートルである。

　この大砲は当初、ぶどう弾（多くの子弾を一体に詰め込んだ砲弾で、葡萄の房に似ていることから、このように呼ばれている。子弾は砲撃と同時に飛散し、多くの器具の破壊や敵の殺傷をした）を用いるように造られたが、写真に示されている鋳鉄の丸い砲弾は一八三五年に造られたものである。ただ、この大砲は実際に使用されたことは一度もなく、当初から軍事力や軍事技術の誇示が目的であったとされている。

　大砲の砲弾に関してシンプソン[8]は、石弾は一五六八年まで使用され、その後は鉄弾となった、としている。さらに鉄弾の製法に関して図7－7を示し、これは鋳造用金型と、そこから得られた鋳鉄弾としている。もちろん、当時は砂型も用いられていたが、これが鋳造用金型である証拠として、金型の対角線上にある二つのダボ穴を挙げている。ダボ穴とは、上下の型の位置を合わせるためのものであり、鋳造法では今日でもよく用いられる手法である。これに対して前掲のサンダースは、同じ図を示しながら、自由鍛造用の下工具（金型 anvil）とし、鍛造での鉄製弾丸の製造法としている。鍛造型ではこのような上下のダボは不要なので、不思議な記述と言わざるをえない。ちなみに、この鉄弾の造り方は、一七五〇年頃のアメリカでの製法としている。

図 7–7　キャノン砲の砲弾の金型と製品　1750 年頃（Simpson: *History of the Metal-Casting Industry*, p. 117）

このように、サンダースとシンプソンの本は、共にアメリカの鋳造学会（AFS: American Foundrymen's Society）が出版したものでありながら、不思議な不一致を見せている。ちなみに、シンプソン書の第三版（一九九七年）でも同じく鍛造用の金型と記されている。筆者は、自由鍛造型ではダボは不要であり、この写真（図7–7）は鋳造用金型である、と考えている。

ところでサンダースは、別の図で、同年代の中空鋳鉄弾の鋳造法による造り方も示している。その場合には、中子を用いた金型による方法と、砂型による製法を示している。もちろん、出来上がった中空の穴には、火薬などを装入して炸裂弾にする。

その図と同じページには小型の手鞴を備えた縦型炉が描かれている。そのキャプションには、鉄弾はこの溶解炉で造られるが、これには鋳造法と鍛造法の組み合わせで砲弾が造られる、と記されている。筆者はこれを、鋳造で造ったものを鍛造で（？）仕上げていると解釈したので、金型は鋳造用と考えるのが妥当とする。

製鉄の歴史の専門家である大橋周治[9]によると、「十六世紀にイギリスで高炉製鉄が急激に拡がる。その発展を支えたのは鋳鉄製の大砲だった。この大砲を積んだ軍隊の活躍によってイギリスはエリザベスの栄光を築く。……。一五八八年、度重なるイギリスの海賊行為に業を煮やしたスペインは、無敵艦隊とよばれる大艦隊をくりだしてイギリスを攻める。しかし、イギリス海軍はガレオン船で無敵艦隊を撃破する。エリザベスの栄光は森でつくられる銑鉄で鋳造された大砲で支えられたのである」としている。鋳鉄製の大砲によって大英帝国の基礎が築かれたことがわかり、興味が尽きない。

この十六世紀当時のイギリスの軍艦であるガレオン船の姿を図7－8に示そう。ガレオン船は速い船足の船で、これに口径は小さいが射程の長い鋳鉄砲を積んでいた。「エリザベス女王は海軍の強化に全力をあげたが、それと同時にイギリス製鋳鉄砲の大増産を意味していたのである」と大橋は記している。まさに、〈大砲は国家なり〉を地でいったことになる。

図7–8　16世紀のイギリスの軍艦ガレオン船（大橋周治『鉄の文明』、35頁）

イギリス軍がスペインの無敵艦隊を破った当時の大砲が図7−9である。この図の元の図には、これらの大砲とともにダルダネッレ砲も示されているが、ダルダネッレ砲はすでに図7−5で示したので、この図からは削除した。

これまでに述べてきた大砲の材質は、青銅か鋳鉄が主で、その一部は鍛造品（図7−4に示したモンス・メグ砲）であった。それが時がたつにつれて鋼（鋳鋼）となり、さらには鍛鋼になってゆく。弾丸をより遠くに飛ばすためには、弾薬の高圧力に耐える強い材料へと進化しなければならなかったのである。一般的には、大砲の材質は初期には木（花火筒がこれに相当する）で、その後に青銅、そして鋳鉄から鋳鋼へ、さらには鍛鋼へと進化していった。

スペインの細長い青銅砲

イギリスの鋳鉄砲

図7-9　当時のヨーロッパの代表的な大砲（Simpson: *History of the Metal-Casting Industry*, p. 115）

世界的には、一八八〇年代に〈鋳鉄の時代〉から〈鋼の時代〉に転換したとされ、普仏戦争でのクルップ鋼砲の威力がわが国での軍工廠における製鋼事業への取り組みを促した。鋳鋼製の大砲で最も有名なものがクルップ砲である。最初のクルップ砲がいつ造られたのか、というのもなかなか難しい問題であるが、諸田實[10]によれば、試作砲は一八四三年十二月に完成したとしている。さらにクルップは、一八五一年のロンドン万国博覧会に鋳鋼製の大砲を出品し、

図 7–10　ルツボ鋼によるクルップ砲の鋳造風景（1875 年）
（Sanders and Gould: *History Cast in Metals*, p. 450, 451）

一八五四年に南ドイツのミュンヘンで開催された全ドイツ勧業博覧会には六ポンドの野砲を出品し、翌一八五五年のパリ万博には十二ポンド砲を出展し、好評を博した、としている。これらはすべて鋳鋼製の大砲であった。

諸田によると、クルップは「大砲の注文はいまのところ小型の野砲にかぎられているが、おそらく遠からず大型の野砲も製作することになるであろう。……大型の要塞砲も製作することになるであろう。大砲だけでなく船舶用の曲軸（クランクシャフト）も次第に大型化してきている。として……、（クルップ氏は）超大型の鍛鋼品の製作のために巨大な鋳鋼塊を鍛造することのできる大型の蒸気ハンマーの製作に没頭した」とある。これが一八六一年に完成し、一クルップ社のさらなる発展に寄与した。それと同時に、一度に大量の溶けた鋼が得られるベッセマー転炉をこの年に導入し、大型の鋳鋼塊の製造を開始している。これらの経緯は、鋳鋼製の大砲の完成にとどまることなく、早くからさらに鍛造化を進めていたクルップ社の慧眼には驚かされるばかりである。

図7－10にクルップ砲の鋳造風景[11]を示しておこう。ここには、多数の小型ルツボから溶鋼を大砲の鋳型に鋳込んでいる様子が描かれている。当初は、このような小型のルツボを用いて鋼を溶解し（これを

ルツボ鋼という）、地中に立てて埋め込まれた大砲の鋳型にルツボから直接、溶けた鋼を流し込み、大勢で鋳込んでいるのがわかる。まさに、人海戦術で鋳鋼製の大砲を鋳造していたのである。

実は、この種の鋳鋼製のクルップ砲を徳川幕府も輸入している。一八六六年にオランダから購入した開陽丸に、図7－11に示すようなクルップ砲が積みこまれていたのである(12)。この砲は、全長三・三五メートル、重量二・八五五トン、口径一五八ミリメートル、装薬二・五キログラムで、射程距離は三九八三メートルとされている。また、図左上に掲げた砲口の写真から、滑腔砲ではなく、ライフル砲であることがわかる。このような、当時最先端の大砲が日本に輸出されていたことは、不思議と言えば不思議な話である。金にさえなれば、どこにでも・何でも売るという時代であったとしか考えようがない。

図7-11　開陽丸の口径16センチ・クルップ砲

開陽丸(13)は、「当時、世界最強最大の、（徳川）幕府の夢と希望を乗せた期待の軍艦でしたが、……一八六九年に江差沖で吹き荒れる暴風で座礁」してしまった。この軍艦は昭和五〇年から引揚げが開始され、昭和五九年に完工し、現在は江刺市の開陽丸青少年センターのなかに展示・公開されている。この作業は、わが国の「水中考古学」の始まりともされている。

大砲に関する格言に、〈鉄は国家なり〉がある。これは政治家ビスマルクによる言葉とされてきた。**鉄血宰相**の異名を取るビスマルクはドイツ統一の中心人物であり、プロイセン王国首相（一八六二～九〇年）、北ドイツ連邦首相（一八六七～七一年）とドイツ帝国首相（一八七一～九〇年）を歴任した。一八六二年にビスマルクがプロイセン王国の首相になった時、大ドイツの統一に向けて行ったのが、「ドイツの問題は言論によっては定まらない。これを解決するのはただ鉄と血だけである」とした演説であった。歴史的に考えると、ドイツのクルップ社が鋳鋼製の大砲の試作に成功したのが一八四三年であり、一八六一年ころから大型砲の鍛造による量産がはじまっている。これらの大砲の成功を踏まえて、〈鉄は国家なり〉の演説がなされたと考えるのが妥当であろう。

大砲に関する重要な発明の一つに、砲身内部にライフル溝を彫る技術があり、クルップ砲にはこれが適用されていた。ライフル溝で砲弾に回転を与えることで、命中率が大幅に向上したのであるが、本書の主題は鋳造なので、その詳細に触れるのは控えておく。

2　日本の大砲

鉄砲伝来から大砲まで

大砲の前身はもちろん、鉄砲（火縄銃）である。わが国への鉄砲伝来は天文十二（一五四三）年にポルトガル人によって種子島にもたらされた、とされてきた。しかし最近、宇田川武久[14]は火縄銃構造の類似性から、日本に鉄砲を伝えたのは倭寇と考えた方が歴史の事実に近い、という説を打ち出している。

宇田川は、ポルトガル人由来説、すなわち、わが国の種子島にポルトガル人が火縄銃をもたらしたとする根拠は『鉄砲記』にある、としている。この書の成立は慶長十一（一六〇六）年であり、鉄砲伝来よりも六〇年ほど後に著されたものである。しかも、編纂の動機が、種子島時堯の鉄砲入手の功績を、子の久時が顕彰する目的であったことを宇田川は指摘している。したがって、この書は公平な記述ではないであろうことと、当時の社会情勢や火縄銃の構造そのものから、倭寇を通じて東南アジアの銃がわが国に持ち込まれたと判断するのが妥当である、と宇田川は指摘している。

織田信長は戦に大量の火縄銃を天才的に活用したとされている。一五六〇（永禄三）年の桶狭間の戦いでは、火縄銃を用いはしたがまだ少量であって、主力の武器ではなかった。しかし、天正三（一五七五）年の**長篠の戦い**では戦略を変え、鉄砲の大幅な活用で大勝している。このように、鉄砲伝来がわが国の戦に与えた影響は計り知れない。しかも、鉄砲伝来からごく短期間で急速に全国に伝播していったことがわかっている。その急速な普及の主な原因は、当時の刀鍛冶の技術が即座に鉄砲製造に転用できる水準にあったことであった。

それでは、火縄銃と大砲の相違は何であろうか。火縄銃でわが国に最初にもたらされた形式のものを南蛮筒ともいう。これもポルトガル説に依存した名称であろう。また、南蛮筒を見本に造られた銃は異風筒とも呼ばれる。さらに、火縄銃には製作された地方によって種子島筒、堺筒や国友筒、薩摩筒などの呼び名もある。

しかし、これらの名称には大きさの情報が含まれていない。火縄銃の大型のものを大筒（大砲）と呼ぶが、大筒と通常用いられてきた火縄銃との明確な区別もない。例えば、所荘吉の『火縄銃』[15]によれば、弾丸（玉）の直径と銃口径の割合を玉割と称し、この数値は砲術師の秘伝とされてきた。井上流の玉割表では玉の重さを玉目といい、一分玉（鉛玉直径三・九ミリメートル、銃口径四・〇ミリメートル）から五貫目玉（鉛玉直径一四五・七ミリメートル、銃口径一四八・六ミリメートル）まで、大きさによって四八種に厳密に分類されている。これらを用いて火縄銃を表すと、たとえば二分玉筒、三匁《もんめ》玉筒、二百目（匁）玉筒、一貫目玉筒などと呼ばれてきた。これを基準にして、鉄砲の大きさは大筒（玉目で三〇匁以上、ここでは大砲と記述する）、中筒（六匁から二〇匁）、小筒（三匁五分以下）と区別されてきた。しかし、後述する巨大な芝辻砲でさえ、一貫三百目玉であり、後に図7－17で示すモルチール砲（臼砲ともいう）を除いて、巨大な五貫目玉は実際には発射されてはいなかったのではなかろうか。

また、通常の鉄砲は口径一〇ミリメートル前後で、銃身長一メートル前後の銃であるが、やがて銃身の長い大口径の鉄砲、すなわち大鉄砲が出現した。この代表的なものが後述の慶長大火縄銃である。さらに、鉄砲に大小・長短が生じると、これを大鉄砲や長筒、短筒などと名付けた。また、騎馬武士が馬上で用いる銃身の短いものを馬上筒、あるいは馬乗筒といい、城郭の狭間から射撃に用いた鉄砲を狭間筒、遠距離射撃を目的に造られたものを町筒などと称した。このように、大砲と銃の間の明確な定義はなさそうである。

宇田川は『幕末 もう一つの鉄砲伝来』(16)で、嘉永三（一八五〇）年十二月～嘉永五年四月までの間に鋳造された西洋流大砲数に関して、表7－1を示している。ここからは、嘉永三年からわずか一年半の間に、二つの流派だけで五四門もの西洋流大砲が鋳造されていたことがわかる。その大半は青銅砲であろうが、井上流の鋳物師には後述する川口の増田安治郎が含まれている。後に図7－18から7－21で述べるように、増田は茂原でねずみ三門の鋳鉄砲を鋳造していたことが知られている。すると、五四門の

表 7-1　田付流・井上流・西洋流の大砲鋳造の成果（宇田川武久『幕末　もう一つの鉄砲伝来』、101 頁）

田付流・西洋流	
5 貫目玉筒長 9 尺 3 寸（1 挺）	3 貫目玉筒長 8 尺（2 挺）
2 貫目玉筒長 8 尺（4 挺）	1 貫目玉筒長 6 尺 9 寸（5 挺）
長 9 尺（3 挺）	長 5 尺 5 寸（5 挺）
ホーウィッスル（4 挺）	モルチール（3 挺）　以上 27 挺
井上流	
10貫目玉筒長 1 寸 1 寸 7 寸（1 挺）	5 貫目玉筒長 9 尺 6 寸（1 挺）
3 貫目玉筒長 6 尺 5 寸（2 挺）	2 貫目玉筒長 7 尺（6 挺）
1 貫目玉筒長 5 尺 5 寸（10 挺）	5 貫目狻猊炮長 3 尺 6 寸 5 分（3 挺）
10貫目玉炮烙筒長 1 尺 9 寸 2 分（2 挺）	5 寸玉炮烙筒長 1 尺 7 寸 5 分（2 挺）
	以上 27 挺

田付流・井上流・西洋流の鋳造成果（嘉永 3・12〜5・4『通航一覧』所収）

中にどれだけ鋳鉄砲が含まれていたのかを知りたくなるが、その詳細は解明されていない。

この点に関して大橋周治の『幕末明治製鉄論』[17]は、「水戸の鋳砲事業にも参加した増田安治郎の場合は、嘉永三（一八五〇）年三月からの三年間と、安政三（一八五六）年からの三年間で、合計二一三門の大砲（うち鉄製砲九門）と、四一三二三発の砲弾を鋳造して巨満の富を築き、その納入先は、北は津軽から西は肥後まで、日本全国にまたがった、とされる」としている。すると、表7-1には少なくとも数門の鋳鉄砲が含まれていたことが推測される。あとで述べるように、筆者は当時の反射炉ではまともな鋳鉄砲は製造できなかった、と考えている。しかし増田は、当時すでにコシキでねずみ鋳鉄製の大砲を造る技術を習得していたことになる。川口の鋳物師の技術が最も進んでいた事実を示すエピソードである。

大砲を石火矢《いしびや》ということがある。石火矢とは、十六世紀中頃にポルトガルから伝来した大砲（仏狼機《フランキ》）に対する呼称であったが、後に大砲一般の名称となった。石火

図7-12　国崩し・第一号大友仏狼機砲（複製）天正4（1576）年（靖国神社遊就館）

矢は火薬の力で大小の石、鉛、鉄製弾丸を発射する滑腔式大砲で、初めは前装式が多かったが、十九世紀から後装式が増える。青銅や鋳鉄などで鋳造され、砲架は台車に据えられて使用された。

わが国で最初に使われた大砲（ポルトガル製）は、図7－12に示したように後装式仏狼機砲である(18)。この砲は左側の窪みに弾丸を充填した子砲を装入する後装式である。口径九五ミリメートル、全長二・八八メートルであるが、子砲は紛失し、現在では母砲だけが残されている。

しかし後装式はその機構が複雑であったことから、その普及は十八世紀に砲尾部に近代的な閉鎖機構が発明されたことで始まった、とされている。これはイギリスで一八五七年にアームストロング砲に正式に採用されたことに始まった。しかし、鎖栓をネジで押しつけるという閉鎖機構は当時の技術では十分な信頼性が得られず、薩英戦争（一八六三、文久三年）ではイギリス船の後装砲が尾栓破裂事故を起こし、再び前装式に戻っている。後装式が真に実用的になるのは、一八七二年にフランス人のシャルル・ラゴン・ド・バンジュが拡張式緊塞具を発明して以降とされている。

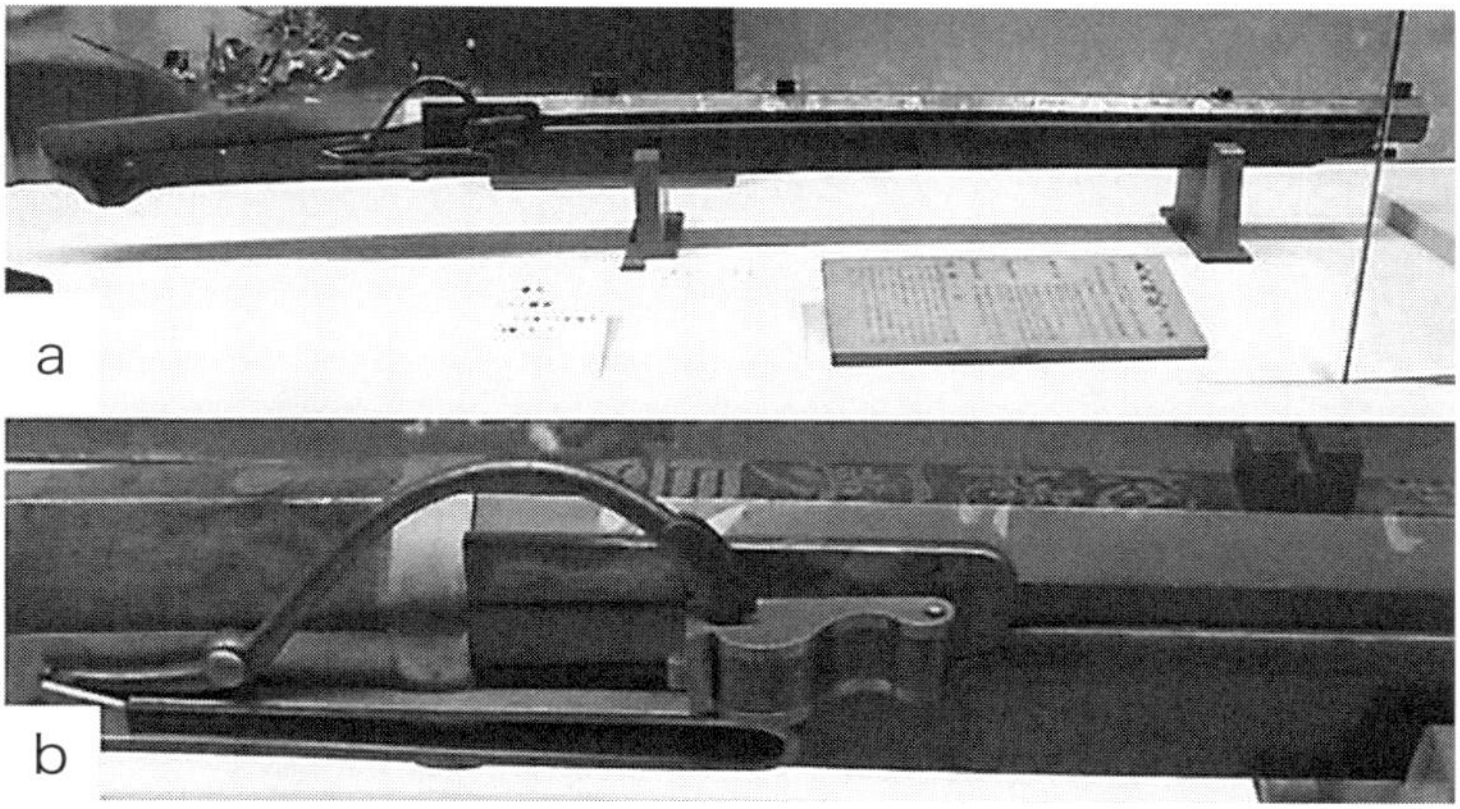

図 7-13　慶長大火縄銃　長さ 3 m、重さ 135・75 kg、口径 33 mm、堺市博物館蔵
a．全体、b．火挟みと火蓋、黄銅象嵌の文字と一夢の花押

わが国歴史上の代表的大砲

それでは、わが国の最初の大砲であった図7－12の青銅製フランキ砲について、もう少し見ておこう。斎藤利生の前掲『武器史概説』によれば、キリシタン大名の大友宗麟が天文二十（一五五一）年にポルトガルに発注した二門の大砲は、輸送の途中で船が嵐に遭遇・難破し、失われてしまった。そして、ポルトガルが再度製造した代品が天正四（一五七六）年に日本に到着したのだが、これが図7－12の大砲で、これを第一号大友砲ともいう。この仏狼機砲は現在、靖国神社の遊就館で見ることができる。また、これとよく似たものが鹿児島の集成館にあり、第二号大友砲と呼ばれている。これらは、両方とも臼杵城に設置されていた。

この大砲は、その威力の大きさから国崩《くにくず》しとも呼ばれて珍重されていた。「敵の国をも崩す」という意味であったものの、配下の中には、これが「自国をも崩す」意味にもつながるとして、忌み嫌った者もいたと言われている。やがて、天正十四（一五八六）年に臼杵城が薩摩

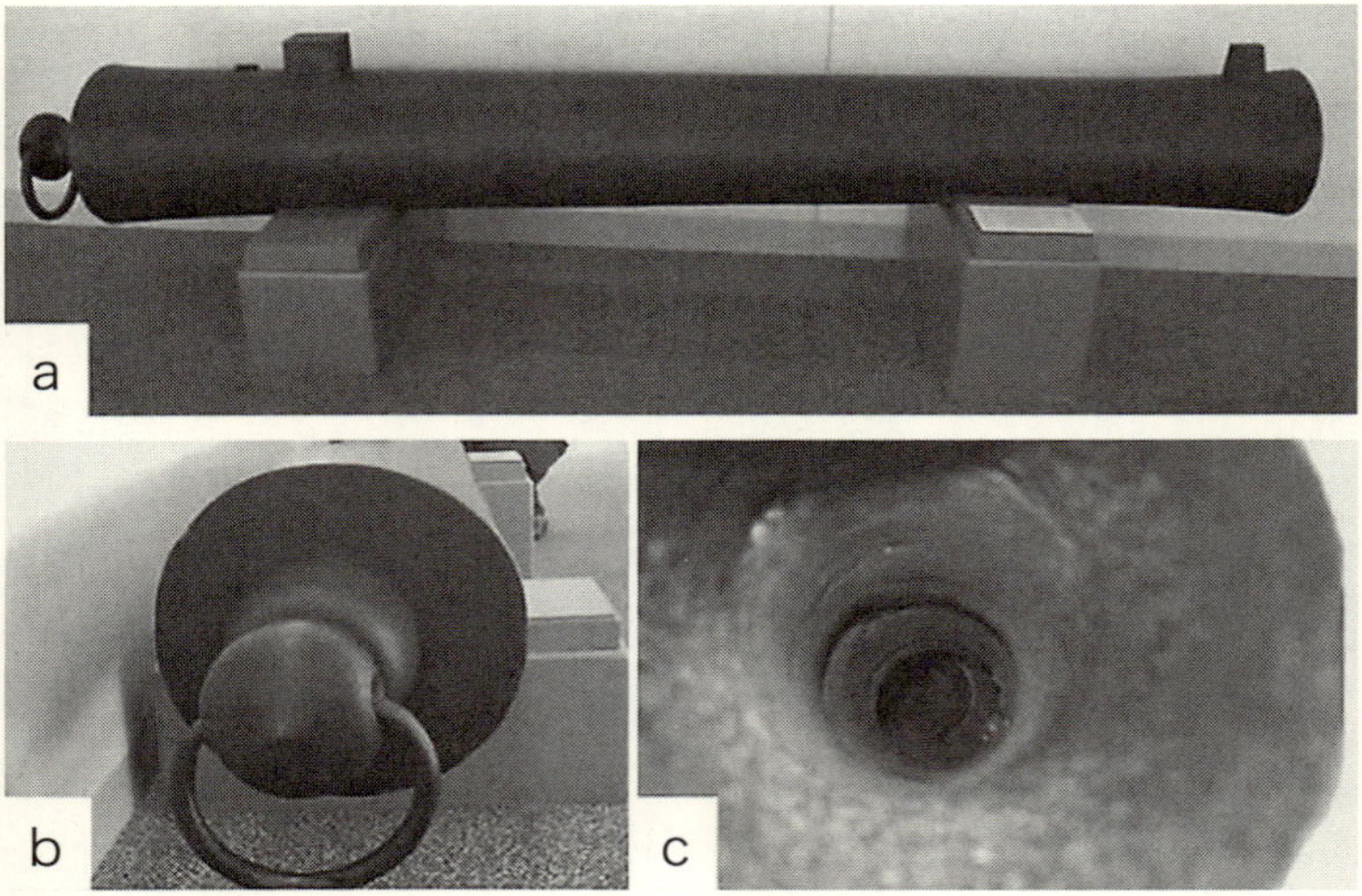

図 7–14　芝辻砲　長さ 3・12 m、口径 93 mm、重量 1700 kg、靖国神社遊就館
a．外観、b．砲尾部の偏心、c．砲孔の曲り

軍に包囲された時に、国崩しは薩摩軍を苦しめたらしいが、ついに臼杵城は落城し、この砲は薩摩に持ち去られたという。

国崩しをわが国で最初に使われた大砲としたが、その後、これ以外にも多くの大筒（大砲）が鋼の鍛造で造られている。その代表的なものが、図7－13に示した**慶長大火縄銃**と、図7－14に示した**芝辻砲**である。**慶長大火縄銃**は長さ三メートルもあるわが国最長・最大の火縄銃とされており、五十匁玉を使用した。この砲は徳川家康が稲富一夢に依頼し、慶長十五（一六一〇）年、当時の大砲の二大産地であった堺鍛冶と国友鍛冶に共同で造らせた、珍しい銃と言われている。この銃は大阪夏の陣・冬の陣に使われたとされている。

図7－14に示した芝辻砲は、慶長十六年三月吉日、徳川家康の命により堺の鉄砲鍛冶、芝辻理右衛門が造ったもので、その重量は一・七トン、全長三・一三メートル、口径九三ミリメートル（一

貫三百目筒）の鉄製大砲である。現存する国産の鉄製大砲では、最も古いものとされている。この大砲は大坂冬の陣に使われたとの説もあり、現在は靖国神社の遊就館に展示されている。この砲は長年にわたり、鋳造品か鍛造品かで多くの議論がなされてきた。

　この砲の調査を長年望んできたのが大橋周治[19]であったが、その願いが叶い、靖国神社から調査の許可を得た。そこで一九八三年に、産業考古学会の佐々木稔を中心に調査が行われることになり、その結果、超音波による断層写真で図7－15に示した年輪状の模様が見出された[20]。この写真には、バウムクーヘンのような模様が観察されるが、これが鉄板を巻いて鍛造で接合した証拠であるとした。それによって、この砲が鍛造でできたものであることが証明され、長年の製造法に関する論争に終止符を打ったのである。さらには、本体より採取した微量のサンプルから佐々木は、本砲の材質は卸し鉄法で製造された和鋼で、炭素量が〇・一～〇・二％であることを明らかにした。

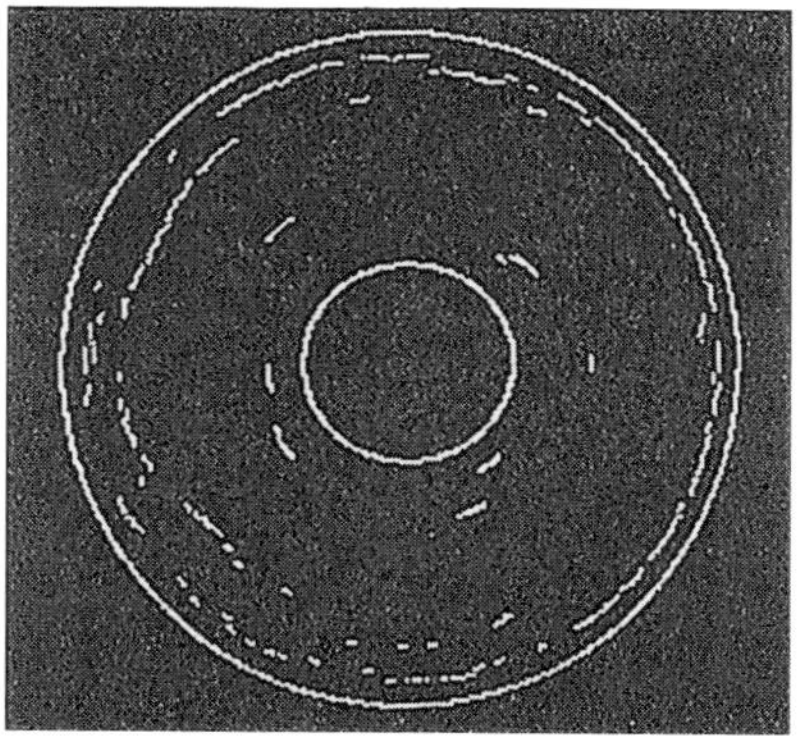
図7-15　芝辻砲の超音波断層写真（大橋、佐々木「芝辻砲の材質と構造」、115頁）

　このような大砲の造り方の一つに、〈張り立て〉がある。これは金子功[21]によると、鉄砲を作るときの技法そのままで、鉄板を幾重にも巻いて鍛接するという手法であるという。この手法で造られた大砲の一つが、靖国神社遊就館の芝辻砲であるとされている。

　さらに、岩国の吉川家には〈大将軍〉という銘がある明国製の張り立て大砲があり、その口径は一二〇ミリメートルとされていたが、現在は行方不明となっており、詳細は不明である。しかし、鄭の報告（『洪武大砲をめぐって』）に、その外観を見ることができる。また、国友藤兵衛の書[22]には張り立てに関する記述があり、鉄の鎖らしきものや、その略図はあるが、詳細な図面がないのが残念である。

この点に関して所荘吉[23]は、芝辻砲は厚さ二〇ミリメートルの鉄板で長さ三〇〇ミリメートル、外径二〇〇～二五〇ミリメートルの筒を一三個ほど鍛造で造り、これを縦に重ねて接合する方法で造られた、と推定している。おそらく、三、四個を重ねてから横にし、その接合箇所を鉄帯で締めて真筒に仕上げた（鍛造した）のであろう、と想像している。

鋳造を専門とする筆者にしてみると、慶長十五（一六一〇）年頃にこのような大きな物が鍛造でつくられたという結論は、信じ難いものであった。しかし、筆者が砲の内部を写真撮影した図7－14のcでは、明らかに砲孔が曲がっているのがわかる。鋳造で中子を用いて造ればこのような曲りが生じることは考えにくく、もちろん、機械加工でもありえない。この曲りは、鍛造によってこの大砲が製造されたことを示す一つの証拠であろう。この点に関しては、高藤[24]らも砲孔の曲がりを確認している。すると、このような砲身内部の孔の曲りは、この砲からは砲弾が発射されなかったことを示しているのではなかろうか。家康が単にこけおどしのために造らせた大型大砲とするのが、おそらく正しいのであろう。

このようにみてくると、火縄銃はもちろんのこと、慶長大火縄銃も芝辻砲もすべて鍛造で造られていることがわかる。なぜであろうか。これまでの鋳造製大砲すべてが青銅砲であるとすれば、初期の鉄製大砲はすべてが鍛造品であったことになる。これが何を物語っているかは、原料鉄の製法に関する問題なので、詳細は次章で詳述したい。

わが国最初の鋳造砲

わが国で大砲の鋳造に関する書が著されたのは、寛永八（一六三一）年の米村治太夫による『石火矢鑄方傳』（図7－16）[25]が最初であろう。この書は、仏狼機砲の鋳造による作り方を記したものである。すべてが銅合金鋳物で記述されており、鋳鉄に関する記載はまったくない。これも、この時代にはまだねずみ鋳鉄製の大砲が鋳造できなかったことを示す、明確な証拠といえそうである。ねずみ鋳鉄とは、黒鉛が出ていない鋳鉄の破面は白く、これを白鋳鉄と云うのに対して、黒鉛が出ている鋳鉄では破面が鼠色になるので、ねずみ鋳鉄と呼ぶ。したがって、ねずみ鋳鉄には片状黒鉛鋳鉄と球状黒鉛鋳鉄が含まれる。

ここで少し、江戸時代の大砲の鋳造に触れておきたい。当時は、大砲といえば大半が青銅製の鋳造砲であったが、青銅が高価なこと、金属資源に乏しいことなどの理由から、ペリーの来航を機に大型の鋳鉄製大砲の製造が喫緊の課題として推し進められた。

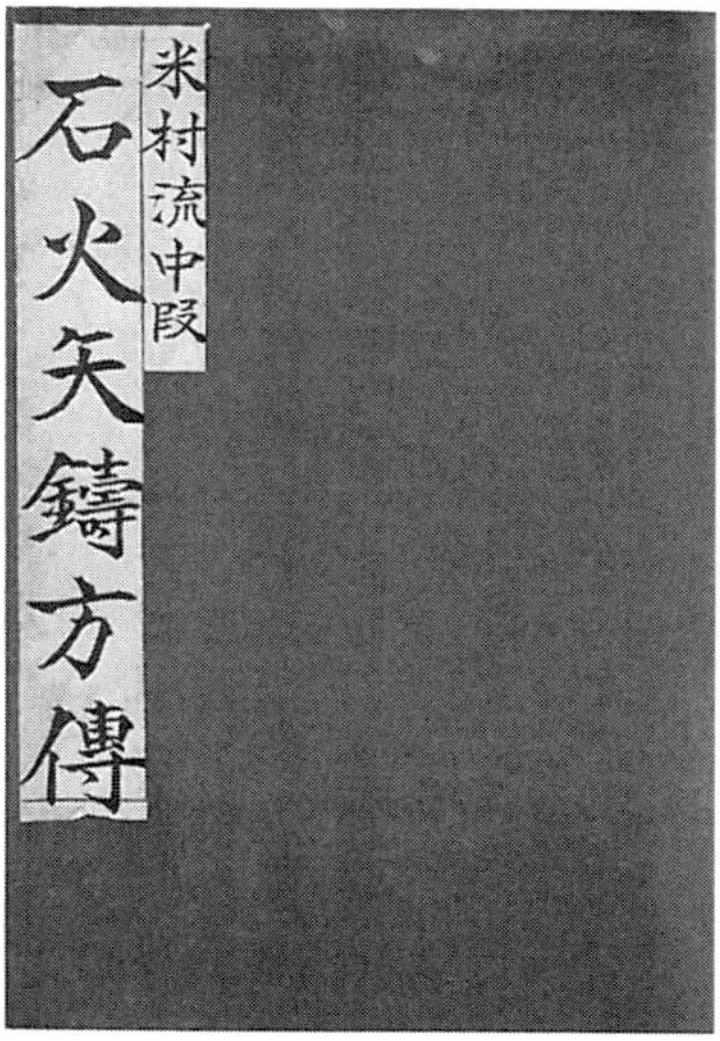

図7-16　米村治太夫『石火矢鑄方傳』（『江戸科学古典叢書42』、83頁）

わが国で最初に鋳造された洋式大砲は、高島秋帆が天保六（一八五三）年に鋳造した、青銅製のモルチール砲と言われている。図7－17にこのモルチール砲を示す[26]。これは極端に肉厚で短く、砲身が臼に似ていることから

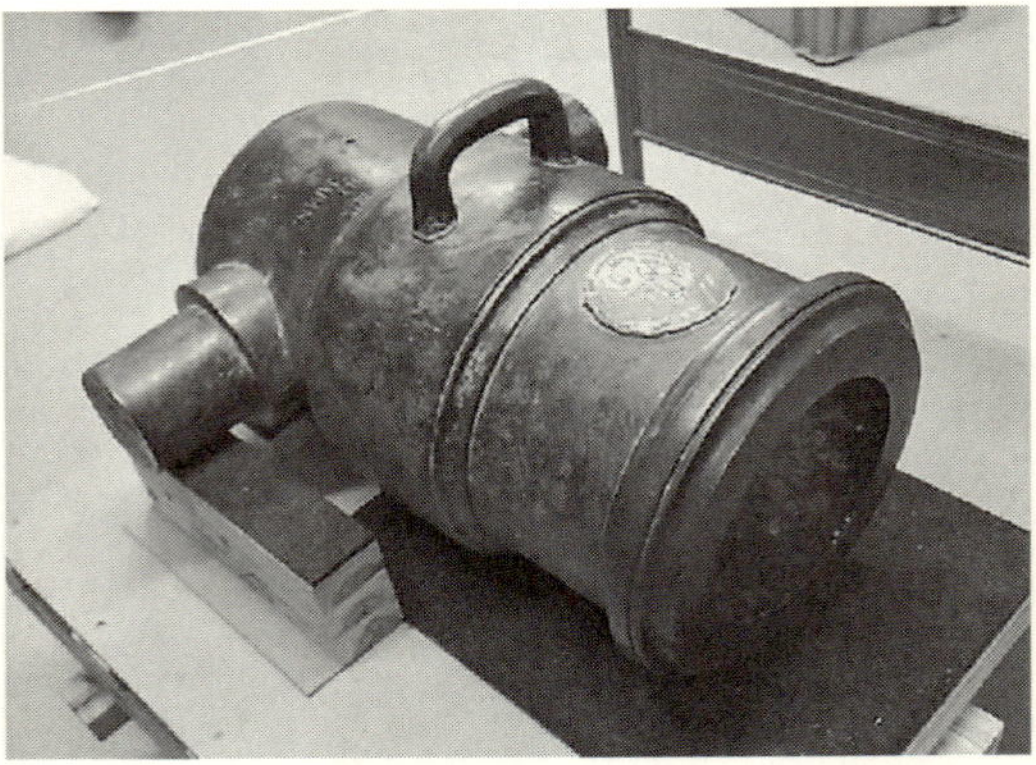

図7-17　高島秋帆が鋳造したわが国最初の青銅製モルチール砲（臼砲）（武雄市図書館・歴史資料館）

臼砲《きゅうほう》とも呼ばれている。臼砲は四五度方向に弾丸を発射し、障害物に隠れた目的物を攻撃する大砲である。図7−17の砲は、砲身の下部に高島茂紀・高島茂敦（秋帆）父子が門弟に鋳造させたことを記す刻銘があり、昭和十（一九三五）年に武雄鍋島家の庭から発見されたものである。

砲身上には、武雄鍋島家の銀色の（抱銀杏）家紋がはめ込まれており、またオランダ語で「日本で初めて鋳造された」と刻印されており、裏面には高島茂紀などの文字が刻まれている。

先に紹介した芝辻砲などは、鋼の鍛造品であった。その原因は前述したように、当時の鋳鉄は技術的に白鋳鉄しかできず、非常に硬く脆いため、砲孔内部の加工もできず、結果として大砲の鋳造には不向きであったことがある。そこで、鍛造で造らざるをえなかったのであろうし、鋳造による大砲の製造は青銅にならざるをえなかったのだといえる。

大松騏一(27)は、軍艦千代田の青銅製備砲は江戸の関口大砲製造所で鋳造されたが、これには和流大筒を鋳崩した（これらを再溶解した）銅が使われていた、としている。さらには、嘉永六（一八五三）年のペリー来航を機に湯島鋳立場が設けられ、その二年後には、幕府が全国の寺院に対して〈銅器の提出〉

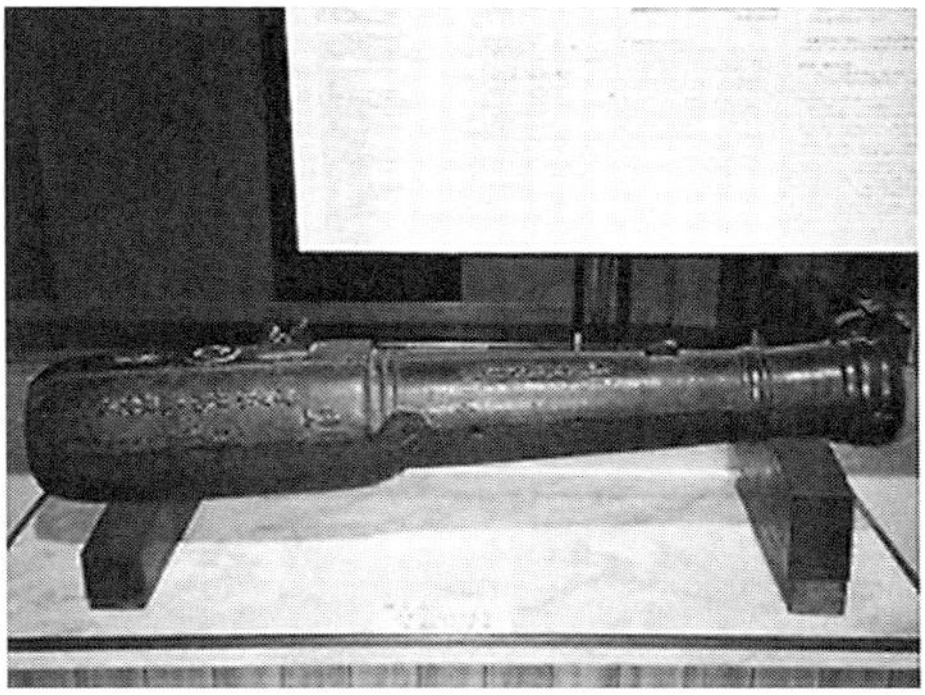

図7-18　天保15年（1844年）製造の鋳鉄製の大砲小（全長1380 mm、口径50・5 mm）（茂原市立美術館）

を命じている。寺の著名な梵鐘や時報用の梵鐘を除き、すべて公儀へ差し出せと命じたのである。ことほど左様に青銅製の大砲の鋳造には銅が不足していたことがわかる。これが、鋳鉄砲の製造への強い動機になったことは疑う余地がない。

たとえば山川菊栄は、『覚書　幕末の水戸藩』(28)の中で以下のようなエピソードを伝えている。烈公（徳川斉昭）は神崎に熔鉱炉（溶解炉の誤りか？）を造り銅砲の鋳造を試みたが、初めてのことでうまくいかず、二千貫目の銅がなくなり、さらに二千貫目の銅を手配したがうまくいかず、鋳物師・善四郎が猛火に身を投げようとしたのを、大勢でやっと引き留めた。これで烈公は金策が尽きて、寺のつき鐘、仏像、仏具等の銅製品に目をつけ、これを大砲にした、というのである。

また、烈公は鋳造した青銅砲を幕府に奏上したので、梵鐘や仏像の鋳つぶしは、いったん朝廷の思し召しとして天下にお触れが出されたものの、実行されるには至らなかった、さらに烈公は小規模な宗教戦争を押し切ってまで、領内の梵鐘や金銅仏を取り上げて鋳つぶし、大砲に変えたが、そうして造り上げた大砲は、ピカピカ金色に光って太く長く、見かけは堂々としていても見かけ倒しで、実戦の用には立たなかった、とある。

峯田元治の報告[29]には、天保十五（一八四四）年に武州川口村（現在の川口市）の鋳物師が鋳鉄製の四百匁筒を製造した、とある。幸いにして筆者ら[30]はこの大筒（大砲）を調査する機会を得て、この大砲がねずみ鋳鉄であることを確認した（図7－18）。大砲鋳造の鋳物師は先にも触れた増田安次郎で、当時、**大中小**の三門を茂原で**出吹き**で鋳造したが、**大**は盗難にあい、現存するのは中小の二門のみである。**中**は永瀬家に保存され、**小**は茂原市立美術館・郷土資料館で保存・展示されている。大砲の表面には鋳出し文字で天保十五年の文字が読み取れ、裏面には増田安次郎の銘がある。この大砲は、全長一三八〇ミリメートルで、口径は五〇・五の小型砲である。

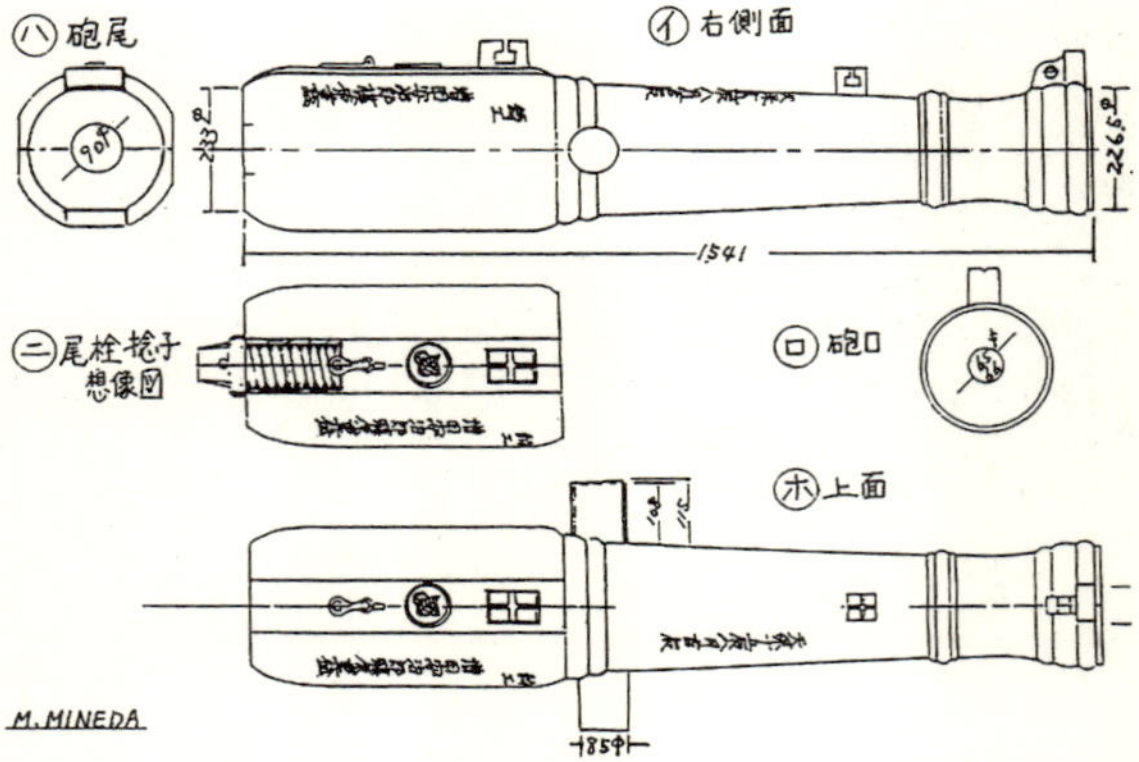

図7-19　永瀬家大砲 中のスケッチ　単位mm（峯田元治、中江秀雄「江戸後期の鋳鉄製大砲」、69頁）

ちなみに〈出吹き〉とは、当時の鋳物師は自分の工場で鋳造するほか、注文に応じて各地に出張し、梵鐘などを鋳造した。出張して鋳造することを出吹きといい、奈良県下田の鋳物師が三重、岐阜から長野まで、各地で出吹きしながら巡業した例がある。この大砲は、増田安次郎が茂原に出向いて大砲三門を鋳造したうちの一門なのである。

図7－19には、永瀬家に保存されている大砲**中**の図面を示す。この砲は、口径が短径六五ミリメート

ル、長径六六ミリメートル弱で真円度は高く、四百匁筒（大砲）とみられている。外径は銃口部二二六・五ミリメートル、銃尾部二三三ミリメートルで、全長は一五四一ミリメートルである。この大砲にも天保十五辰八月吉辰、鋳物師・増田安治郎藤原重益という鋳出し文字が読み取れ、これは図7－18とまったく同じである。これらの大砲は両者ともに砲尾はネジ止め構造になっているが、大砲**小**はこのネジ部の孔に銅合金を流し込んで密閉してある。**中**は鋳造時の鋳型砂がそのままの状態で残っており、この大砲からは実弾は発射されていなかった、と考えられる。

図7-20　安乗神社の鋳鉄砲（中江秀雄ほか「安乗神社の鋳鉄大砲」、26頁）

永瀬家の大砲**中**は長年外に置かれており、厚い錆が付着していた。筆者が永瀬家を訪問した際には、この中型大砲は新築中の床の間に運び込まれており、底部に厚い錆が付着したままの状態であった。この鋳部から黒鉛の晶出と形状が判別できるかもしれないと考え、砲尾部から厚さ数ミリメートルの鋳試料を採取させていただいた。この鋳試料を樹脂に埋め込み、研磨して走査型電子顕微鏡（通称、ＳＥＭ）などで組織観察により解析した結果、片状黒鉛の存在を確認した。これは白鋳鉄ではなく、片状黒鉛が良く伸びた、典型的なねずみ鋳鉄であった。当時の川口の鋳物職人の鋳造技術の高さを物語る、貴重な大砲である。

筆者は図7－20に示した和歌山県の安乗神社の鋳鉄製大砲

図7-21　安乗神社の大砲の金属組織と化学組成（中江秀雄ほか「安乗神社の鋳鉄大砲」、28頁）
4.48%C-0.13%Si-Mn<0.001%-0.117%P-0.034%S-0.005%Ti

を調査する機会を得て、その結果を報告[31]した。この大砲は、鳥羽藩が文久三（一八六三）年に海防の目的で稲垣充方に命じて造らせたもので、砲尾は永瀬家の大砲と同じくネジ止め構造になっている。全長一六九二ミリメートル、外径三八〇ミリメートル、口径九二ミリメートルである。この砲には稲垣家の家紋である抱茗荷《だきみょうが》の図案が鋳出しで作られ、砲尾部にはネジが切られている。これも川口の鋳物師、増田安次郎が造ったのではないかと、斎藤利生も川口市も推察している。

筆者は安乗神社宮司の厚意で大砲の小試片を入手した。この試片の金属組織を詳細に検討し、星形の黒鉛が出ていること（図7－21）を確認した。すなわち、パーライト基地に粗大な星形の黒鉛が存在する。また、この小片を化学分析に供し、図のキャプション下に示した化学組成を得た。これより、ケイ素含有量はきわめて低く、和銑を原料とした鋳鉄砲であることがわかる。このような化学組成で、凝固時に黒鉛が生成したことが不思議でならなかった。

先に記したように、当時の反射炉ではこのような鋳鉄製の大砲はできていない、と筆者は考えている。幕府や力のある薩摩藩や佐賀藩が試みた反射炉で製造された鋳鉄砲は現存しないが、川口の鋳物師が甑で鋳鉄砲の製造に成功していたことは、何を物語るのであろうか。筆者の知る限りでは、川口の鋳物師、増田安次郎だけが鋳鉄製の大砲の鋳造に成功していたが、その製法は機密とされ、門外には広げなかったものと考えている。

この点に関して、われわれ鋳鉄の専門家の間では昔から、鋳鉄の組織に対する炭素・ケイ素含有量と鋳物の肉厚の関係をもとに、黒鉛の出る範囲を示したマウラーの組織図が著名である。しかし、この図から読む限りでは、このような低いケイ素含有量ではねずみ鋳鉄は得られないことになっている。そこで、筆者は炭素含有量を増加させることで、このような黒鉛の晶出が可能になったのではないか、と考えた。すなわち、コシキによる繰り返し溶解で炭素量を増加させ、炭素量を著しく増大させた過共晶組成としたことが黒鉛晶出（ねずみ鋳鉄化）に成功した原因であると推定した。このことを、菊地らとともに実証[32]した。

川口の鋳物師増田はコシキによる鋳鉄砲の製造に成功したが、幕府や佐賀、薩摩などの有力藩では西洋の科学技術を取り入れた反射炉で失敗に終わっている。過去の経験に立脚した職人技とは恐ろしいものであることを実感させられた。

幕末に反射炉の建設を急いだ理由は、大型の鋳鉄砲の製造にあったと推察される。すなわち、鋳込みに際しては一度に大量の溶けた鋳鉄が要望されたからで、旧来のコシキでは大量の鋳鉄溶湯が得られず、この目的を達成できなかった。西欧では鋳鉄製の大型大砲が数多く造られていたことから、その製造の秘訣は反射炉にある、と考えたのであろう。しかし、反射炉では大量溶解の条件は満たしたものの白鋳鉄しか得られず、現実には失敗の連続であった。白鋳鉄の大砲は砲弾の発射に耐えなかった、とされている。砲弾を発射すると大砲が壊れたのである。その上、大砲では砲孔の内径を精度よく仕上げなければ、砲弾を遠くに飛ばすことはできないが、白鋳鉄は非常に硬く、当時の加工技術はもちろん、現在の技術をもってしてもその切削加工は難しい。このような事情で、当時は多くの藩で鋳鉄製大砲の製造が試みられたが、成功しなかったのであろう。

しかし、興味深いことに、これまで一般には、佐賀藩だけがねずみ鋳鉄製の大砲の製造に成功したとされてきた。それはどういうことであろうか。

佐賀藩が鋳鉄製大砲の製造に成功したとされてきた原因の一つは、安政五（一八五八）年にオランダから購入した、電流丸の荷下鉄（銑鉄）使用にあったとされている。船の重心を下げるために、通常は石などを船底に積んで航行する。しかし、これを銑鉄（荷下鉄）に置き換えると、鉄は石よりもはるかに重いので、船がより安定する。そこで、大砲を積んだ艦船などでは石の代わりに荷下鉄が用いられた。佐賀藩が輸入した電流丸には荷下鉄が積まれており、この銑鉄を用いたことで佐賀藩が鋳鉄砲の鋳造に成功したという説が有力だったのである。

国産のタタラ銑ではケイ素含有量が少なく、白鋳鉄しか得られなかったが、ケイ素含有量の多いヨーロッパの銑鉄を荷下鉄として購入した結果、二百門もの鋳鉄製の大砲ができたと言われてきた。しかし、これらの大砲は一門も現存しておらず、現時点では佐賀には青銅製の大砲が五門存在するのみである。

しかし、渋谷の戸栗美術館に、鍋島藩の江戸下屋敷跡地の中庭に埋まっていた大砲、佐賀藩製造の二四ポンド鋳鉄製大砲（全長三〇二五ミリメートル、口径一四八ミリメートルで重量二・八九トン）が現存する。この大砲の写真を図7－22に示す。キャプションには、九州大学が分析した大砲の化学組成を

図7-22　鋳鉄製24ポンド砲（戸栗美術館）と砲尾部の文字、その化学組成（九州大学）
3.22%C-0.69%Si-0.27%Mn-0.275%P-0.132%S-Cu<0.01%-0.02%Ni0.01%Cr-0.01%Ti-0.06%V-Sn<0.005%

示した。この値に基づいて「わが国特有の砂鉄銑では炭素以外の元素の含有量は少ないが、これらはケイ素、燐、硫黄、マンガンが多く含まれており、輸入銑によって鋳造されたものと推定される」と、佐賀県立博物館らは説明していた。すなわち、上記の荷下鉄の使用を裏付け、この大砲は佐賀藩製である、と主張したのである。この大砲は、嘉永六（一八五三）年に品川台場用に幕府が佐賀藩に発注したものの一つとされていた。

この大砲に関しては大橋が、(33)一九九一年の著書のなかで、「渋谷松濤で発見（？）された」と疑問符をつけて紹介していた。関心をもった筆者もまた、この大砲の撮影許可を得るため、数回にわたって戸栗美術館を訪れた。その際に館長の戸栗修氏（初代館長戸栗亨しの御子息）から、大砲は鍋島藩の庭に埋められていた、と伺った。やはり、第二次世界大戦時の金属の供出を避けるために庭に隠されたものとのことであった。

しかしながら実は、大橋が右のように記したずっと前から、武器史の専門家である斎藤利生[34]は、図7－22の下の文字が外国語であることから上記の説に疑問を抱き、これを解読し、この砲が本当はアメリカ製で、ポルトガル領マカオにあったものを薩摩藩が緊急輸入した八九門の一つだと推定していた。さらに、一八二〇年頃、アメリカのヴァージニア州にあったベローナ鋳造所で造られたものであることも明らかにしている。以上のことは大橋の著書にも紹介されており、「佐賀県立博物館その他、佐賀砲復元調査に従事した機関は、その誤りを公的に発表する義務があると考える」とまで記されている。

中野俊雄[35]が二〇〇五年に記した論考によれば、佐賀県立博物館は平成十六年八月に、複製大砲の案内版を「この大砲は一八二〇年頃アメリカで製造されて幕末輸入され、かって東京渋谷区の旧鍋島邸におかれていたもの（現在は戸栗美術館所蔵）を原型とする複製品である」と訂正したのだが、一方で、戸栗美術館はいまも佐賀製であることを示し続けているようである。

この写真を見ると、大砲は砲尾までも一体構造で、砲尾部はネジ構造ではない。わが国で鋳造された鋳鉄砲は、図7－18から7－20に示したように、砲尾はすべてネジ構造である。これは当時、西欧では蒸気機関の発達で大型加工機による砲孔加工ができたが、わが国ではまだ水車による孔明けが行われていたことを物語っている。水車の力不足の結果、砲尾部の孔を利用して内面加工が行われ、その後にこの孔部をネジで止める機構になったものと考えられる。その証拠に、加工性のよい青銅砲では、図7－22と同様に一体構造になっている。

たとえば、図7－23に示した小金井公園の大砲は、四二ポンドの青銅砲である。これは全長三四四〇ミリメートル、口径一七八ミリメートルで、嘉永七（一八五四）年頃に水戸で鋳造されたものとされてきた。この大砲は当初、品川台場に置かれており、その後、明治四（一八七一）年から昭和四（一九二九）年までの間は、東京の正午の時報（ドン）を打つ大砲として江戸城本丸跡地で使われてきた。そのため、この大砲は通称**ドン**と呼ばれていた。そこから、土曜日は仕事が半日なので、午後は休みとの意味を込めて、土曜日の正午の時報を**半ドン**と称してきた。これとは別に、半ドンは半分の意味であるとか、ドンはオランダ語のドンタク（日曜日）を意味し、土曜日を日曜日の半分としていたなどの説もある。

図 7-23　小金井公園の青銅砲、通称ドン

この砲は水戸の徳川斉昭が幕府に献上し、下関戦争に使われたとされてきた。しかし、前述の斎藤利生[36]はこの大砲も詳細に検討し、水戸ではなく関口大砲製作所か川口の鋳物師が製作したものと推察している。さらにまた、その形状から、陸上の台場砲ではなく艦載砲としている。

安政元（一八五四）年には、湯島馬場大筒鋳立場で青銅製八十ポンド加農《カノン》砲が鋳造されたが、これも同様の仕方で造られている。ここに写真は掲載しないが、図7-23の小金井の大砲と瓜二つである。加農砲とはキャノン砲と同義である。この砲は全長三八三〇ミリメートル、口径二五〇ミリメートルの大型砲で、品川台場に据えられていた。この大砲の砲尾部には多くの補修箇所があり、鋳造の際に巻き込まれた滓を除去した跡を共金で埋めてあるのを筆者は確認している。当時の技術では、欠陥のない青銅砲の鋳造がいかに難しかったかを示す証拠でもある。

その前年、寛永六（一八五三）年にペリー艦隊が来航して、徳川幕府に開国要求を迫った。これに脅威を感じた幕府は、江戸の直接防衛のために海防の建議書を提出し、江川太郎左衛門に命じて洋式の海上砲台を品川沖に建設させた。その計画では十一基の台場を築造する予定であったが、実際には六砲台の建設だけで幕を閉じた。嘉永七年にペリーが二度目の来航をするまでに砲台の一部は完成し、これは**品川台場**（品海砲台）と呼ばれた。その名残が、現在の東京湾で品川台場と呼ばれている地域である。ここには多数の大砲が据え付けられており、この大砲もその一つだったのである。

わが国を代表する鋳鉄砲

幕末には突如として日本全国で、とりわけ佐賀や韮山を中心に反射炉の建設が始まった。これらの反射炉が鋳鉄製の大型大砲の製造を目指していたことはすでに述べた通りである。当時の建設状況を表7-2にまとめて示すが、いかに多くの反射炉が必要とされていたかがわかる。しかし、これらの炉で鋳鉄製の大砲ができた（すなわち、試射に耐え、実射が行われた）との確証は何も残っていない。筆者は、完成した鋳鉄砲はなかった、と考えている。

表 7-2　幕末に建設された反射炉（大橋周治『幕末明治製鉄論』、2 頁を一部修正）

藩名	炉築路場所	第一路の建設着工	操業開始	炉型・炉数
佐賀	佐賀 築地	嘉永 3 年 7 月 （1850）	嘉永 4 年 12 月 （1851）	2 基 4 炉
佐賀	佐賀 多布施	嘉永 6 年 9 月 （1853）	嘉永 6 年 3 月 （1854）	2 基 4 炉
薩摩	鹿児島	嘉永 5 年冬 （1852）	嘉永 6 年夏 （1853）	2 基 4 炉
〃	〃 （移設）	安政元年 9 月 （1854）	安政 3 年 3 月 （1856）	1 基 2 炉
天領	韮山	安政元年 6 月 （1854）	安政 3 年 2 月 （1855）	2 基 4 炉
水戸	那珂湊	安政元年 8 月 （1854）	安政 3 年 2 月 （1855）	1 基 2 炉
島原 （民営）	安心院佐田	安政 2 年 （1855）	?	1 基 1 （2） 炉
鳥取 （民営）	六尾	安政 4 年 4 月 （1857）	安政 4 年 9 月	1 基 2 炉
長州	萩	不詳？	安政 5 年 （1858） とされる	1 基 2 炉
岡山 （民営）	大多羅	元治元年 （1864）	慶応元年 （1865）	1 基 2 炉
幕府	江戸 滝野川	慶応元年 （1865）	慶応 2 年 2 月 （1866） 推定	不詳
福岡 （民営）	博多 土居町	不詳	試験操業のみ	1 基？

そのためか、明治維新になると大村益次郎は、長崎製鉄所や江戸の関口からも機械類と職工を大阪に移し、日本の大砲製造の新たな拠点として、明治三（一八七〇）年四月十三日に大阪砲兵工廠を開設する。実際には、大村益次郎は明治二年九月四日に刺客に襲われ、大阪で命を落としているので、大阪砲兵工廠の設立は大村の遺言にも等しい、と三宅宏司[37]は記述している。

開設当初は図7－24に示した青銅製の四斤野砲を明治五年に製造しており、これは明治になってからの国産第一号の大砲であった。竹内・佐山の書『日本の大砲[38]』では、この砲は口径八六・三ミリメートル、全長一・六メートル、重量三三〇キログラムの小型砲としている。大阪砲兵工廠で最初に鋳鉄砲を鋳造したのは明治六（一八七三）年のフランス式四斤野砲で、大口径の鋳鉄砲は明治十八年の十九糎《センチ》加農《かのん》砲と二十八糎榴弾《りゅうだん》砲で、翌年には二十四糎加農砲が鋳造された。この二十八糎榴弾砲については、後に詳しく説明したい。

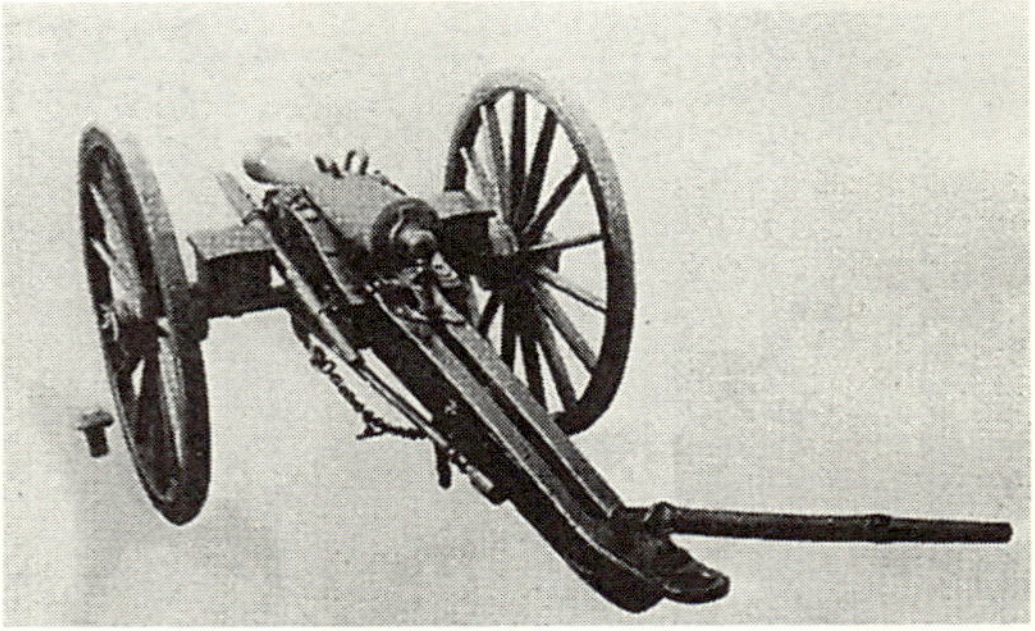

図 7-24　大阪砲兵工廠で最初に鋳造された青銅製の四斤野砲（竹内昭・佐山二郎『日本の大砲』、21 頁）

前出の三宅によると、大阪砲兵工廠での銑鉄の試験溶解は明治九（一八七六）年の上州銑（中小坂銑）に始まり、明治十一年には広島銑、明治十三年には釜石銑と国産銑鉄を順次使用し、これらの品質を調査している。反射炉を用いて、何とかして国産銑でねずみ鋳鉄製の大砲を造りたかったのである。種々試作の結果、輸入銑と同じく国産のねずみ銑で大砲を製造できる範囲に化学組成を制御できていたのは、群馬県の中小坂《なかおさか》だけであった、としている。しかし、中小坂製鉄所は閉山されてしまう。この辺の経緯は『商工政策史』に詳しく述べられているので、それを引用して以下に述べる[39]。

『商工政策史』によると、中小坂製鉄所は明治九年ころには、わが国で最初の蒸気機関による熱風送風で木炭高炉を操業した製鉄所であった。これは、わが国で唯一の近代化された、最大の製鉄所でもあった。しかし、明治十一年ころには鉱脈が断続し、新鉱脈発見のための試掘を行ったが、政府資金が得られず廃業して明治政府への買収・移管を申し出て、官営に移行した。そして明治十七年に工部省はこの製鉄所の廃業を太政官に申し出ている。その原因は、国産の高炉に用いた耐火物の質の低さではなかったかと、この報告書は推測している。そこで、大阪砲兵工廠は何としても国産の銑鉄で大砲と弾丸を鋳造したかったので、釜石銑の改良に努めた。これを釜石再生銑という。この辺の事情は『鐵考』(40)に詳しい。

このように書くと、きわめて順調に鋳鉄砲が造られてきたように思われる。しかし斎藤の前掲『武器史概説』によると、明治政府は明治四年にクルップ八糎鋼製野砲や十五糎の艦砲をドイツから輸入している。さらに、明治十七年にはクルップ七糎野砲を購入し、八糎鋼製野砲とともに近衛砲兵隊と熊本鎮台砲兵隊の備砲とした。したがって、明治政府は鋼砲が青銅砲よりも有効なことは十分に承知していたのである。

しかし他方で、わが国の国情に合ったイタリア式青銅砲を正式なものと決め、明治十九年から大阪砲兵工廠で製造を始めて、明治二十一年には全国の野戦砲兵隊に配布してもいる。鋳鋼砲は造るのが難しく、鋳鉄砲は信頼性に欠けていたのである。一方で、明治二〇年からは海岸要塞砲の製造を始めた。これが十五糎鋼製加農砲と十九および二十四糎鋳鉄加農砲、二十八糎鋳鉄榴弾砲と二十四糎鋳鉄臼砲である。

明治時代の鋳鉄砲原料は銑鉄であった。『鐵考』に戻ると、中小坂鉄山の廃業に伴い中小坂銑はあきらめざるをえなくなったので、明治政府は、生産量の多い釜石銑に目をつける。釜石銑はそのままでは大砲などの重要な鋳鉄鋳物ができないので、これを精錬したのが釜石再生銑であった。明治三十(一八九七)年頃は、この処理では主にマンガン添加が行われ、砲弾等の鋳造ではイタリアのグレゴリー銑と

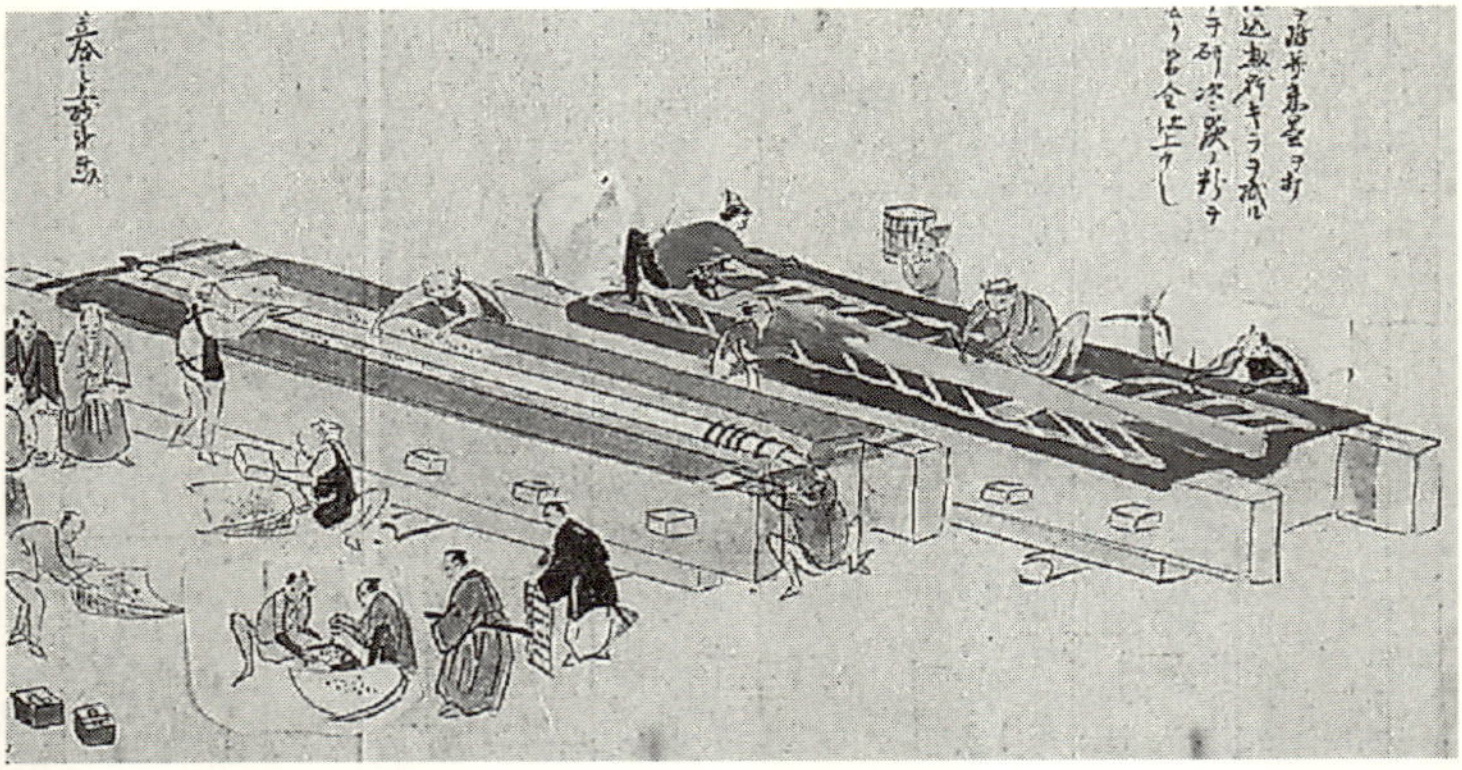

図 7–25　大砲鋳型の調整（坂口金兵衛：大砲鋳造絵巻）（本多美穂「幕末における銅製大砲の鋳造」、134 頁）

ほぼ同等の試験成績を収めた。寺西[41]によると、当時の釜石銑のマンガン量は〇・〇七％程度であり、これを製錬で一・〇％以上に高めている。

ただし、釜石再生銑による大砲の鋳造を試みた結果は実のところ惨憺たるもので、八〇％の不良率であったという。そのため再びグレゴリー銑に戻してみても、五五％の不良率が続いた。いかに鋳鉄製大砲の鋳造が難しかったかがわかる。ようやく明治四十四（一九一一）年になってからやっとのことで、大型の鋳鉄砲の製造技術が確立できた。不良の発生率を抑えられた解決策として、「円壔《えんとう》（筒）形に鋳造することでやっと不良がとまった」と久保[42]は報告している。中子の採用で健全な大砲が造れるようになったのである。

これらの資料には、当時の鋳鉄砲の設計強度も示されており、江戸時代に単に反射炉を導入しただけでは鋳鉄製の大砲がほとんどできなかった事情が読みとれる。この事例では、グレゴリー銑を用いた、片状黒鉛鋳鉄砲の引張強さは一平方ミリメートル当たり一八・四〜二二・五八キログラ

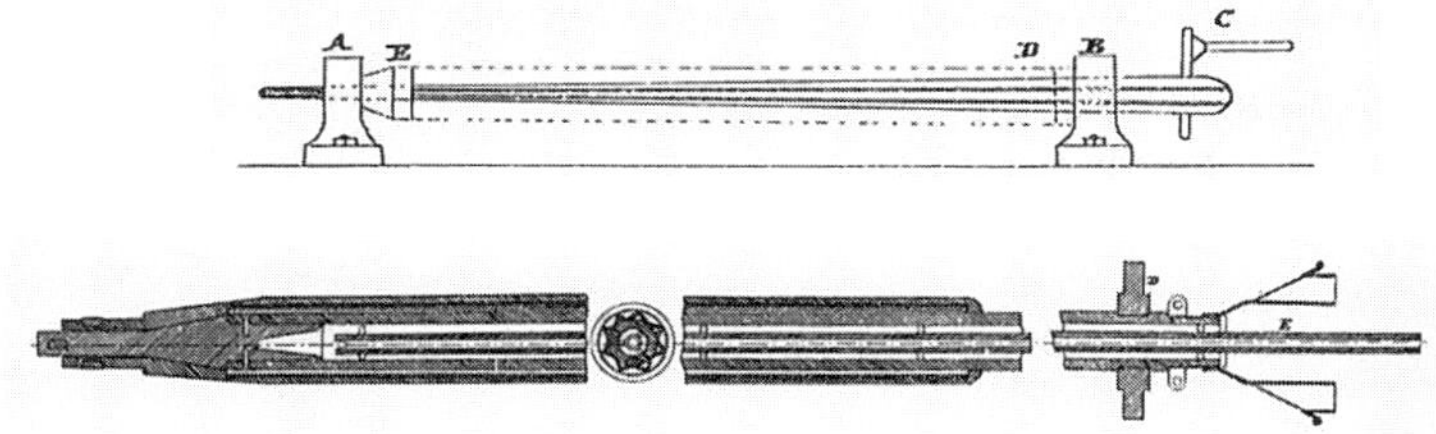

図7-26　大砲鋳造用の水冷中子（下）とその芯金（上）（新井晴簡『砲工学校　兵要工藝学教程　第三版　火砲製造の部』）上下の図は理解のために大きさを揃えた。

ムを得ており、これが合格の基準とされていた。

中子の採用で健全な大砲が造れるようになった、と記したが、この中子については興味深い資料がある。[43] 江戸時代の大砲鋳造用の鋳型を描いた図7－25がある。これは大砲絵巻に描かれた大砲の鋳型の造り方であり、右は鋳型に湯道を切っている様子で、左は鋳型の中心に中子を納めている図である。このように、中子を用いて大砲の砲孔を明ける手法を核鋳《かくちゅう》という。中子の右端の五本の筋は、雌ネジを造るための鋳型と考えられる。

この中子には、明治時代になると、図7－26に示した水冷中子[44]（中央の孔から水を流し、外側の空間を通じて排水する機構で、これに厚い砂層が張り付けてある）を用いたようである。筆者は長年にわたって鋳造を専門としているが、このような複雑な水冷中子は、これ以外に見たことがない。

少し専門的になるが、この製造法の利点について述べてみよう。鋳鉄鋳物は、鋳物の肉が厚くなると、強度が低下する特性がある。これを肉厚感受性といい、現在のＪＩＳにも取り入れられている。その問題を解決するために、水冷中子を使用して、大砲を内部から急速に冷やすことで、強度の向上を図ったのであろう。しかし、水冷中子の採用は、黒鉛

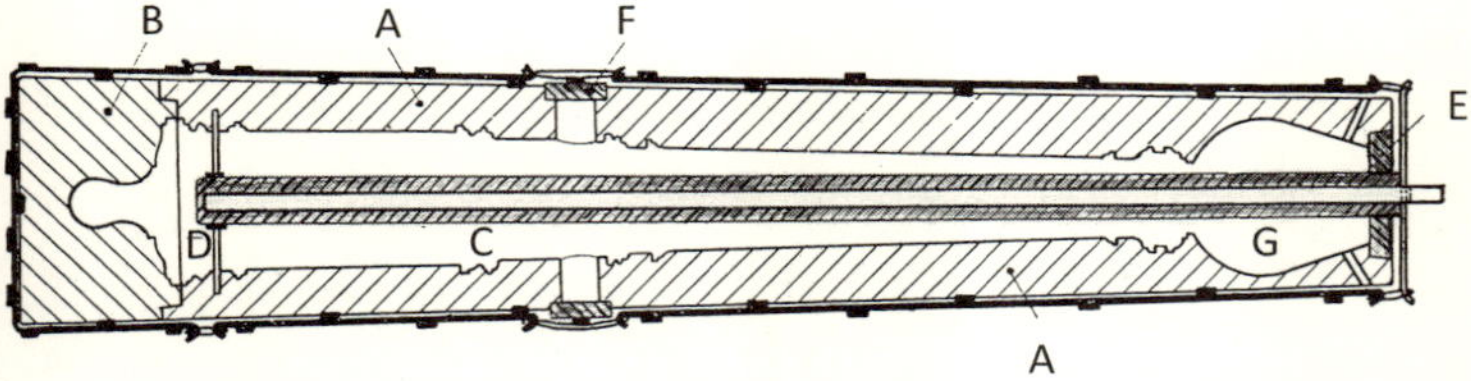

図7–27　組立てを終えた大砲鋳込み用鋳型（Simpson: *History of The Metal-Casting Industry*, p. 112）
A：砲身用鋳型、B：砲尾用鋳型、C：中子、D：下ケレン、E：上ケレン、
F：回転軸（砲耳）、G：押湯・湯口

の出ない白鋳鉄の生成を助長する。だから、水冷中子の採用にはねずみ鋳鉄の製造技術が確立されたことが前提となる。この辺にも、明治時代における鋳造技術の進歩が見て取れる。また、水冷中子の表面部の砂付き（砂型の厚さ）は極めて薄い。これは、薄い砂付き（砂型）層が安定してできるようになったことの証拠であろう。

それでは、図7－22や7－23のような大砲の場合には、中子はどのように取り付けられたのだろうか。その様子を、シンプソン[45]の図で図7－27に示す。実際には、この図の右側を上にして土床に埋め込み、そこから溶けた金属をGの押湯から鋳込む。ここで、A、Bは砲身用鋳型で、Cが中子である。この中子を、Eの上ケレン（中子を支え・定位置に保持する金具、型持ちともいう）とDの下ケレンで固定するのである。

二十八糎榴弾砲の構造を図7－28[46]に、その外観を図7－29[47]に示した。この砲はイタリアの砲兵少佐ペグリーの提案にもとづいて、グレゴリー銑鉄を用い、大阪砲兵工廠で造られた。この大砲は本体を鋳鉄で造り、それらを鋼の箍《たが》で締めつける構造になっている装箍砲《そうこうほう》である。日露戦争で旅順要塞攻撃に十八門、奉天会戦には六門が使用され、大きな戦果を挙げたことで著名な砲である。

鋳鉄砲が信頼性に欠けるという欠点を、鋼の箍を嵌める手法で解決したのであった。この場合には二重に鋼の箍を嵌めており、鋳造技術とともに機械加工の精度も高度なものが要求されたことが容易に推測できる。ちなみに、この箍（または外套）の嵌め込みには焼嵌《やきば》めを用いたことが、大正二（一九一三）年の斎藤大吉の本[48]に記されている。

図7-28の数字や鋼箍、鋳鉄、ライフル溝の文字は、筆者が原図に追記したものである。また、図7-29の左上には砲口部の拡大写真を付し、ライフル溝を明確に示した。ちなみに、旅順攻撃の詳細は司馬遼太郎の『坂の上の雲』[49]に詳細に描かれており、あらためてこの砲の大きな威力を再確認させられた。

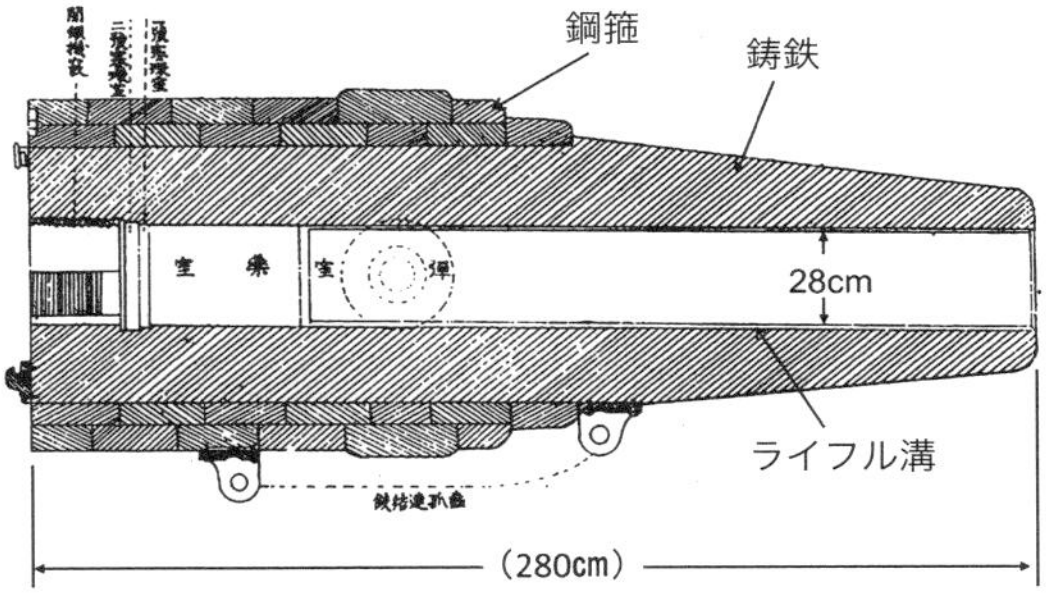

図7-28　二十八糎榴弾砲の構造（寺西英之「「陸海軍後部三省伺」と陸軍火砲」、別刷表紙）

図7-29　靖国神社に展示された二十八糎榴弾砲（椎野八束『秘蔵写真　日露戦争』、42頁）

話は元に戻るが、苦労に苦労を重ねてついにこの種の大型鋳鉄製の装箍砲の製造技術が確立できた明治の終わり頃には、鋳造技術の向上によって、鋳鋼製の大砲ができるように

図 7–30　28 cm 装箍鋳鉄榴弾砲（「大阪砲兵工廠　明治十九年製」とある。左端はボンペヲ・グリロか）（久保在久編『大坂砲兵工廠資料集　上巻』、⑳の写真）

なる。その結果として、明治四十五（一九一二）年一月六日をもって、大口径鋳鉄砲身の製造は中止されることになった。その理由は、「鑄鐵砲ノ中止ハ時勢ノ然ラシムル処ニシテ爾来鋼製砲身ヲ用イルニ至レリ」と、久保の前掲書にある。新しい技術の進歩は、古い方法を容赦なく打ち捨ててしまうという、工学の非情さが窺い知れる。

このように書くと、この鋳鉄砲はほとんど実用には供されなかったと受け取られかねない。三宅の書によると、真実は、「同砲は鋳造番号六五四号をもって、その製造を終えているが、おそらく、わが国で製造された火砲の中で、もっとも長い期間（約二五年間）実用に供されたと思われる」とのことである。同様に、竹内らの『日本の大砲』[50]や平塚柾緒の『日露戦争陸戦写真史』でも、数多くの鋳造された大砲が日露戦争で大いに実力を発揮したことが記されている。

そうした大砲の一つが、久保の編著に写真掲載されている（図7－30）。この図のタイトルでは省いたが、明治十九年製のこの鋳鉄砲にはライフル溝が切られていたこと、後装砲で榴弾（弾の内部に火薬が詰められた砲弾）を用いていたことなどがわかる。また、図下のキャプションには「左端はボンペヲ・グリロか」とあるが、ボンペヲ・グリロは大阪砲兵工廠のイタリア人砲兵少佐のことを指している。

ドイツのクルップ社が鋳鋼製の大砲製造に成功したのは天保四（一八四三）年であったが、これに遅れること半世紀で、やっと大阪砲兵工廠で鋳鋼製の大砲が完成した。しかし、この鋳鋼製の大砲も寿命は短かった。大阪砲兵工廠は明治三十四（一九〇一）年に、一二〇〇トン水圧プレス機を導入している。これは鍛造砲の製造が主目的であったと考えられる。一方では呉工廠には明治三十五年に、日本製鋼所製には創立初期（明治四十二年）から四千トンプレス機が導入され、鍛造製大砲の製造が始まっている。これがわが国での鋳鋼製大砲の終焉になった。

テレビがブラウン管から液晶に、真空管は集積回路（ＩＣ）に、そろばんや電動計算機は電子計算機に、写真はフィルムから電子データなどに取って代わられた。科学技術の進歩は製品の構造そのものを変えてしまい、甘えを許さず一方通行である。しかしながらそろばんのように、子供の教育手段として生き残っている例もある。昔の鋳物づくりの方法もまた、見直される日が来るのであろうか。

注

（1）アルバート・マヌシー『大砲の歴史』今津浩一訳、ハイデンス、二〇〇四年、五、六頁。

（2）鄭巍巍・庄子哲雄・糸藤春喜・張建華「明初期に鋳造された洪武大砲の金属組織学的調査」『日本金属学会誌』80、二〇一六年、一七六頁。

（3）鄭巍巍『洪武大砲をめぐって』同志社グローバル・スタディーズ2、二〇一二年三月、四一頁。

（4）水野大樹『図解火砲』新紀元社、二〇一三年、一九四頁。

（5）C. A. Sanders and D. C. Gould: *History Cast in Metal*, The founders of North America, AFS, 1976, p. 9, 10.

（6）井川克也「鋳鉄の現況、歴史、将来」『日本機械学会誌』87、一九八四年、七〇三頁。

(7) 志村宗昭「「中国の古代冶金」再論」『金属』53―9、一九八三年、六一頁。
(8) B. L. Simpson: *History of the Metal-Casting Industry* 2nd Ed., AFS, 1969, p. 115.
(9) 大橋周治『鉄の文明』岩波書店、一九八三年、三五頁。
(10) 諸田實『世界企業3　クルップ』東洋経済新報社、一九七〇年、一一三、一三八、一四八、一六二、一七一頁。
(11) C. A. Sanders and D. C. Gould: *History Cast in Metal*, Cast Metals Inst. AFS, 1976, p. 450, 451.
(12) 中江秀雄『大砲からみた幕末・明治』法政大学出版局、二〇一六年、五七、九〇、一二四頁。
(13) 石橋藤雄『幕末・開陽丸』光工堂、二〇一三年、一七六頁。
(14) 宇田川武久『真説　鉄砲伝来』平凡社新書、二〇〇六年。
(15) 所荘吉『火縄銃』雄山閣、一九六四年。
(16) 宇田川武久『幕末　もう一つの鉄砲伝来』平凡社新書、二〇一二年、一〇一頁。
(17) 大橋周治『幕末明治製鉄論』アグネ、一九九一年、二五二頁。
(18) 斎藤利生『武器史概説』学献社、一九八七年、五七頁、六七頁。
(19) 大橋周治・佐々木稔『産業考古学』35、一九八五年三月二十日、二頁。
(20) 佐々木稔・大橋周治「芝辻砲の材質と構造」『日本の産業遺産①　産業考古学研究』山崎俊雄・前田清志編、玉川大学出版部、一九八六年、一一〇頁。
(21) 金子功『反射炉Ⅰ　大砲をめぐる社会史』法政大学出版局、一九九五年、一七頁。
(22) 国友藤兵衛『大小御鉄炮張立製作他』、所荘吉解説、江戸科学古典叢書42、一九八二年、五〇―五二頁。
(23) 所荘吉「(承前) 芝辻理右衛門の大砲について」『銃砲史研究』第百六十三号、一九八四年、四二頁。
(24) 高藤英生・宇田川建志・関口昭一『金属の文化史』アグネ、一九九一年、三六頁。
(25) 米村治太夫『石火矢鑄方傳』一六三一年（寛永八年）、所荘吉解説、青木國夫他編『江戸科学古典叢書42』恒和出版、一九八二年、八三頁。

(26) 武雄市図書館・歴史資料館『武雄の時代展』、二〇一二年、三二頁。
(27) 大松騏一『関口大砲製造所』東京文献センター、二〇〇五年、一三八頁。
(28) 山川菊栄『覚書 幕末の水戸藩』岩波書店、一九七四年、七五頁。
(29) 峯田元治「釜屋永瀬家所蔵の大筒」『銃砲史研究』３０１号、一九九九年、一頁。
(30) 峯田元治・中江秀雄「江戸後期の鋳鉄製大砲」『季刊考古学』１０９、二〇〇九年十一月一日、六九頁。
(31) 中江秀雄・峯田元治・岡崎清・安井純一「安乗神社の鋳鉄大砲」『銃砲史研究』３７４号、二〇一二年十二月、二五頁。
(32) 菊地直晃・中江秀雄ほか『日本鋳造工学会　１６６回全国講演大会講演概要』、二〇一五年五月、四頁。
(33) 大橋周治『幕末明治製鉄論』アグネ、一九九一年、五六、七〇頁。
(34) 斎藤利生「幕末の佐賀藩製鋳鉄砲に対する考証上の誤り」『防衛大学校紀要』45、一九八二年九月、二三一頁。
(35) 中野俊雄「幕末の鋳物の大砲（補遺）」『鋳造工学』77、二〇〇五年、八五七頁。
(36) 斎藤利生「小金井の四十二ポンド銅砲とその考証」『防衛大学校紀要』47、一九八三年九月、三〇三―三二四頁。
(37) 三宅宏司『大阪砲兵工廠の研究』思文閣、一九九三年、八、一三五頁。
(38) 竹内昭・佐山二郎『日本の大砲』出版協同社、一九八六年、一五、二一、一九七頁。
(39) 通商産業省編『商工政策史　第十七巻　鉄鋼業』商工政策史刊行会、一九七〇年、二〇―三二頁。
(40) 『鐵考』大藏大臣官房、明治二十五年四月。『鐵考』の復刻版『明治前期産業発達史資料 別冊（70）Ⅳ、明治文献資料刊行会、一九七〇年。
(41) 寺西英之「「陸海軍後部三省伺」と陸軍火砲」『海防史料研究』五年一号六、二〇〇六年、一―二五頁。
(42) 「大阪砲兵工廠ニ於ケル製鉄技術変遷史他」、久保在久編『大坂砲兵工廠資料集　上巻』日本経済評論社、一九八七年、写真⑳、一〇八頁。
(43) 本多美穂「幕末における銅製大砲の鋳造」、International Symposium on the History of Indigenous Knowledge

ISHIK 2012, PR-16, p. 132.

(44) 新井晴簡『砲工学校　兵要工藝学教程　第三版　火砲製造の部』(明治二十九版) 第12・13図。

(45) B. L. Simpson: *History of the Metal-Casting Industry* 2nd Ed, AFS, 1969, p. 112.

(46) 寺西英之「「陸海軍後部三省伺」と陸軍火砲」『海防史料研究』五年一号六、二〇〇六年、表紙絵。

(47) 椎野八束『秘蔵写真　日露戦争　別冊歴史読本』新人物往来社　45、一九九九年、四二頁。

(48) 斎藤大吉『金属合金及其加工法　下巻』丸善、大正二年(一九一三年)、一八八頁。

(49) 司馬遼太郎『坂の上の雲』文藝春秋、三巻(昭和四十五年) 二四六、四巻(昭和四十六年)、七頁。

(50) 平塚柾緒『日露戦争陸戦写真史』新人物往来社、一九九七年、一九二頁。

第八章　燃料と溶解炉の変遷

1　燃料の推移——木炭から石炭、コークス、石油へ

当然のことながら、鋳物を造るには溶解炉とその燃料、そして送風機が不可欠である。しかし昔の炉では、その構造が西欧と中国・日本とでは大きく異なっていたことはこれまで述べてきた通りである。中国と日本は縦型炉で、エジプトや西欧はルツボ炉が主流であり、この差が中国での鋳造技術の先進性をもたらしたのだった。たとえば、初期の紀元前二四〇〇年頃のエジプトのルツボ炉は、図2－4では火吹き竹で口により風を送り、紀元前一五〇〇年頃には図2－5に示したように足踏み皮鞴で風を送っていた。一方、図2－8に掲げた中国の縦型溶解炉（キュポラ）と、その送風機は図2－9に示したピストン式風箱式の送風機とまったく同じである。図2－8をよく見ると、この送風機（鞴）では手と足

の両方を駆使して風を送っているように見える。実によく考えられた鞴である。

これらの炉の燃料は、ほとんどが木材か木炭で、石炭やコークス、石油が使われるようになったのはヨーロッパでの産業革命期からであろう。このうちコークスについては後に詳細に取り上げたい。もちろん、電気やガスが使われるようになったのは近代になってからのことである。

しかし初期の炉は、木材・木炭などの燃料を自然通風の空気で燃焼させていた。山などの傾斜地に炉を作って自然通風を利用したのが最古の炉で、これに送風機が加わってくるのである。古代の送風機は第一章、第二章で記したので、ここでは燃料の歴史を扱いたい。

コークスの原料である石炭の歴史は、意外と古い。例えば、ギリシャでは紀元前四〇〇〇年頃、鍛冶屋の燃料として利用され、中国では紀元前三〇〇〇年頃にはすでに使用されている。日本では、神功皇后が、〈燃える石（石炭）で御衣を乾かした〉との伝説があり、用明天皇二（五八七）年に、越後の国から天智天皇に〈燃える水（石油）と燃える石（石炭）が献上された〉とされている。

シンガーらの『技術の歴史』[1]は、「石炭をはじめて意識的に燃やしたのはいつごろであるかを、明らかにすることはできない。この鉱物が、西方の技術の発展において重要な役割を演じたのは、比較的近時、すなわち中世以降であるということはたしかである。たんに熱源としてばかりでなく、原料源としての石炭にたいしても、科学的な関心が生じたのは、十九世紀のことである」としている。しかしまた、「もっとも豊富な露出炭層は、イギリスにあった。近代の考古学的証拠にもとづいて、ある一学者は、ローマ人による征服以降、イングランドの多くの場所で石炭はかなりひろく採掘され、とくに後四世紀にはそうであった、と推測した」としている。こうした文脈から端的にいえば、燃料としたのは四世紀以降で、高炉のように冶金に活用されたのは十九世紀であった、と読める。

さらにシンガーらは、「中国では、すくなくとも四世紀以降、鉄の熔解に石炭を直接つかったことはたしかである」と述べ、「中国では二、三千年前から、石炭が採掘され、燃料として用いられたことはたしかである。中国人は、十三世紀まで、おそらくは十六世紀までは、彼らの石炭資源を他の諸国民よりも利用していたのである」としている。ここからも、中国の技術的先進性が読み取れる。

他方、「ヨーロッパでは、十三世紀から十六世紀中期までは、……リュージュ小公国の石炭資源が、もっともよく利用された。……それは、鉄その他の金属から精製品を作るものであった。……十六世紀の終わりからヴィクトリア時代のなかごろまで、すなわち一六〇〇年頃から一八六〇年頃までは、鉱物性燃料の採鉱と利用に関しては、大英帝国に敵するものはなかった」としているが、これらの文脈は必ずしも十分に理解できるものとは言い難い。

石炭に比べると、コークスの歴史は新しい。それを知るには、イギリスにおける燃料の歴史を振り返る必要がある。トーマス・アシュトン(2)によれば、高炉技術は十五世紀後半にドイツからイギリスにもたらされた。十五世紀のイギリスでは、大砲は鋳鉄製の筒を鋼で包む鍛造で砲身を造っていたが、一五七三年に鋳造砲の特許が出された。その結果、同年の状況を見ると、大砲の製造に高炉だけを用いた製造業者は一七社・一八基で、鍛造だけの業者は一二社・一三基、高炉と鍛造を併用していた企業は二七社で、高炉三四基・鍛造三八基としている。それが一五八七年になると、すべての工場で鋳造による大砲づくりが試みられている。この事実は、鋳造技術の進展を物語っている。

しかし一方で、イギリスでは木炭の使用による森林の破壊が深刻で、一五四三年頃から高炉の操業は制限され始め、一五八八年には高炉による鉄の生産量が減少し、一六〇二年には枢密院が木炭高炉による鋳鉄の鋳造を禁じている。

アシュトンによると、このような状況下で高炉への石炭の利用に関する特許が出され、一六一一年に最初の特許が成立したと記されている。しかし、そこでコークスが使われたとは記されていない。残念なことに、アシュトンは経済学部の教員であり、科学・技術的な案件の記述が十分ではないのである。

再びアシュトンによると、ダッドダルディは一六一八年にオックスフォード大学を卒業すると、彼の父親の鉄工所（高炉と鍛造）の運営に加わり、後に石炭をコークスに変換することで、鉄鋼の生産に使用していた木炭を硫黄含有量が少ない cold coal（コークスと思われる）に置き換えた。一六二一年には、ダルディの父親が息子に特許の権利を譲渡し、一六三八年に新しい特許を取得した、とある。これは、石炭だと揮発性物質や硫黄を多く含むので高炉で得られる鉄の性質がよくなかったのを、コークス化することで改善したものと筆者は考えている。このようにして、イギリスの自然環境問題の改善が、高炉の新しい操業法の開発に結びついたのである。

サンダースら[3]は、十七世紀には高炉の燃料の木炭を石炭に置き換える方法が普及し、一六三二年にイギリスで石炭の使用に関する特許が成立したことを述べているが、ここでも、これがコークスを使ったものであったとの明確な記述はない。当時は冶金の知識がまだまだ不十分であったが、石炭中の硫黄が高炉で得られる鉄に害をなすことは経験的に知られていたようであるものの（だからコークスが必要になったのである）、それについても詳細な記述はない。

他方でシンプソン[4]は、先のダッドダルディが一六一九年に高炉を石炭で操業することを思いついたのは確かだが、誰が初めて石炭をコークスに変えたのかは定かではない、としている。例えば、一六一二年のイギリス特許の証明書には、鉄鉱石の還元に sea-coale, pit-coale と earth-coale を用いたとあるが、これらの用語がコークスを指すのか否かは定かではない。

一七〇九年にアブラハム・ダービー（英国ダービー州）は、図8－1に示したコークス高炉で、世界で初めての操業に成功した。筆者がここを訪れたときには、下から赤色の照明が照らされ、出湯口から湯が出ている様子がL字型に示してあった。この炉に次いで、ダービーは七基のコークス炉を一七三〇年に築き、コークス高炉の確立を図った。その成果として、コークス高炉は木炭高炉に比べて三分の二の価格で鉄（銑鉄）を作ることに成功した、とサンダースらは記している。これをもってコークスの誕生とするのが妥当なようであるが、コークスの発明時期と発明者を特定するのは容易ではないのである。

図8-1　ダービー一世の世界最初のコークス高炉の出銑口（1709年）

前掲のアシュトンは、コークス高炉では鋳物の鋳造（これを高炉からの直接鋳造と言っている）と、低級の鍛造用銑鉄（パドル炉で製造された鋼の原料銑）の製造が行われた、と記している。すなわち、コークス高炉の銑鉄は（硫黄分が多く含まれて）品質が悪いので、高品質の鋼を得るためには木炭高炉の操業が余儀なくされたのである。しかしながら、一七八八年頃にはコークス高炉の銑鉄で、パドル炉によって鍛造に使用できる良質の鋼が製造できるようになった。

この時代まで、西欧には鋳鉄の溶解炉であるキュポラは存在しておらず、鋳鉄砲をはじめとする鋳鉄部品は、高炉から直接、鋳型に鋳造されていたのである。そんななか、キュポラが一七九四年にイギリスのジョン・ウィルキンソンの手で発明された[5]。この発明は、溶解効率の上昇と、それに伴う経済性の向上によって、今日にいたる鋳鉄鋳物業の歴史の偉大な一歩であったと、シンプソンもサンダースも同様に述べている。キュポラの発明の成果の大きさが窺い知れ、博士論文をキュポラ溶解で書き上げた筆者にとっても、それまで歴史について無知であったことを思い知らされた記憶がある。すると、鋳鉄鋳物の製造に反射炉は使われなかったのか、との疑問が湧く。この点に関しては次節の話題としたい。

さて、再び燃料の話に戻ると、中村正和[6]は「コークスの源流は木炭である。木炭は木材と違い火力が強く煙や炎が出ない、あるいは煙が少ないことから洞窟などでの住環境における優位性が認識されていたと思われる」とした。さらに、「石炭に含まれる硫黄に由来する不都合を回避するための事前処理としての熱処理の結果としてコークスの利用のような状況が起こったと推察される」としている。そして、興味深いのは、イギリスではコークスの起源がビールに求められるという記述である。「千六百年当時ビールの醸造に際してモルツを焙焼する燃料として木炭が使用されていたが、原料木材の欠乏などから石炭の使用が試みられたが、(石炭に)含まれる硫黄による悪臭がビールに移行することを回避するため、木炭製造との類推から一六〇三年にハフプラットにより石炭の炭化(コークス化)が提案された。しかし結局一六四二年ダービシャー地方においてコークスがモルツの焙煎に採用されるまでは、(コークスの採用は）実現しなかった。しかし一旦導入されると普及が進み、十七世紀末にはコークスを用いて生産されたビールの色調から特に「ペールエール」と呼ばれるまでに認識が進んでいる」としている。まさかビールの製法にコークスが絡んでいたとは、冶金を専門とする筆者にとっては意外なエピソードであった。

具体的な外観を示すと、一七六八年にウィルキンソンが図8－2のコークス炉を造ったことで、石炭からコークスへの歩留まりが大幅に向上した模様である。このコークス炉は、後に図8－3に示すビーハイブ式に発展していった。このビーハイブ式コークス炉は、一八九五年に八幡製鉄所のコークスの研

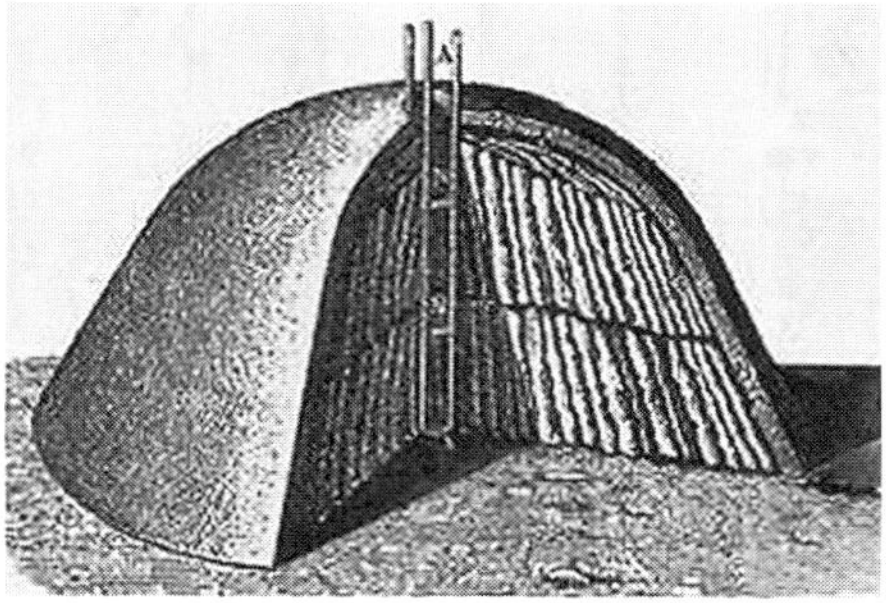

図8–2　ウィルキンソンの野焼きコークス炉の原型（中村正和『コークス技術の系統化調査』、12頁）

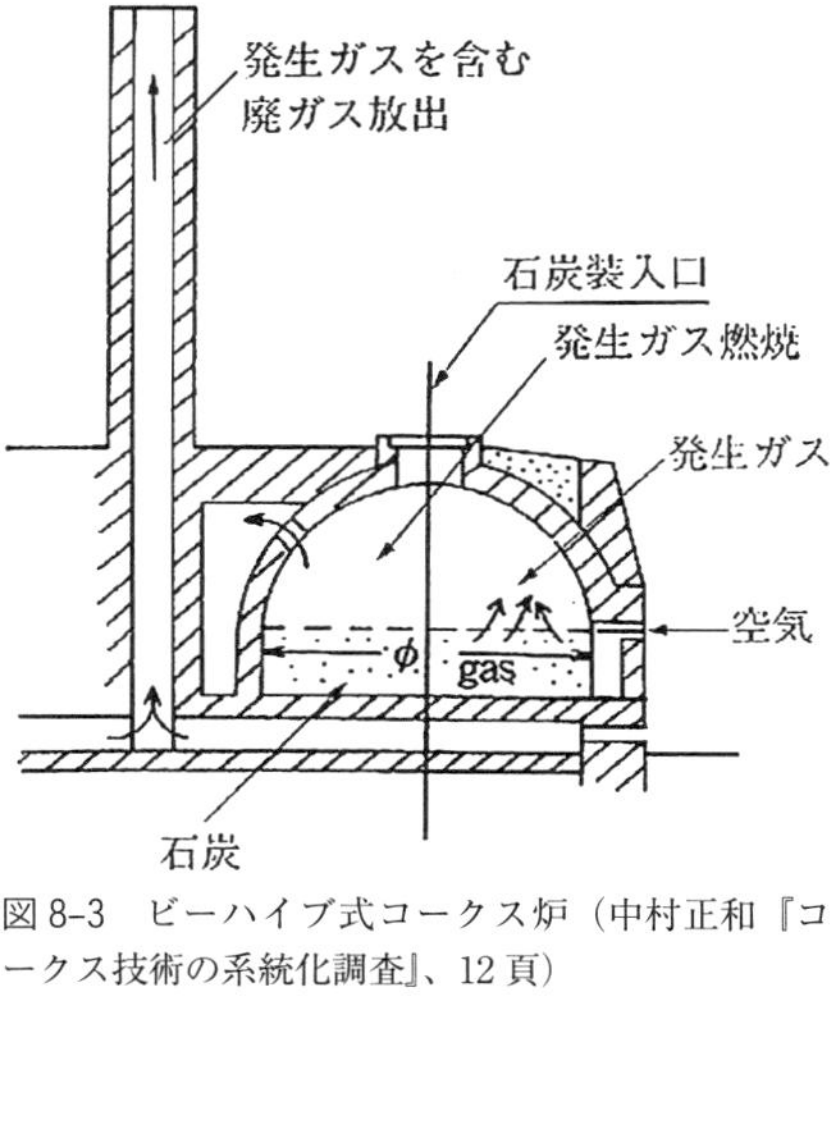

図8–3　ビーハイブ式コークス炉（中村正和『コークス技術の系統化調査』、12頁）

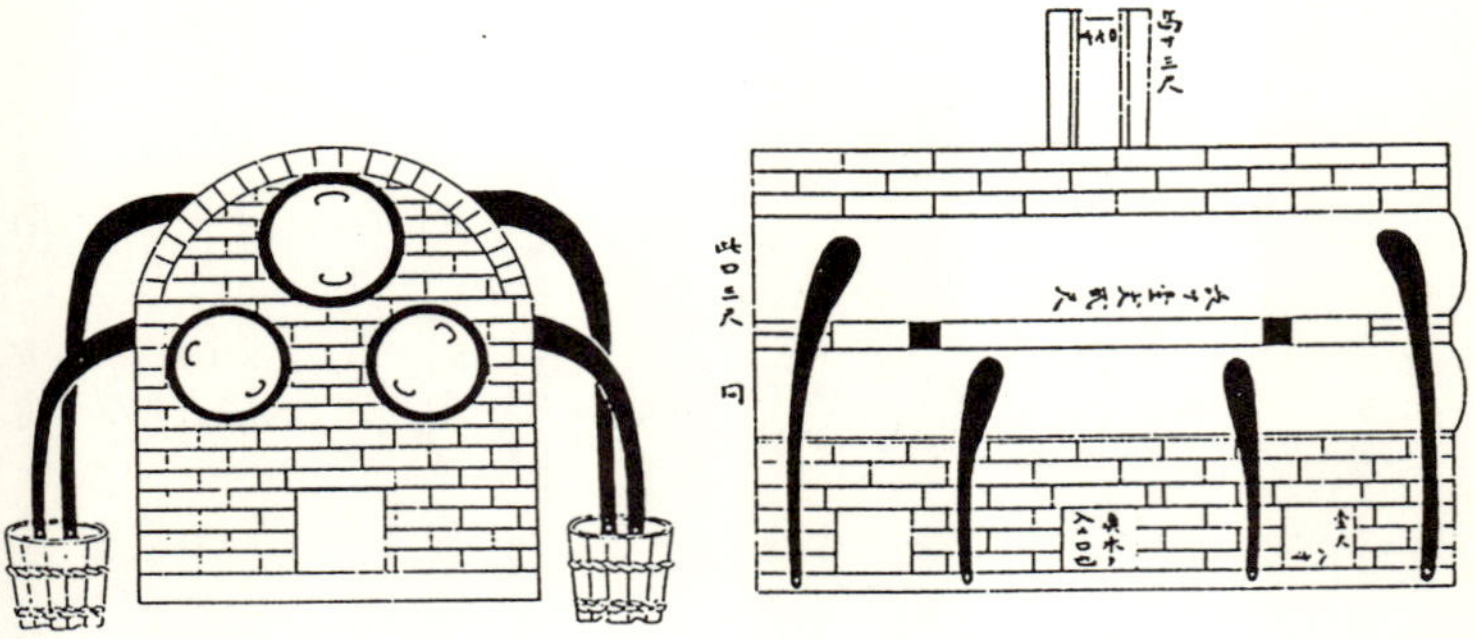

石炭油抜の釜、小口より見る図　　石炭油抜の釜、横に見る図

図8–4　那珂湊のコークス炉（那珂湊市史編さん委員会『那珂湊市史料　第12集（反射炉編）』、256頁）、一部筆者が加筆・修正

究にも用いられた。

コークスに関する話は日本の江戸時代へと展開する。中村は韮山の反射炉の古図にコークス炉が示されている事実や、図8－4に示した水戸は那珂湊の反射炉[7]でのコークス炉にも言及している。那珂湊のコークス炉は、元図の寸法が左右で一致しないことから、筆者が図面に手を加え、書き直したものである。いずれにしても、幕末には石炭ではなくコークスを反射炉や高炉に用いようとしていたことが確かである。

この元図には、「金樋口三寸、この先を桶の中に入れる。外なる桶に水装入、油をとる也」とあり、図中の黒い太線がこの金樋である。これは「石炭から油を抜きたるものを反射炉へ用る」、と図中に注記されている。これより、この炉で石炭からタールの抽出とコークスの製造を同時に行っていたことがわかる。この装置が反射炉に用いるためのコークス炉であったこともわかる。

次は、少しだけ石油についても言及しよう。石炭やコークスは木炭を簡単に置き換えるだけで使用できた。しかし石油を炉で燃焼させるには、バーナーなどの新しい装置の開発が不可欠である。ガスや石油の利用は明治時代に始まり、[8]一九五〇年代から一九六〇年代になって、やっと本格的に発展した。この点について藤田和夫らは、[9]「十九世紀は石炭の世紀となりました。これに対して、石油産業は、十九世紀の中ごろ米国で始まった若い産業です。……特に一九三〇年代から四〇年代にかけて中東地域で大規模な油田を相次いで発見したメジャー石油会社は……激しい勢いで伸びました。……その後の技術革新による経済成長の原動力となった石油の消費は、激しい勢いで伸びました。……一九六〇年代後半には石油は石炭を抜いて、登場以来一〇〇年で、世界の一次エネルギー供給源の一位となり」としている。つまり、石油は二十世紀のエネルギー源で、十九世紀以前の鋳造業には大きな影響を及ぼさなかったことは明らかである。

2　溶解炉の推移

西欧の溶解――ルツボ炉から高炉、キュポラへ

溶解炉の型式で、最も古いものはルツボ炉であろう。ルツボ炉とは、地金を溶解するための耐火物容器（ルツボ）を用いる溶解炉である。ルツボに地金をいれて周囲から燃料で加熱しながら溶解する。初期のルツボ炉や貴金属用のルツボ炉では、融けた地金をルツボごと取出し、鋳造する。図8－5に示したルツボ炉はエジプトの墓に描かれていたもので、[10]紀元前一四七一年頃のものである。上の図は溶解中で、下の図は炉からルツボを取り出している様子が描かれている。この図の右側は図2－5の左側とほとんど同じであるが、この図の左側はまったく異なっている。不思議な話である。

図 8–5　エジプトの足踏み鞴でルツボ炉での溶解の絵（紀元前 1471 年頃）（Simpson: *History of The Metal-Casting Industry*, p. 50）

中国ではルツボ炉に続いて、図2－8に示した縦型炉が登場したのである。その時期は紀元前八〇〇～七〇〇年頃とされているが、西欧ではルツボ炉の時代が長く続き、炉は次第に大きくなり、水車動力で鞴を動かすようになる。そして小型の高炉（製鉄炉）になっても、その送風機構は同じで、動力だけが水車駆動に取って代わったのであった。その様子を一五五六年に発行された技術書『デ・レ・メタリカ』[11]より引用して、図8－6に示そう。左側の図は製鉄炉（小型の木炭高炉）で、右側に大型の水車駆動の鞴が描かれている。この時代においても、やはり革製の鞴が使われていたことがわかる。

これとほぼ同時代のイギリスの高炉を図8－7に示す。もちろん、この高炉にも水車駆動の革製の鞴が用いられていた。その様子を大橋は図8－8のような模式図で示している。[12]この図から、当時の高炉の内部構造や水車による革製鞴の駆動状況がよく理解できるので、あえてここに掲載した。これが図8－6の水車駆動の鞴送風装置の全体像である。しかし先に述べたように、木炭高炉の普及は森林面積の急激な減少を引き起こし、コークス高炉へと移行していったのだった。

このような次第で、木炭高炉からコークス高炉へと移行していった西欧には、キュポラに相当する縦型炉がまだ存在しなかった。これが、中国に比べて西欧が鋳鉄鋳物製造で大きく遅れた主原因であったことはすでに繰り返し述べた。すなわち、中国では、紀元前七〇〇年頃には図2－8に掲げた縦型溶解炉（キュポラ）が用いられていたのである。したがって、西欧では大砲やアイアンブリッジに代表される大型の鋳鉄鋳物は、シンプソンの表現を用いれば、「高炉から直接鋳型に鋳造」していた。キュポラによる鋳鉄の製造が、一七九四年のイギリス人ウィルキンソンによる偉大な発明以降のことであったことは、エリオット書[13]にも明確に示されている。

図 8-6　水車駆動の鞴送風装置をもつ製鉄炉（アグリコラ『デ・レ・メタリカ』、319、322 頁）

当時の記録によれば、ウィルキンソンのキュポラは、岩石の基礎の上に建てられた炉前から出湯させる、固定炉底式のものであった。残念ながらウィルキンソンのキュポラの図面を見出すことができなかったので、これと同じ構造を有するキュポラを図8－9に示しておく。地金やコークスなどは、炉左前の階段を利用して炉頂から装入する方式である。E・カークが一九一〇年にアメリカで出版した書[14]によると、このキュポラはフランスの小さな鋳物工場のものである。しかし、残念ながらカークも、最初のキュポラに関しては何も記していない。

ちなみに、カークの書の最初のページには、キュポラの有利な点として、反射炉で一トンの鉄を溶かすのには〇・四五～〇・九トンの燃料（コークスか）が必要であり、ルツボ炉では一トンのコークスが、高炉では銑鉄一トンを作るのに〇・九～一・一トンのコークスが必要であったのに対して、キュポラで

図 8–7　1600 年頃のイギリス・ウェールズ地方の木炭高炉（Simpson: *History of The Metal-Casting Industry*, p. 124）

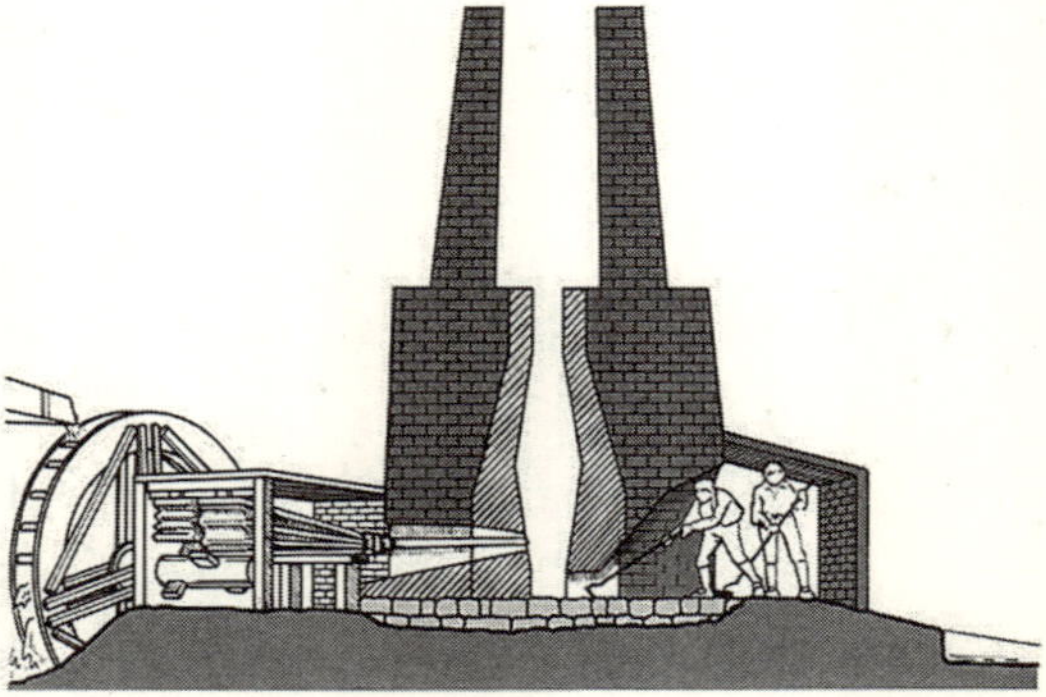

図 8–8　初期の木炭高炉の構造概念図（大橋周治『鉄の文明』、28 頁）

は八〇~九〇キログラムのコークスで一トンの鉄が溶解できる（少し少なすぎるが）としている。この数字から、いかにキュポラの発明が革新的であったかが窺い知れる。

その後の発展については、一八七四年にアメリカで初めて市販（量産か?）されたキュポラ（左）と、十九世紀中頃のキュポラの図面を組み合わせたものを、図8-10に示そう。左のキュポラは熱風・二段羽口とされているが、右の図には炉の寸法や投入材料（鉄地金とコークス）の重量が記載してあり、一段羽口で描かれている。このように、正確には左右の図は同一のものではない。右の図を基にこのキュポラの大きさ、コークス比（鉄地金とコークスの比率）を算出してみると、この炉は一時間に約五・一トン溶解できる炉で、そのコークス比は一一・一パーセントと記されている。妥当な値ではあるが、やはりアメリカはスケールが大きい[15]。

図8-9　1820年代の固定式キュポラ（Simpson: *History of The Metal-Casting Industry*, p. 190）

それでは反射炉に移ろう。シンプソンは、反射炉は木炭、石炭、コークスなどを燃料として、主に銅合金の溶解に使われ、大砲や釣鐘の鋳造に用いられた、としている。大橋の前掲『鉄の文明』によると、一七〇〇年代の終わりには、イギリスの高炉一六〇基はすべて木炭高炉からコークス高炉になった。この辺の事情は、少し長くなるが大橋の書から引用しておくことにしたい。この時代に、「反射炉はヨーロッパで

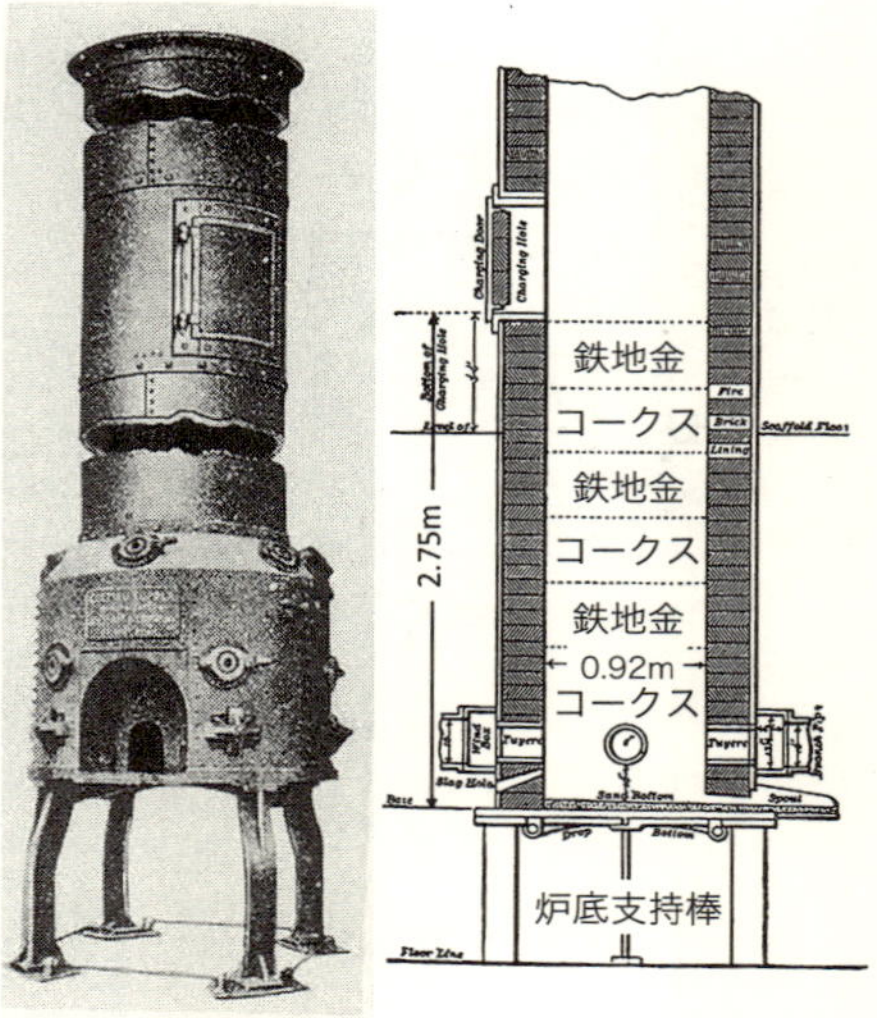

図 8-10　1874 年にアメリカで初めて市販されたキュポラと構造（Simpson: *History of The Metal-Casting Industry*, p. 193, 194）

はかなり古くから青銅や銅の溶解に使われていた。この炉の特徴は、石炭を燃焼させる場所と金属を溶解させる場所を分離し、石炭の長い炎が金属に直接ふれずにアーチ型の天井を加熱し、その反射熱で金属を溶かすようにしたところにある。石炭の炎が金属に直接ふれないので、石炭の炎を通じて硫黄分が鉄の中に入り込むのがふせげるわけである。一七八四年、ヘンリー・コートは、この反射炉を銑鉄精錬用に改良し、さらに精練の途中で、炉内に鉄棒を差し込んで半溶融状の銑鉄をこねまわして、銑鉄中の炭素の酸化を促進する方法を開発した。この方法がパドル法（パドル炉）である」。このパドル炉は、十八世紀から十九世紀にかけて鉄の精錬に使われ、これには改良された反射炉が用いられた。

反射炉は高炉が出現する以前には製錬用の炉（パドル炉）として使用されてきたが、現在では銅、アルミニウムやそれらの合金などを大量に溶解する場合に広く採用されている。反射炉の特徴としては、一度に大量の溶解ができること（通常は一回の溶解で一五から四〇トン）、電気炉に比べて各種経費が安いことである。

図 8-11　ハンツマンによるルツボ鋼の鋳造風景（1750 年頃）（Simpson: *History of The Metal-Casting Industry*, p. 157）

鋳鉄の次は鋳鋼に話を移そう。イギリスの鋳鋼はベンジャミン・ハンツマンにより、一七五〇年頃に発明されたとして、シンプソンは鋳造風景を図8－11のように示している。少し正確に述べると、ハンツマンはイギリスの発明家で、ルツボ鋼の製法を開発した。この発明はルツボに使う耐火物の耐熱性が優れていたことによったとして、耐火粘土をこねている職人の図もシンプソンは掲げている。

ルツボ鋼を語るには、クルップの鋳鋼砲を避けては通れないが、クルップ砲の鋳造風景は先に図7－10で示したので、ここではハンツマンによるルツボ鋼の鋳造風景を掲げた次第である。ここでも小さなルツボから鋳造しているのがわかる。また、この図のキャプションには、ルツボ鋼は西暦五〇〇年頃にインドで造られていた、とも記されている。

この時代でも、またクルップ砲の時代でも、ルツボ鋼の溶解には主にコークスが用いられていた。その燃料がいつから石油に変わったかは定かではないが、斎藤大吉はアメリカの文献から図8－12のようなガスおよび液体燃料を用いたロックウェル社のルツボ炉を紹介している。さらにここでは、燃

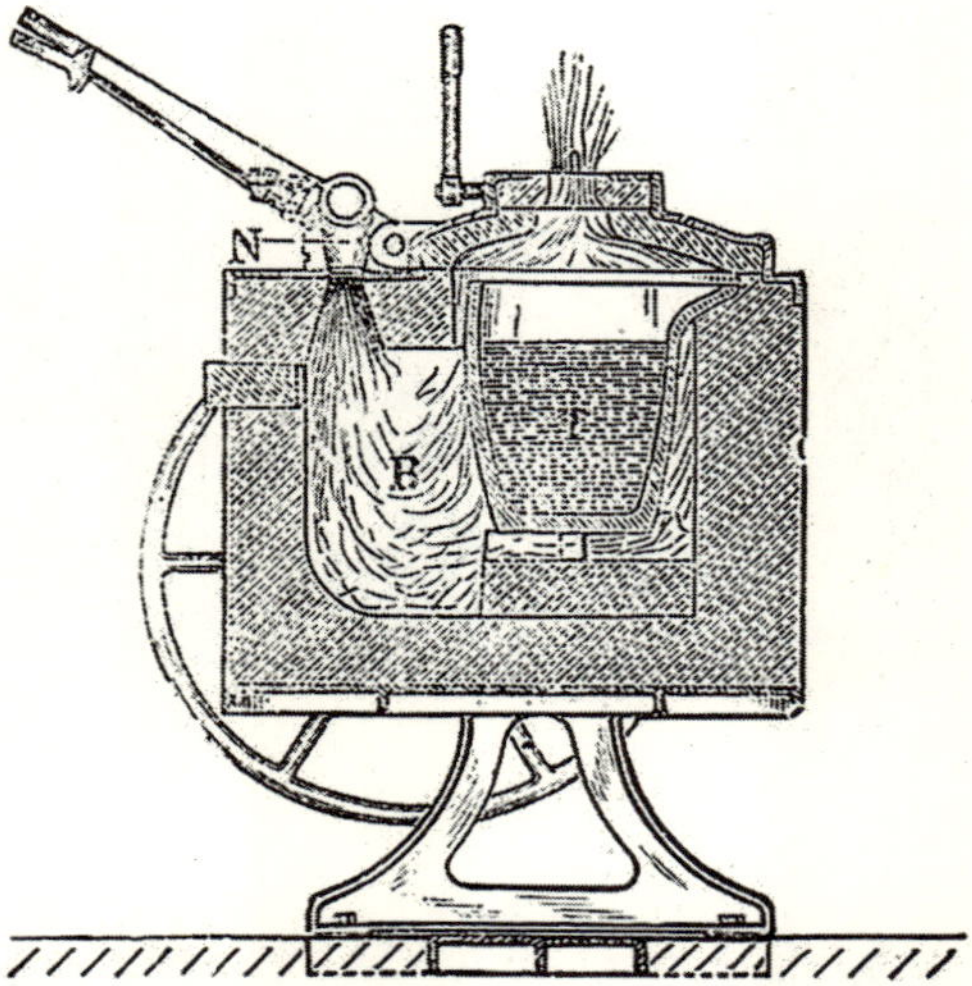

図 8-12　ガス及び液体燃料を使用する坩堝爐（斎藤大吉『金属合金及其加工法　中巻』、76 頁）

料は液体（石油）が主流である、とも付記されている。

日本の溶解炉——コシキからキュポラ、反射炉へ

わが国の鋳物の始まりと奈良時代までの溶解炉の変遷については、すでに第三章に記した。そこでは、わが国の鋳造技術が中国の影響を強く受けて、早くからコシキ（図3－15）と長方形箱鋳型炉（図3－16）を使ってきたことに触れた。また、わが国の送風機の変遷については第一章で、手鞴（図1－3）からたたら（踏鞴：図1－4と図1－5）への変遷、そして天秤鞴（図1－6）に変化する過程を示してきた。こうした送風機の動力として、江戸時代には高炉への送風に水車も用いられるようになった。[16] コシキの動力としての水車の利用は、『倉吉の鋳物師』によると、一九〇七（明治四十）年頃に斎江豊太郎が考案したが、しばらく使用して中止したと報告されている。[17] すると、江戸時代より前までは動力としての水車は送風機に用いられてこなかった、といえる。図8－13[18]にわが国の十三世紀頃の銅地金溶解方法想定模式図（コシキ）を示す。ここでの地金は、当

然のことながら銅合金で、加熱材は木炭であろう。図の右下には羽口が一本描かれており、たたらでの送風と思われる。この炉の大きさから想定すると、一時間あたり一〇〇キログラム程度の小型の溶解炉であり、鍋釜か手鏡、コイン程度の鋳造に使われたものと考えられる。

これまでに図6－14で、炉内径五〇〇ミリメートル程度のコシキの原図に各部の名称と、炉内に融けた金属が溜まっている様子を示した。ここでは、江戸時代のコシキの外観とその構造を図8－14に示す。

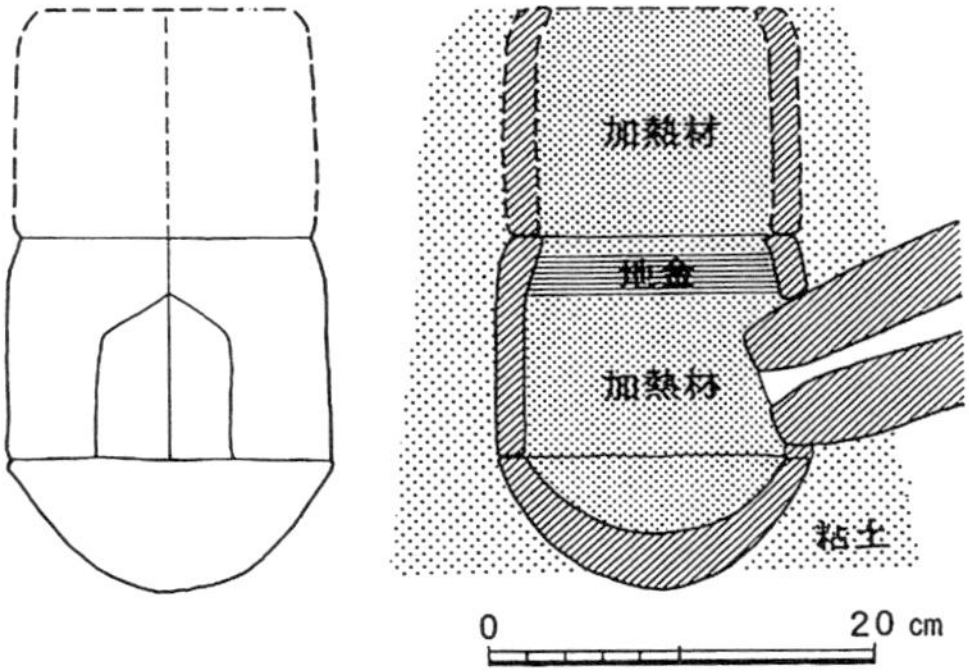

図8-13　銅地金溶解方法（コシキ）の想定模式図（13世紀頃）（福岡県教育委員会『福岡バイパス関係埋蔵文化財調査報告』第8集、185頁）

図6－14の左下のノミ口（図8－14では右図左下）は、融けた金属を取り出す口で、三つ描かれている。この図では湯（融けた金属）の上面がノミ口1に達したように描かれていた。だから、ノミ口1を開けて湯が出てくれば、この高さ以上に炉底に湯が溜まっていることがわかる。このような手法で炉内の湯の状況を推定することができた。このように炉底に大量の湯が溜った炉を多数準備すれば、大きな釣鐘や大砲を短時間で鋳造することができる。例えば、奈良の大仏はおそらくこの手法で四十から五十基のコシキを同時に操業して、図3－12や図3－14のように鋳込みを行ったのであろう。

図8－14では、右図の右上方に羽口と風桶が描かれており、これにたたらから風が送られる様子が示されている。さらに、この風桶には色見口が描かれており、これは炉内の状況を目

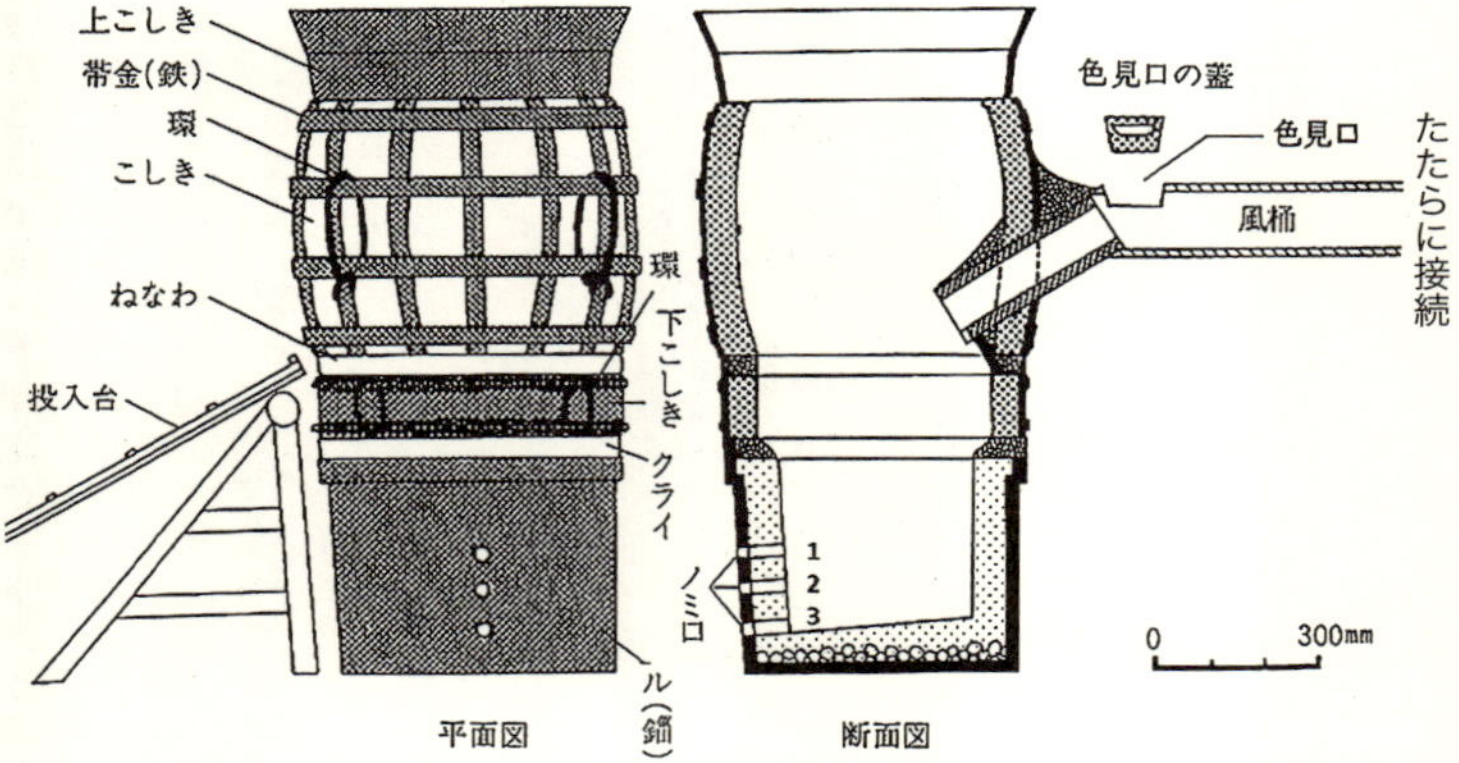

図 8-14　江戸時代のコシキの外観と炉内構造（倉吉市教育委員会『倉吉の鋳物師』、190、191 頁）

視で観察する覗き穴である。炉況とは主に炉内の温度であり、高温になるほど白みを帯びてくる。そこで、この覗き穴を〈色見口〉と称したのであろう。

『倉吉の鋳物師』にはわずかにルツボ炉に関する記述があり、軽合金や銅合金の溶解とあるが、反射炉に関する記述はない。ここで軽合金とあるのは、この本が昭和初期までの倉吉の鋳物師について書いたものであり、軽合金はアルミニウム合金と考えてよい。もちろん、江戸時代にはアルミニウム合金はありえない。

足踏み鞴への水車の利用に関しては『倉吉の鋳物師』に面白い記述がある。「斎藤家での大フイゴ（たたら）による水車送風の実情を述べる。創業以来使用してきたタタラ（たたら）踏板による送風には、板を踏む人夫十数人が必要で、この確保はなかなか難しいので人力に代わる水車送風を明治四十年頃、斎江豊太郎氏が創案した。……右施設のため多額の費用を投じて完工したがこの操業成績についての記録はなく、しばらく使用して中止したとあるので、おそらく送風成績は不調であったとみてよい」と記されている。水車動力をうまく使うことができなかったのである。
そこではさらに、送風温度を高めることに関して、「熱風式溶解炉は、大正五年ごろ（倉吉では）斎江豊太郎氏が創案したものがある。従来の冷風式とは異なり炉上の火炎中を数回転している鉄管内を通る風は温められて熱風に変わり、炉の下部の二か所の風口（羽口）から炉内に入るので湯のわきも早く、燃料節約には非常に大きな効果があった。熱風式のため炉は定置式になるので、吹（溶解）後炉が冷えてから内部を補修して次の日に備えた」としている。そして熱風のための鋳鉄鋳物管の木型が提示されている。しかし、どの程度の規模で実施されたかは定かではない。

図 8-15　旧南部鋳造所の熱風キュポラおよび煙突

送風空気を加熱すれば（これを熱風操業という）、その分だけ炉内の温度が高まり、得られる溶湯の温度（出湯温度）も向上する。わが国のキュポラで実際に熱風操業が行われたのは図8－15に示した富山県・高岡の南部鋳造所ではなかろうか。この炉は大正十三（一九二四）年に稼働した。これは、炉頂の排ガスを用いて送風を加熱する機構になっている。

話を再び反射炉に戻そう。幕末にはわが国で多くの反射炉が造られたことは表7－2に示した通りである。これまでにも述べたように、わが国を取り巻く国際情勢の緊迫から鋳鉄製の大砲を造

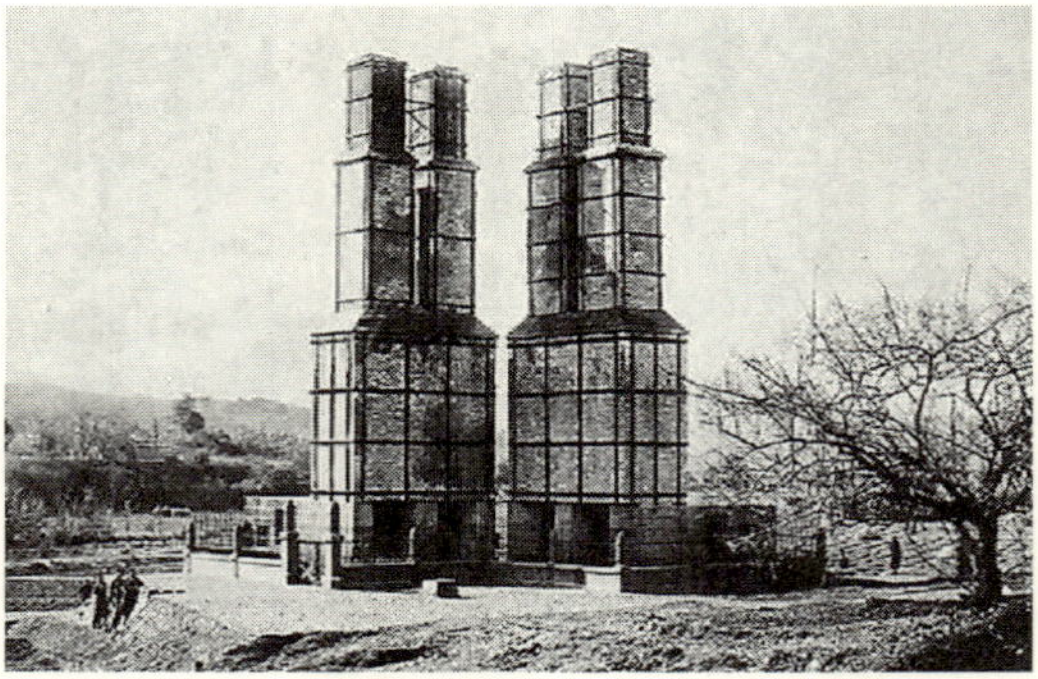

図 8–16　明治 42 年の韮山反射炉（佐賀県立博物館蔵）

る目的で、このように多数の反射炉が造られたのであろう。しかし、鋳鉄製の大砲づくりはこれらの反射炉では成功しなかったであろうと推測してきた。この考え方を裏付ける目的で、（江戸時代の）反射炉に関する資料を調査してみたので、それらを以下に示す。

　反射炉に関する詳細な報告書としては、前掲の『那珂湊市史料』と、『反射炉Ⅰ、Ⅱ』[19]がある。前者は古史料に基づいた水戸の反射炉記録であり、後者はまさに題目にある通り「大砲をめぐる社会史」であって、技術書ではないと感じている。これらの書には、青銅砲とともに鋳鉄砲の溶解・鋳造が書かれている。しかし、鋳鉄砲が完成した、との確証はここからは得られない。

　そして、佐賀藩の『松乃落葉』[20]は藩の技術史であり、「松陰（本島藤太夫）が当面したそれらの史実を、晩年、藩の史料やみずからの備忘等を勘案して執筆・編集したものである」とされており、佐賀藩の意向が強く表れている。ここでは数多くの青銅砲や鋳鉄砲が造られたことになっているが、現存するものはない。これらの事実から、筆者は鋳鉄砲の鋳造に成功したことに関しては疑問を呈してきた。[21]この点に関して菅野利猛[22]は、韮山では三門の鋳鉄砲ができたとしているが、疑問も多いとしている。

　ここで明治四十二（一九〇九）年の韮山の反射炉の写真を図8－16に示す。この写真からは、現在と変わらない姿が見て取れる。大きく写っているのは四本の煙突で、炉部はその下にある。そこで、韮山の反射炉の構造を、伊豆の国市の「韮山反射炉を世界遺産に」のパンフレット（平成二十六）年より図8－17に示す。これを見ると、〈炉体部〉は煙突の右下にあり、左下の〈鋳台〉は大砲の鋳型を設置した場所である。

これまでは、いかにして炉に大量の空気を送るかを送風機の機構の発展を中心に記してきた。しかし、反射炉には送風機は不要である。反射炉は、煙突効果によって、自然に通気ができるためである（排ガスが大気温度より高い場合は、比重差および煙突の高さにより、通気力を得ることができる）。したがって、煙突が高いほど、排ガス温度が高いほど大量の風を送ることができる。排ガス温度を高めるのは燃料で、それは木炭から石炭、コークスへと変化していった。

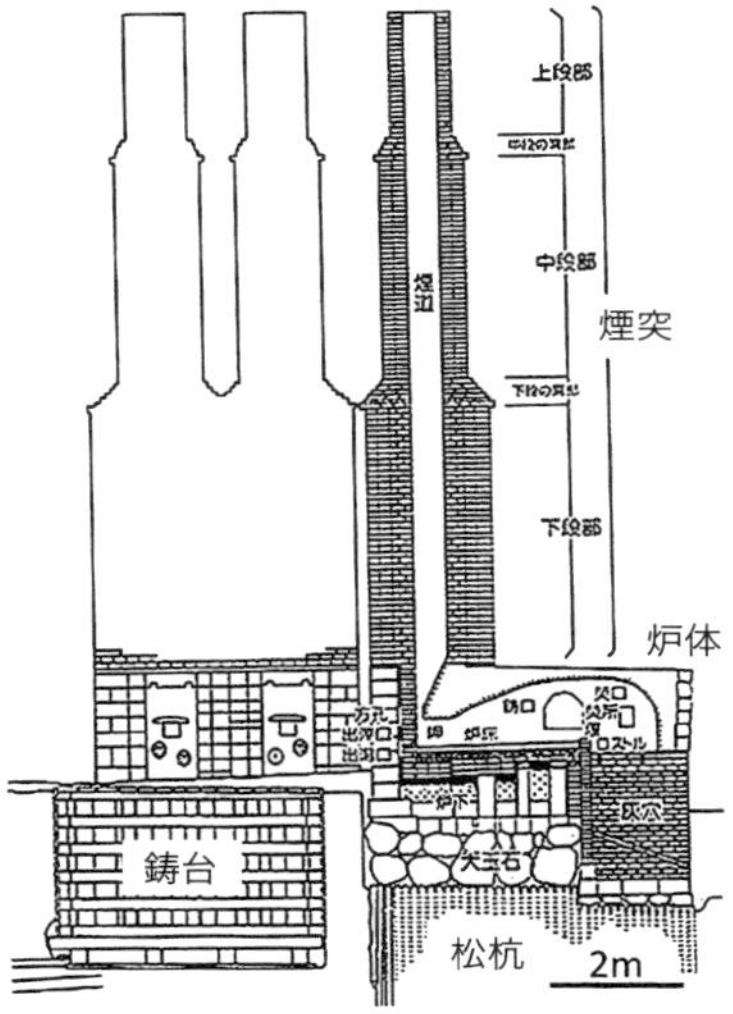

図 8-17　韮山の反射炉構造（「韮山反射炉を世界遺産に」伊豆の国市）

しかし当時の反射炉では、炉内温度を十分に高めることができず、鋳鉄を鋳込みに十分な温度まで加熱することができなかった。一方で、地金（銑鉄）の酸化が激しく、特にケイ素分の少ないタタラ銑鉄では黒鉛を出す（ねずみ鋳鉄を得る）のが困難であり、鋳鉄製の大砲の製造は当時の技術では不可能であった、と考えている。出湯温度を上げるには、送風する空気の温

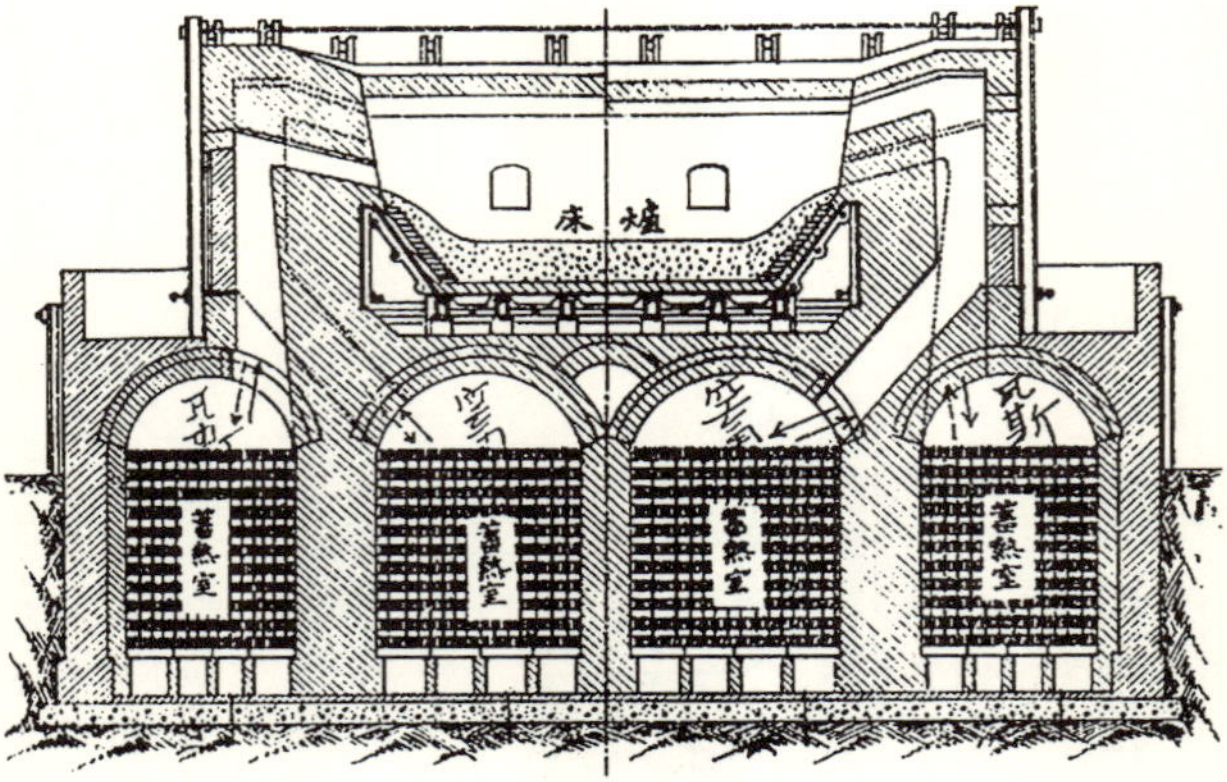

図8–18　マルタン・シーメンス平炉（緒方勝一『大正十三年　工藝學教程　第3版上巻』、附図第十図）

度を上げる（熱風）のが近道であり、その結果として、反射炉は平炉へと進化してゆき、鋼の溶解に用いられるようになる。

反射炉で空気をそのまま炉内に導入したのでは、炉内の温度が上がらず、鋼の溶解はできなかった。そこで、炉内に吹込む空気の温度を上げることにしたのが図8－18に示した「マルタン・シーメンス平炉[23]」である。この図では、上部が炉、下部が四基の蓄熱室（熱交換器）である。

この炉は、炉からの排ガスで蓄熱室を暖める。この図では、排ガスで左右の蓄熱室を暖めていた。一方で、あらかじめ暖められた中央の二つの蓄熱室で炉に吹き込む空気を暖め、そのまま炉内に吹き込むが、この蓄熱室の温度が低下すると、あらかじめ昇温された左右の蓄熱室を送風の加熱に用い、中央の二つの蓄熱室を排ガスで暖める。このような操作を繰り返すことで、金属を溶解する炉の排ガスで暖めた熱風を炉内に吹き込み続けられる機構になっている。実によく考えられた炉である。このような平炉は主として鋼の溶解に用いられてきた。しかし、この平炉も寿命を終え、現在の鋼溶解の主流は電気炉に移行してしまった。

平炉は一八五六年にシーメンス兄弟によって炉の構造が発明され、マルタン父子によって製鋼法が確立されたことから、一般に平炉による製鋼法はシーメンス・マルタン法と呼ばれている。しかし、図8－18では著者（斉藤大吉）の記述を大切にして、「マルタン・シーメンス平炉」と記述した。

韮山の反射炉は、鋳鉄溶解に用いられた現存する唯一の反射炉として、二〇一五年に世界遺産に登録された。遺跡を残すことがいかに重要かを示す好例であろう。一方、平炉は鋼溶解炉としての使命をほぼ終えたが、現在でも東欧諸国で細々と生き続けているという。なお、本書は鋳物の歴史を記述するものなので、転炉（製鋼用の炉）に関しては記述を省略した。さらに、現在多用されている電気炉などについても触れないこととする。

注

（1）平田寛編・訳『シンガー・技術の歴史（全十巻） 5巻 ルネッサンスから産業革命へ／上』筑摩書房、一九六三年、六〇一—六二一頁。

（2）T. S. Ashton: *Iron and steel in the industrial revolution*, The University of Manchester, 1924, p. 1-23, 87.

（3）C. A. Sanders and D. C. Gould: *History of Cast in Metal*, The Founders of North America, AFS, 1976, p. 59, 172.

（4）B. L. Simpson: *History of the Metal-Casting Industry*, 2nd Ed., AFS, 1969, p. 152-155, 157（コークス、鋳鋼）。

（5）B. L. Simpson: *History of the Metal-Casting Industry*, 2nd Ed., AFS, 1969, p. 156-157, 189-191, 193, 194（キュポラ）.

（6）中村正和『コークス技術の系統化調査』国立科学博物館、二〇一六年三月、一一頁。

（7）那珂湊市史編さん委員会『那珂湊市史料 第12集（反射炉編）』、一九九一年、二五六頁。

（8）斎藤大吉『金属合金及其加工法 中巻』丸善、一九一二年、七三、七六頁。

(9) 藤田和夫・島村常男・井上博之編著『トコトン易しい石油の本、第2版』日刊工業新聞社、二〇一四年、二四頁。
(10) B. L. Simpson: *History of The Metal-Casting Industry* 2nd Ed., AFS, 1969, p. 50, 124.
(11) アグリコラ『デ・レ・メタリカ』(一五五六年) 三枝博音訳、岩崎学術出版社、一九六八年、三一九、三二二頁。
(12) 大橋周治『鉄の文明』岩波書店、一九八三年、二八頁、五四頁。
(13) R. Elliott: *Cast Iron Technology*, Butterworths, 1988, p. 47.
(14) E. Kirk: *The Cupola Furnace*, Henry Carey Baird & Co., 1910, p. 1, 179.
(15) B. L. Simpson: *History of the Metal-Casting Industry*, 2nd Ed., AFS, 1969, p. 80-85.
(16) 森嘉兵衛・板橋源『近代製鉄業の成立　釜石製鉄所前史』富士製鉄釜石製鉄所、一九五七年。
(17) 倉吉市教育委員会『倉吉の鋳物師』、一九八六年、二四、二五、一九〇、一九一頁。
(18) 福岡県教育委員会『福岡バイパス関係埋蔵文化財調査報告』第8集、一九七八年。
(19) 金子功『反射炉Ⅰ・Ⅱ　大砲をめぐる社会史』法政大学出版局、一九九五年。
(20) 杉本勲・酒井泰治・向井晃編『幕末軍事技術の軌跡　佐賀藩史料『松乃落葉』』思文閣、一九八七年。
(21) 中江秀雄「反射炉と甑による鋳鉄製大砲の製造」『鋳造工学』90、二〇一八年、四六七頁。
(22) 菅野利猛「韮山反射炉における鋳鉄製大砲の鋳造の可能性」『鋳造工学』78、二〇〇六年、二三三頁。
(23) 緒方勝一『大正十三年　工藝學教程　第3版上巻』、一九二四年、一六頁。

第九章　わが国の鋳物師

1　鋳物師の地方への拡散

わが国への鋳物技術の伝来については、青銅鋳物についても鋳鉄鋳物についても第三章で記したので、ここでは鋳物に従事した技術者（鋳物師）に光を当てたい。わが国に鋳物技術が伝わったのは、中国から朝鮮を経て北九州へというルートだとする説が最有力であるが、能登か敦賀を経て、いずれも近畿へ伝わったのではなかろうかと石野『鋳物の文化史』[1]は推察している。「この二つの経路でつたわった技術者集団が北九州・近江・瀬戸内沿岸・畿内の各地に定着して鋳造や鍛造にたずさわったのでしょう」。

他方で藤野の『銅の文化史』[2]は、「金属文化先進国（中国やメソポタミア）では、石器と鉄器の中間にきまって〝純粋な意味〟での青銅器時代があるのだが、日本には、本来の区分による、この〝純粋な意味〟での青銅器時代がないといわれるのは、まさにこのことである。裏をかえせば、〔日本では〕鉄器〔鋳物とは書いていない〕の普及がどんなに速いスピードで、先行したブロンズを追いかけ、追いついていったかを物語っているといえるだろう」としている。すなわち、わが国では、青銅鋳物と鉄器がほぼ並行して使われ始めたことを指している。

石野の『鋳造』[3]は、わが国最古の金属器は鉄製品で、熊本県の斉藤山遺跡から発見された鉄製斧などを挙げているが、先に図3‐17で掲げた古墳時代前期（紀元三〇〇から四〇〇年頃）の鉄製斧はその化学組成からみて鋳造品であって、筆者は第三章でこれがわが国最古の鋳鉄品であろうと推定した。

しかしそれでは、わが国では〈青銅鋳物と鉄器がほぼ並行して使われ始めた〉という説明と一致しない。この点に関して五十川[4]は、「（鉄鋳物）は青銅器に比べて装飾性は少なく……、できばえよりも実用性がおもんじられ、大量生産を基本とし、……破損品は回収の後再生に供した」としている。すなわち、鉄器は実用品が多く、破損すると再び溶解され、鋳物に製造し直されたので残存しがたく、しかも青銅器に比べると錆びやすいため、長期の残存（保存）にはそれに適した条件、例えば乾燥や空気からの遮断などが必要である。したがって、現存する鉄器が青銅器に比べて著しく少ないのはこのためである。

再び石野の『鋳造』によると、「わが国で鋳造が行われたのは先に述べたごとく青銅による利器類が最初で、出土した鋳型の年代の推定から弥生時代中期（紀元前一〇〇年～紀元一〇〇年）頃と思われる」としている。この頃は、中国品をまねたものが造られ、それが弥生時代後期（紀元一〇〇年～三〇〇年）頃には、その形状がわが国独自のものに変化したという。これらの鋳型は佐賀県や福岡県の遺跡で発掘されており、日本で初めて金属器が鋳造されたのは北九州であろう、と推察している。

北九州に始まった鋳造は西日本全体に及び、瀬戸内では銅鐸の鋳造が盛んに行われるようになった。さらに同書では、「古墳時代（三世紀中頃〜七世紀）に入ると、国家組織はさらに複雑化し、いくつかの階層を構成するようになり、技術者はその業によって貴族に隷属し、生活の保護を受けた」としている。玉作部、鏡作部などが職業によって名付けられた技術者集団の名称である。これが後に、鋳物部《べ》としての鋳物師へと発展してゆくことになる。この時代に造られた鋳物はまだ、比較的小さなものが多かった。

しかし、飛鳥・奈良時代（五九二年〜七九四年）になると、仏教の普及に伴い、仏像や大仏の鋳造へと展開していった。これについては、飛鳥大仏や奈良の大仏、京都妙心寺の釣鐘についてはすでに触れた通りである。

さて、鋤柄利夫[5]の報告によると、「大阪府南河内郡美原町とその周辺の地域は、特に平安時代後期から南北朝時代に活躍した「河内鋳物師」の本拠地として知られている」。これが、石野の言う御鋳物師の誕生の地であると同時に、これ以降、わが国の鋳物師を統括してきた真継《まつぎ》家の誕生である。

笹本正治は『真継家と近世の鋳物師』[6]で、「真継家の鋳物師支配は、下級公家による職人支配の事例として極めて有名である。……このように本章で論述するのは、これまでにほとんど明らかにされてこなかった近世真継家の鋳物師支配を中心とした歴史である」と宣言し、六〇〇頁近い書物をこのテーマにあてて記している。

一方、網野善彦[7]は真継文書および参考資料について、「ここには、平安時代末（仁安二年＝一一六七年）から江戸時代初頭、真継久直の時代（厳密には、久直の没した慶長三年＝一五九八年まで）の文書を、原則として年代順に配列」するとしながらも、「しかし、前述したように「真継文書」として伝来しているのは、基本的には、天文年間〔一五三二年〜一五五五年〕の久直以降の文書であり、天文以前のほとんどすべての文書及び戦国期の相当数の文書が、近世後期、真継家によって書写された諸国鋳物師に伝来する文書であることに、注意しておかなければならない」としている。つまり、真継家によって写された文書（偽文書）の写しも多く含まれている、と記している。

いずれにしても、江戸時代までは真継家がわが国の鋳物師を支配していたと考えてよいのだが、再び石野の『鋳造』によれば、「京都の三条釜座や九州鎮西鋳物師のように、真継家の支配を受けず、その文書〔自己の発祥を河内丹南に結びつけ、それを裏付ける資料として真継家伝来の文書・鋳物師の免許状〕を写し所有する御鋳物師の系譜につながらない鋳物師たちも数多く存在した」ようである。

そして、「地方に定着した鋳物師達は座を作って独占権を保護し、課税免除の特権を持って生産・営業活動に入り、この排他的傾向は領国経済の進展にともなっていよいよ強くなった。……、室町末期の天正四（一五七六）年、その独占を規定した鋳物師職座法の掟が〔真継家により〕発布された」とされている。

地方での鋳物業の発祥について同書は、川口、桑名、山形、佐野、新潟を取り上げ、〈川口〉は平将門の乱の平定の後に、下野の鋳物師が九四〇年頃に留まった、あるいは源頼朝の鎌倉幕府改設当初に宋から来た鋳物師が一一八一年頃に起こした、明和元（一七六四）年ころ鋳物師一四人が起こした、などの説を紹介しているが、確かではないとしている。一方〈桑名〉は、江戸時代の初期に河内丹南の鋳物師が移り住んだのが始まり、としている。

〈山形〉は源頼義の阿部家討伐で山形地方に転戦した折り、従軍の鋳物師がこの地に留まったのが始まり、〈佐野〉は桓武天皇即位の天応元（七八一）年に河内の鋳物師が移り住んだとも、平将門の乱で藤原秀郷の軍に従った河内鋳物師が九三九年に、この地で軍器を鋳造したのが始まりともされている。そして〈新潟〉は暦応年間（一三四〇）年頃に河内丹南の鋳物師が諸国を流転しており、越後の泉山の沢に定住したのが始まり、としている。これらは、主に河内鋳物師がその技術を各地に伝えた、と言えそうである。

堀琢磨は「素形材に関する長寿企業及び伝統的工芸品について[8]」という記事のなかで、わが国の長寿企業三二社を紹介している。そのうち、鋳造の会社が二九社ある。いかに鋳造業が古くからの産業であるかが窺われて興味深い。

この中の最古の鋳物工場は、文治五（一一八九）年創業とされる鶴岡の伊藤鉄工であるが、この会社は現在はバルブや圧力容器の製造メーカで、鋳造業ではない。そして埼玉県川口では増幸産業などが紹介されている。増幸産業は嘉永五（一八五二）年に増田安治郎（先に図7‐18から7‐20で示した大砲の製作者）に源を発するとあるが、現在の会社は大正十一年創業の機械メーカーである。そこで以下では、創業時から現在まで継続して鋳造業を営んでいる企業に的を絞ることとした。茨城県真壁町の小田部鋳造、栃木県佐野の若林鋳造、そして川口を代表する鋳物会社として永瀬留十郎工場を選び、それぞれ一節を設けて紹介したい。

2　川口鋳物師

筆者は東京に生まれ育ったこともあり、川口とのつながりが深い。また、現在でも「鋳物の町、川口」として著名であるので、まずは川口鋳物師の歴史に触れてみよう。寛永十八（一六四一）年、鋳物師の永瀬治兵衛守久が錫杖寺の梵鐘（県指定文化財）を造っている。江戸時代には鍋・釜・鉄瓶、鋤・鍬など日用品や農具だけでなく、梵鐘、灯篭、鰐口、天水鉢などの社寺用具を造っていた。天保四（一八三三）年に真継家が川口鋳物師、永瀬卯之七に免許状（図9-1）を発給しているので、これが真継家による川口鋳物師の支配の始まりと考えられる(9)。

川口の鋳物師については、平石編『川口鋳物の歴史』のほかに、内田の『鋳物師』(10)が詳しい。内田は川口鋳物の発祥年代は一四五〇〜一六〇〇年頃であろうと推察しており、真継家との最初の関係は、大川文左衛門ら四人が宝暦十三（一七六三）年に許状を受けたとしている。「これは、川口いもじと真継家の関係を表示する最も古い文書である。文中の大川文左衛門、同治郎右衛門、同理右衛門はいずれも永瀬姓であり、儀左衛門は小川姓である」と内田は書いているが、現在との関係は残念ながら示されていない。

平石書によると、初代永瀬留十郎は、弘化三（一八四六）年に鋳物師永瀬卯之七の五男として誕生した。そして、明治四（一八七一）年に分家して、鋳物業を興した。これが永瀬留十郎工場の誕生である。現在の社長、永瀬重一が六代目を務める永瀬留十郎工場は、川口でも最も歴史ある鋳物工場の一つであ

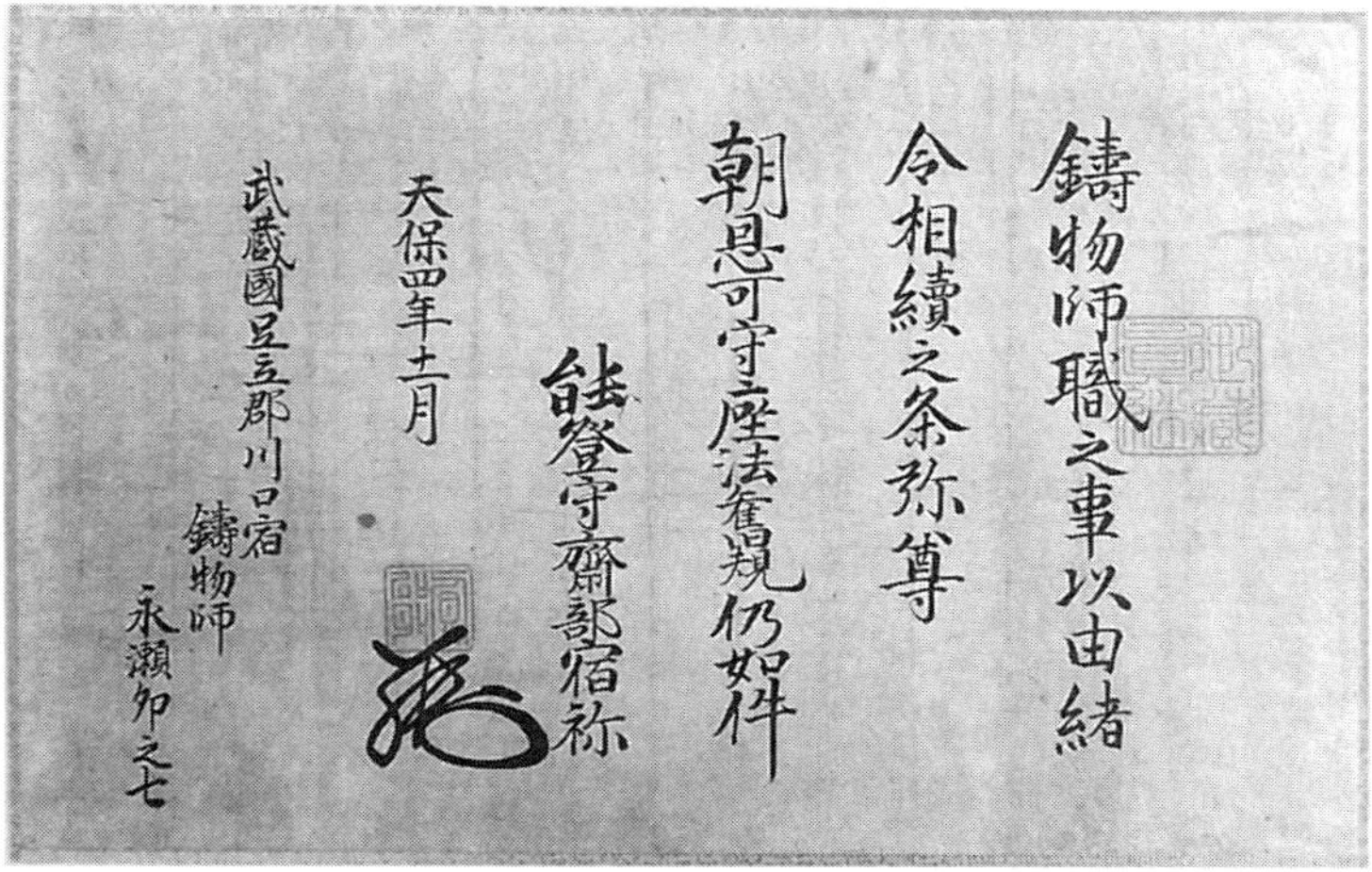
鋳物師職之事以由緒
令相續之条弥尊
朝恩可守座法舊規仍如件
能登守齋部宿祢
天保四年十月
武蔵國足立郡川口宿
鋳物師
永瀬卯之七

図9-1　永瀬卯之七の鋳物師免許状

る。重一は四代目永瀬留十郎の弟である五代目の社長、永瀬利男の長男である。この会社は、代々社長が永瀬留十郎名を継承してきたので、重一も留十郎を名乗るのではなかろうか、と筆者は推察している。

永瀬卯之七（藤原政吉）が天保四（一八三三）年に真継家から拝受した鋳物師免許状はすでに図9－1に示した。話は少し複雑であるが、永瀬留十郎工場顧問・永瀬勇氏の私信(11)で以下の点が明らかになった。永瀬家の本家は土手《どて》信屋《しんや》の屋号で、二代目卯之七は信屋の四代目であり、安政六（一八六九）年に没しているので、初代信屋永瀬は一七五〇年頃に生まれていたことになる。「調べた所、最古の墓が正徳元（一七一一）年であるので、〔永瀬家の先祖は〕一六〇〇百年代に川口に居住していることになる」。したがって、現在の永瀬留十郎工場は三百年ほど前に設立された初代信屋から脈々と続いていることになる。なおこの文章は、永瀬勇氏の私信を転載し、正確を期したことを付言しておく。

川口鋳物師と大砲とのつながりについては、中野の報告[12]がある。これによると、増田安治郎は安政二（一八五五）年から慶応二（一八六六）年の間に、青銅砲と鋳鉄砲を合わせて二一四門製造し、徳川幕府に納めているという。また、この間の徳川幕府が購入した大砲は三六七門であり、その大半を増田が納めていたことになる。

これらの大砲の鋳造について、面白い話が残されているので紹介しよう。幕末に幕府や各藩などから大砲や弾丸を永瀬家、増田家らが受注し、川口鋳物師の面目を保ったとされている。これらの鋳造には梵鐘の製造技術が役立ったといわれる。平石編『川口鋳物の歴史』に収められた永瀬洋治の覚書によると、そうした状況のなかで、「川口の鋳物師が勝海舟に燈明代（ワイロ）を渡そうとしたところ、その分を材料費にあてて良い物を作れと叱られた話が残っている」というのである。

永瀬洋治の覚書は、松浦玲による評伝『勝海舟[13]』の話に一致する。少し長くはなるが、面白い話なので以下に引用しよう。「海舟も、このころ赤坂田町中通の家に置いて鍛冶工をやとい蘭書にもとづいて小銃をつくった。また、唐津班などの諸藩から野戦砲の製作を依頼されて、川口の増田という鋳物師を使って造らせる。十二斤の野戦砲を一つこしらえると六百両かかり、それに対して三百両くらいの礼をとるのが普通であったという。幾度か砲を造らせて、鋳物師が狡猾で、圧銅の量をごまかしたりするのに気づきはじめたころ、さる藩の依頼で野戦砲を三つ造ることになった。すると鋳物師が、神酒料として五百両（六百両ともいう）を持ってきた。手を抜くのに目をつむってくれろというわけであろう。諸先生みなこれをお受けとりになるのだから、あなたも受け取ってほしいと言ったとある。海舟は激怒した。そうして、その金で圧銅の分量を増して精巧の砲を作り設計者たる勝の名を汚さないようにしろ、と厳重に申し付けた。この話が世間に伝わり、すでに幕府の要職にいた大久保忠寛（一翁）の耳に入って、それが海舟が幕府に登用される緒《いとぐち》になる」としている。

3　佐野の鋳物師

佐野には、「天明鋳物」または「天命鋳物」という名で有名な鋳物の文化がある。

若林洋一[14]は、日立製作所の鋳造課長を務めて退職したのち、五代目天命鋳物師、若林秀真に師事して、天明鋳物を造っている。彼によると、「天命の語源は、鋳物師の名称であるか残念ながら分からないが、この天命から天明への移行は、『鋳物師由緒書』中の鋳物師天命某が燈籠献上の功により天明の姓を朝廷より賜ったという説話からきたものともいわれている」としている。「天慶二（九三九）年下野国の豪族であった藤原秀郷が軍器鋳造のために河内国（大阪）丹南郡から五人の鋳物師を佐野の西部金屋寺岡に移住させたのが始まりというのが通説」であるという。若林秀真は、現存する天命鋳物の作品を示し、元享元（一三二一）年の日本寺鐘などを紹介している。

図 9-2　東大寺大仏釜（1992 年）若林秀真作

その若林秀真は、江戸末期、弘化三年（一八四六）年に創業し

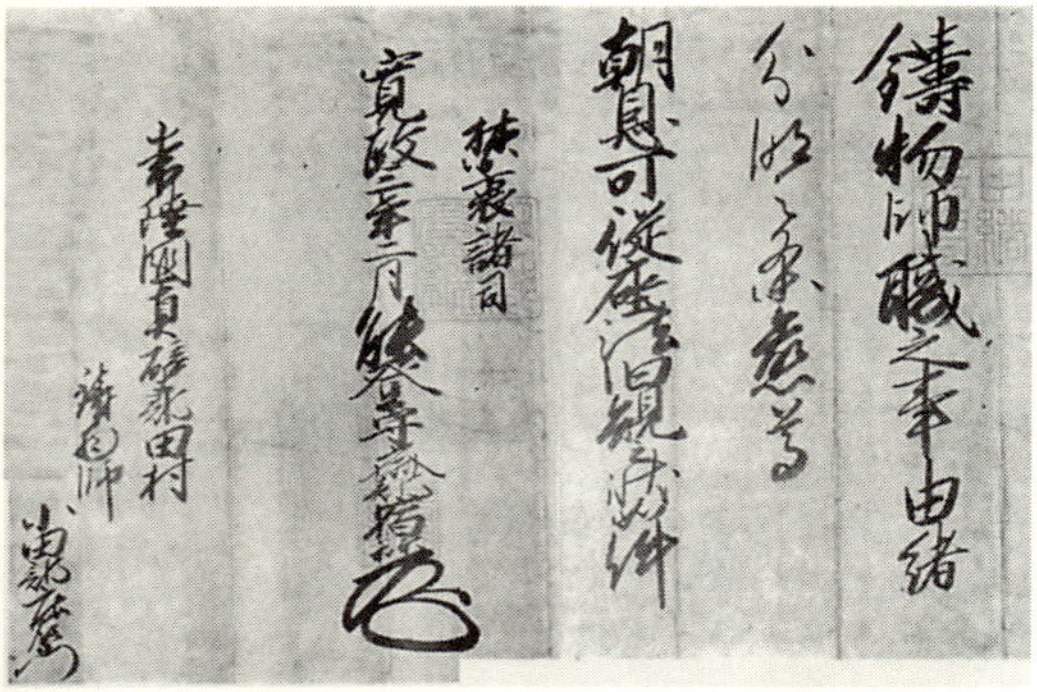

図 9-3　小田部庄右衛門宛ての真継家の鋳物師免許状

た若林鋳造所の鋳物師で、五代目当主である。若林氏の代表作には、一九九二年に製作した東大寺大仏釜（図9－2）がある。この釜の鋳造に関して若林自身が語るところでは、[15]「釜を披露する茶席の日取りも差し迫ったころ、鋳込みの日を迎えました。もし失敗すればもう時間的に挽回できない。念には念を入れて、同じ鋳型を四つも用意して鋳込みに臨みました。ところが、最初の鋳型に湯を入れると、いきなり湯口で爆発が起きました。さらに二つ目も、三つ目も、同じように爆発を繰り返したのです。そして、「親父、助けてくれ」と念じながら、唯一残った鋳型に湯を入れると、ようやく成功。この最後の型でつくった茶釜が今、東大寺に所蔵されています」としている。

4　茨城・真壁の鋳物師

石野の『鋳造』には真壁の鋳物師の話は出てこないが、堀の報告では、日本最古の鋳物工場の一つとして小田部鋳造が紹介されている。小田部鋳造は梵鐘メーカーで、鎌倉時代の建久年間（一一九〇～一一九九年）に創業し、現在の日本に存在する十四名の鋳物師のうち唯一、天皇家から菊の紋の使用を許されて、現在に至っている。[16]現在の当主は第三七代目小田部庄右衛門である。現在でも梵鐘、半鐘、天水桶などを製造しており、創業当時の稼業

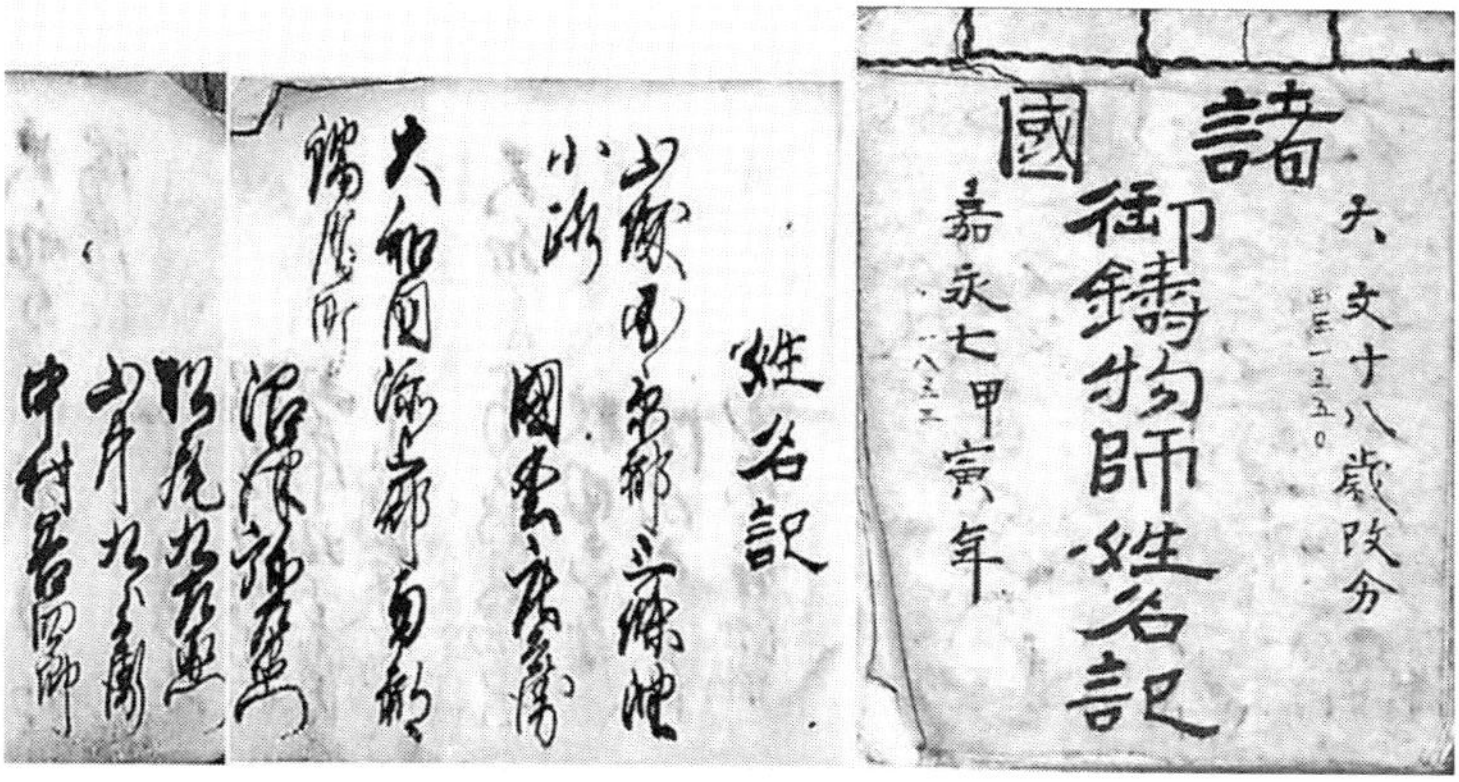

図 9-4　天文十八歳（1550 年）改分、諸國御鑄物師姓名記。小田部家蔵

が脈々と受け継がれている。

小田部家は、河内国（現在の大阪府）から、源頼朝によって開かれた鎌倉幕府の新興武家政治の兵備の一端を担うべくはせ参じた、と言われている。図9－3に寛政三（一七九一）年の小田部庄右衛門宛ての真継家の鋳物師免許状を示す。幕末の頃には黒船撃退のための大砲の鋳造を、昼夜兼行で行ったことが古文書に残っている、と小田部は語っている。

小田部家には数々の古文書が残されているが、その一つに天文十八歳（一五五〇年）の「諸國御鑄物師姓名記」がある。その一部が図9－4である。ここには、嘉永七（一八五五）年の写しと読み取れる但し書きがなされている。

5　東京（江戸）の鋳物師

長年鋳物に携わってきた筆者が生まれも育ちも東京であることと、現在の東京では鋳物屋はごく少なくなってしまったが、江戸時代には多くの鋳物師が活躍したことを、香取秀眞の著書『日本鑄工史稿』[17]で気づかされたので、ここにあえて江戸の鋳物師の節を付け加えておきたい。

香取は、「江戸居住の鑄物師は、今まで何もまとまって物の本に書いてありませぬし、又調べた人もございませぬ。唯、私が二十年來鐘とか燈籠とかいう物を、彼方此方見歩いて書留めてたものを、必要上少し順を立てて見まするると、頗る興味を感じまして、地誌類の鐘銘を書き加へたり、友人に托して報告して貰ったり致しました稿本に據て、こゝに江戸居住の鑄師の事を述べ得らるゝ次第で有ります」として、大正三年に江戸の鋳物師を『日本鑄工史稿』として取りまとめたのである。

山本真天による編著『東京の鋳物』(18)によると、「室町時代頃の領主は、城を築く際一番先に鋳物師と鍛冶師とを招いたという。徳川家康が江戸に入って城を築くとか、社寺を移すとか、建てるというところから、建築用の金物を鋳たり、鐘や鰐口をつくる必要上、その頃の名工を江戸に召集したようである。下野の天命のいい伝えによると、慶長の頃(西暦一六〇三年頃)に六人の鋳物師が召し出されたという。すなわち鳴物師の椎名伊予、……鍋師では小沼……、釜師では早川七兵衛らの祖先が出府したということである」としている。どうやら、家康は多くの実力のある鋳物師を江戸に招いたらしい。

下谷権蔵の著書(19)には、「元和元(一六八一)年の『武鑑《ぶかん》』(山本の書にも記されており、江戸時代に出版された大名や江戸幕府役人などを記した一種の紳士録)には、南なべ町の御釜屋山城などの町名が記載されており、南なべ町御鋳物師長谷川豊前などの名がみられる」と書かれている。江戸時代の始まりとともに、鋳物師が江戸に集められたことがわかる。さらに、宝永元(一七〇四)年の『武鑑』には鋳釜師三〇名の名前が、御用聞人としても御鋳物師三名と御釜師二名の名前が記載されている。

また、明和四(一七六七)年の『武鑑』には、「御成先鍋釜御用　釜屋六右衛門、七右衛門の二人が

〔名主の仲間に〕入っているのをみても、名声のほどがしのばれよう」とも記されている。当時は鋳物師の身分が高かったのである。

再び永瀬勇の私信によると、鋳物師免許状は跡目相続のたびに京都の真継家まで多額の茗荷金とお土産を持って、再交付願に行くものであった。このことにどれほどの価値があるかは疑問であるが、江戸の鋳物師はほとんどが免許を受けておらず、主に地方の鋳物師が免状を受け取っていた。

免許状には十九条の掟がセットになっており、真継家に都合のいいことが書かれている。免許状は漆塗の箱に入っており、時代によってその出来の程度が変わるが、永瀬家の箱はよく出来ている部類のようである。家紋が二つ入っているのは、天皇家がこの当時は二つの家紋を使っていたためで、それによって時代考証ができるとしている。

鋳物師免許状を持参すると、関所を通ることができ、国を越えて仕事ができる。これを**出吹き**という。出吹きとは注文に応じてその地に出向き、大砲や釣鐘などを鋳造することをいう。出吹きについては図7-18などを参照いただきたい。

注

(1) 石野亨『鋳物の文化史』小峰書店、二〇〇四年、一二頁。
(2) 藤野明『銅の文化史』新潮出版、一九九一年、一四二頁。
(3) 石野亨『鋳造　技術の源流と歴史』産業技術センター、一九七七年、五―四五頁。
(4) 五十川伸矢『古代・中世の鋳鉄鋳物』国立歴史民俗博物館研究報告第46集、一九九二年、一―五頁。

(5)　鋤柄利夫『中世丹南における職能民の集落遺跡――鋳造工人を中心に』国立歴史民俗博物館研究報告第48集、一九九二年、一六一頁。
(6)　笹本正治『真継家と近世の鋳物師』思文閣出版、一九九六年、二頁。
(7)　網野善彦、名古屋大学文学部国史研究室編『中世鋳物師史料』法政大学出版局、一九八二年、二五四頁。
(8)　堀琢磨「素形材に関する長寿企業及び伝統的工芸品について」『素形材』54、二〇一三年、七七頁。
(9)　平石正治編『川口鋳物の歴史』、二〇〇五年、四、一二、一三、三二頁。
(10)　内田三郎『鋳物師』川口新聞社、一九七九年、二六、七七―七八頁。
(11)　永瀬勇の私信（二〇一七年十一月三十日）。
(12)　中野俊雄「幕末川口鋳物師と大砲」『鋳造工学』83、二〇一一年、一六一頁。
(13)　松浦玲『勝海舟』中公新書、一九六八年、三六頁。
(14)　若林洋一「天明鋳物」『鋳物』65、一九九三年、八〇一頁。
(15)　若林秀真（天明鋳物師）「鋳物の仕事師」『G&U』7、二〇一六年、三二頁。
(16)　小田部庄右衛門「鋳物の仕事師」『G&U』6、二〇一五年、三三頁。
(17)　香取秀眞『日本鑄工史稿』甲寅叢書刊行所、大正三（一九一四）年、一頁。
(18)　山本真天編『東京の鋳物』工業之日本社、一九五七年、六六、七四頁。
(19)　下谷権蔵『鋳物師　六右衛門』近代文芸社、二〇〇八年。

第十章　世界の鋳物いろいろ

1　これも鋳物、あれも鋳物——昔の生活で使われていたもの

昨今はほとんどの機械が電動（モーター駆動）になってしまい、地震や台風などの停電時には機械が使えず、大きな問題になっている。エレベーターなどが典型であろう。しかし、災害時には必ず、水の問題（断水）が発生する。このような災害に備えて、図10－1に示した手押し井戸ポンプをもっと設置すべきではなかろうか。最近ではこれを見かけることも少なくなってしまったのが残念である。もちろん、これはほとんどが鋳鉄鋳物でできている。日常の植木や庭の水やりには、水道水を使う必要がなく、井戸水で十分なはずである。

この水を飲み水にするには保健所等の水質検査を受けなければならないが、非常時は別である。電気

図 10–1　手押し井戸ポンプ

図 10–2　昔の鋳鉄製アイロン

がなくとも容易に飲み水が得られる手段として、手押し井戸ポンプをいま一度見直し、採用すべきではないかと筆者は考えている。

読者は日々、アイロンをお使いであろう。最近のアイロンは完全に電化製品化しているが、昔のアイロンはそうではなかった。わが国で使われていた昔のアイロンを図10－2に掲げる。なかなか風情がある姿ではないだろうか。アイロンの語源はironで、鉄の意味である。昔のアイロン（現在でもその一部）は、鋳鉄鋳物で造られていたことから、日本でもいつの間にかアイロン（鉄）と呼ばれるようになった。平安時代の絵巻物にも出てくるそうである。中に炭火を入れて熱源としていたもので、これならば電気は不要である。

アイロンとは、熱と自重により衣類のしわをのばす、こて状の道具をいうと定義されている。古いものでは、その本体は柄杓《ひしゃく》の形をした鋳鉄鋳物で、柄杓の中に炭火をいれていたので火熨斗《ひのし》とも呼ばれていた。図10－2のアイロンは上下二つに分割できる構造で、上蓋（?）を持ち上げて、下型の中に炭火を入れていたことがわかる。その証拠には、上下に空気の流通を助ける穴が多数あり、取っ手は熱くなるのを避けるため木でできている。なかなかよくできていると思われないだろうか。

現在では暖房も冷房もエアコンが使われることが多い。しかし、筆者が小学生や中学生の頃には、ダルマストーブと呼ばれる円筒形の鋳鉄製ストーブが使われており、毎朝、一日分のバケツ一杯の石炭が教室に配られ、これを少しずつストーブに投入しては、一日中暖をとったものである。

ところで、ブタペストの鋳物博物館に展示されていた一九〇〇年頃の鋳鉄製ストーブを図10－3に示そう。ダルマストー

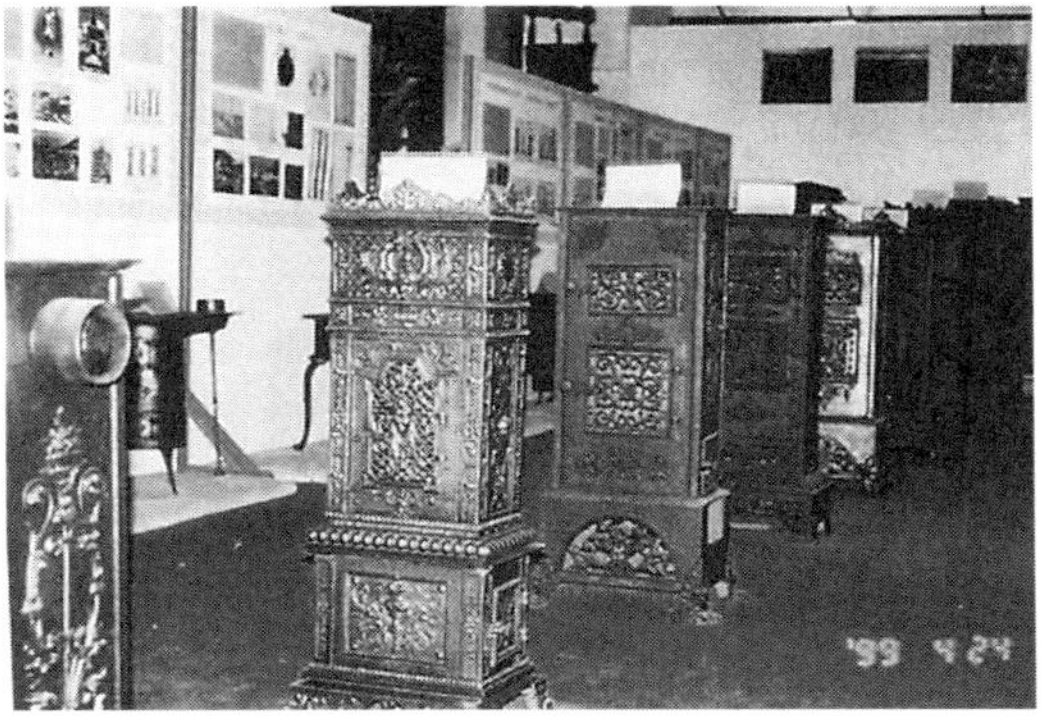

図 10–3　1900 年頃のハンガリーの鋳鉄製ストーブ

図 10–4　鋳鉄鋳物製の暖房用放熱器

図10–5　ドイツの鋳鉄製ポスト

ブとは異なり、何と洗練されたデザインではないか。ヨーロッパは昔から暖炉がよく用いられており、これも暖炉の形式を踏まえているのがわかる。

筆者がかつて務めていた早稲田大学材料技術研究所では、二十年ほど前までは温水ボイラーで温水を廻して、図10－4のような放熱器（ラジエーター）で暖房していた。冬季には季節工のボイラーマンが常駐し、温水を研究所中に供給していたのであった。これも鋳鉄鋳物である。先日、たまたま旅行中に某ホテルでこの放熱器を目にした。未だに現役で稼働しているのを見て、うれしくなってカメラに収めた次第である。

わが国では赤い陶器製の郵便ポストがなくなって久しい。ところが、十数年前にドイツを旅行中に、ドイツの鋳物研究所の玄関に図10－5のような美しい郵便ポストが展示されているのが目についた。余りに美しいので、さっそく、写真を撮らせていただいた逸品である。先の鋳鉄製ストーブといい、このポストといい、まさに鋳型が造れれば、いかなる形状でも造り得るという、鋳物ならではの製品ではなかろうか。このような形は、鍛造や溶接で造るのは不可能であろう。もちろん、これらは中空構造であり、中子を用いて造ったことは明白である。

2　鋳鉄製の橋と柱

図10-6　世界遺産アイアンブリッジ（1779年）

通称、アイアンブリッジ（The Iron Bridge）と呼ばれる、一七七九年にイギリスのコールブルックデールで造られた世界遺産の鋳鉄橋がある（図10－6）。当時は鋼を溶解することができず、鋳鉄で橋が造られた。アイアンブリッジはこの集落のセヴァーン川に架けられた世界最初の鉄橋である[1]。洪水の起こりやすいセヴァーン川を、洪水が発生しても、通行が妨げられることなくいつでも行き来できるように、とこの橋が架けられたという。アイアンブリッジはアブラハム・ダービーによって一七七九年に造られ、一九八六年に世界遺産に登録されている[2]。

建設当初の橋の絵をみると、現在のアイアンブリッジとは左袖の形が大きく異なっていた。左袖は石積みであったものが、現在では鋳鉄構造物に変わっているのである。これは、一九四八年頃にアイアンブリッジの両岸の地盤が緩みはじめ、一九七二年から一九七五年にかけてその修復が行われ、その時から現

図 10–7　神子畑鋳鉄橋

在の姿になったと記されている。

筆者はかつて別のところで、アイアンブリッジの左袖部の鋳造欠陥を紹介したことがある。[3] しかし、本書の原稿を執筆するに当たって調査した結果は上記の通りで、この欠陥は一九七五年頃の補修部分に発生していることが判明した。何たることか。最近の補修部にこのような欠陥が多発しているとは、鋳造を専門とする者としては看過できない事象である。

アイアンブリッジは鋳鉄鋳物部品の組み合わせでできている。ダービー一世が建設した鉄鋼所の溶鉱炉（図8－1）でダービー三世によって鋳造された。そこにはダービー炉と呼ばれる当時の溶鉱炉が残されている。まさに、産業革命発祥の地がこの地方であったことがわかる。

わが国最古の鋳鉄橋に、図10－7に示した**神《み》子《こ》畑《はた》橋**（一八八四年建設）がある。明治元（一八六八）年に国有になった兵庫県の生野鉱山の開発に政府が力を入れた。そこで、新しく開発された神子畑鉱山から鉱石を生野に運ぶための道路に、明治十七（一八八四）年頃、神子畑橋と羽淵橋など五基の鉄橋が架けられたのである。現在も残っているこれらの橋がわが国最古の鋳鉄橋で、横須賀製鉄所か横浜製鉄所で造られた、と石野は考えている。[4]

この橋は現在の朝来市にあり、神子畑鋳鉄橋は、橋長一六メートル、最大支間一四・二メートル、幅員三・七三メートルの単径間アーチ橋である。この橋を調査した石野は、その化学組成を分析し、以下の結果を得ている。

2.42%C–1.54%Si–0.102%Mn–1.19%P–1.01%S–0.027%Cr

現在の鋳鉄に比べて炭素量が少なく、硫黄が異常に多いのが気になるので、いつか機会をみて再分析したい、と考えている。また石野は、その組織が白鋳鉄であることを確認している。

図 10–8　二重橋の欄干　昭和 39 年（『クボタ 100 年』、147 頁）

わが国で最も有名な橋と言えば、皇居の二重橋ではなかろうか[5]。現在の二重橋の伏見櫓を背景とした橋の欄干を図10―8に示す。一般に二重橋とよばれるものは、石造りの橋で、正式には「皇居正門石橋」である。しかし、その奥にある橋〈皇居正門鉄橋〉が正式な二重橋そのものなのである。皇居正門鉄橋は、はじめ慶長十九（一六一四）年に木造の二重構造の橋が造られ、これが二重橋の名前の由来となった。

この木造の二重橋は明治二十一（一八八八）年に鉄橋に架け替えられ、昭和三十九（一九六四）年にさらに現在の橋に架け替えられ、橋の欄干は精密鋳造品で造られた。その詳細な様子を図10―8に示した。なかなか手の込んだ美しいデザインであることがわかる。これらの橋は、通常は利用されず、新年の一般参賀や外国賓客の皇居訪問等宮中の公式行事の際にのみ使用されている。

この欄干はクボタが精密鋳造法で造ったもので、その詳細は和気の報告[6]に詳しく記されている。

図 10–9　イギリス・ヨーク駅の鋳鉄柱

図 10–10　東京駅の鋳鉄柱

3　鋳鉄柱と鋳鉄門

ヨーロッパでは鋳鉄鋳物が装飾を兼ねて建造物によく使われている。その典型的なものがイギリス・ヨーク駅の鋳鉄柱（図10－9）である、と筆者は感じている。ヨーク駅は最初に一八四一年に建てられたが、一八四二年の火災で崩壊し、これを一八七七年に再建したものが現在の駅である。したがって、これらの美しい鋳鉄柱群もこの時のものである。

これと似た鋳鉄柱が東京駅にも使われていた(7)。大正十三（一九一四）年に開業した東京駅の第二乗降場に十四本の鋳鉄柱が使われていたのである。これらの柱は二〇一五年に撤去されてしまったが、そのうちの二本は、開業当時の姿を後世に伝えるため、現在の東京駅五、六番ホームにモニュメントとして展示されている。図10－10がそれである。これらは非常によく似ている、と思われないだろうか。この柱の下部（図10－10の右下）には明治四十一（一九〇八）年、東京堅鐵製作所の文字が読み取れ、開業より六年も前にこの柱が造られていたことがわかる。

図10–11　鑄鐵管・鑄鐵柱専門製造工場（『クボタ100年』、18頁）

わが国で鋳鉄の柱を建築に使用した例は、実はこれが最初ではない。先にも引用した『クボタ100年』によると、明治三十八年頃には、鑄鐵管・鑄鐵柱がすでに造られていたことがわかる（図10－11）。そして、昭和三十七（一九六二）年にも久保田鉄工所では鋳鉄製の柱が造られており、その延長線上で造られた鋳鋼製の鋳造柱が新大阪駅の建設に使われた。鋼管ではなくて鋳造製が使われたのはなぜであろうか。一般的に、大口径鋼管は鉄板を曲げて、その中心線を溶接して造られることが多い。しかし、この場合には厚板での加工が難しい。それに対して、鋳物では逆で、むしろ肉厚管の方が造りやすいので、このような用途が開発されたのである。

図 10–12　学習院女子大学の鋳鉄製正門（重要文化財）

学習院女子大学の鋳鉄製正門（図10－12）は、景観鋳物として著名である。これは神田錦町に設立された学習院の正門として明治十（一八七七）年に建てられた。その後、各所を転々とし、一九二八年に目白の学習院で用いられ、一九四九年に現在地（新宿区戸山町）に移された。一九七三年に重要文化財に指定され、現在は学習院女子大学の正門として使われている。

この門についての川口の資料[8]によると、「明治十年の朝夜新聞記事には、錦町の華族学校の表門は鉄造りで立派に出来上がり、定めし外国で誂えたものかと聞けば大違い、武州川口での製造。凡そ鉄細工の類は川口で出来ぬものなしと云う。この話をロシアのミニストルが聞き、公使館の表門をヨーロッパに注文することを急に止めて、川口に頼むことになったという」ことが紹介されている。

この門が川口で造られたことには間違いないが、どこの工場で造られたのかは定かではない。この点について内田[9]は次のように推測している。「宮内省出入りの日本橋の指物師（小山松五郎）が学習院鉄門の木型を作り、その木型を用いて川口で鋳造されたものと考えられる。鋳造者は依然として不明だが、増田安治郎、永瀬庄吉、永瀬留十郎のうちの一人と推定される」としている。これだけの製品の製作者がわからないとは、不思議な話である。

オリンピックの聖火台

話題をガラッと変えてみよう。二〇二〇年には東京で二度目の夏のオリンピックが開催されることが決まっている。このオリンピックと鋳物が切っても切れない関係にあることは、鋳物を生業としてきた筆者にとってはうれしいことである。それは、旧国立競技場の聖火台である。これは鋳物の街、埼玉県の川口市で造られた。このあたりの詳細が最近の『川口鋳物ニュース』で特集号のように取り上げられたので[10]、それを参考にこの聖火台に焦点を当ててみたい。

この聖火台は川口の鋳物師、鈴木萬之助・文吾親子が心血を注いで制作したことで知られている。これは一九五八年の第三回アジア競技大会用に制作されたが、一九六四年の東京オリンピックにも使われたものである。筆者はこのアジア競技大会の際、国立競技場に足を運んだが、この聖火台に対する記憶はまったくない。当時はまだ、鋳物に関係していなかったからかもしれない。また、このオリンピックの時は卒業研究の真っ最中で、競技場には足を運ぶどころではなかったのである。もちろん、聖火台にもまったく興味がなかった。

この聖火台は、高さと最上部の口径は二・一メートル、底径は〇・八メートルで、重さは二・六トン、わが国の伝統的な鋳型である惣型で造られた。製作期間は三カ月、製作費は二〇万円と安く、引き受け手が見つからない中、引退を決めていた六八歳の鈴木萬之助氏が「生涯最後の仕事」として、寝食を忘れて製作に取り組んだという。ところが、二月十五日の鋳込みでは、想定以上の溶湯の圧力により鋳型が壊れ、失敗に帰してしまった。その晩から床に伏した萬之助氏は、八日後に息を引き取った。

「大会に間に合わない」と、納期が迫る中、息子の文吾氏は寝る間も惜しんで鋳型を作り、三月五日

図10–13　聖火台を磨く鈴木文吾・梅子夫妻（『川口鋳物ニュース』714号より）

の鋳込みで成功し、三月十五日に聖火台の完成にこぎつけた。しかしこの間、文吾氏は父の死を数日間知らないまま、仕事に没頭していたという。「動揺して作れなくなったら大変なことになる」と心配した兄弟が黙っていたからである。ところが、父の葬儀の日に川口内燃機の伊藤伍朗氏が「なんでお前は葬儀に行かないんだ」ととがめたことで、ようやく文吾氏は父の死を知る。そして、霊柩車の出立を見送ったという。

アジア競技大会が成功裏に終わり、東京でアジア初のオリンピックが開催されることが決まった。この時、川口の鋳物師の多大な尽力を知った当時の河野一郎建設相（後にオリンピック担当相）が最終的に判断して、東京オリンピックでもこの聖火台に火が灯されることになった、とされている。

文吾氏はオリンピックが終わったのち、毎年のように聖火台の清掃・磨きに国立競技場を訪れていた。そのときの様子を図10–13に示す。ここからは、聖火台に対する川口鋳物師の心意気が感じられてならない。

4　この他の古い鋳物

これまでにいろいろの古い鋳物を紹介してきたが、そこでは言及しきれなかった、興味深い古代の鋳物もある。図10－14に東大寺大仏殿前の八角燈籠を示した。この燈籠は天平時代（八世紀）の作で、「この燈籠の火袋扉に鋳だされた音声《おんしょう》菩薩《ぼさつ》像は蠟型鋳物の傑作といわれています」と石野の『鋳物の文化史』は記述している。

図 10–14　東大寺大仏殿前の八角燈籠

また、岩船寺は別名アジサイ寺とも呼ばれ、京都府木津川市加茂町にある真言律宗の寺院で、行基によって創立されたと言われている。弘安二（一二九九）年に鳴川山寺の東禅院潅頂堂を岩船に移し、岩船寺と称したと言われている。ここの三重塔（室町時代）は中世後期の代表作ともいわれており、重要文化財に指定されている。この三重塔の修理の際に塔の上の相隣の擦管（鎌倉時代）が破損しており、これらを新しいものに取り替えた元の部分が境内に展示されていた。これを、和尚の許可を得て撮影したのが図10－15である。相輪とは、擦管と輪を交互に組合わせて九輪を組立てる、同左図のような構造になっている。同図右は鎌倉時代に作られた擦管である。

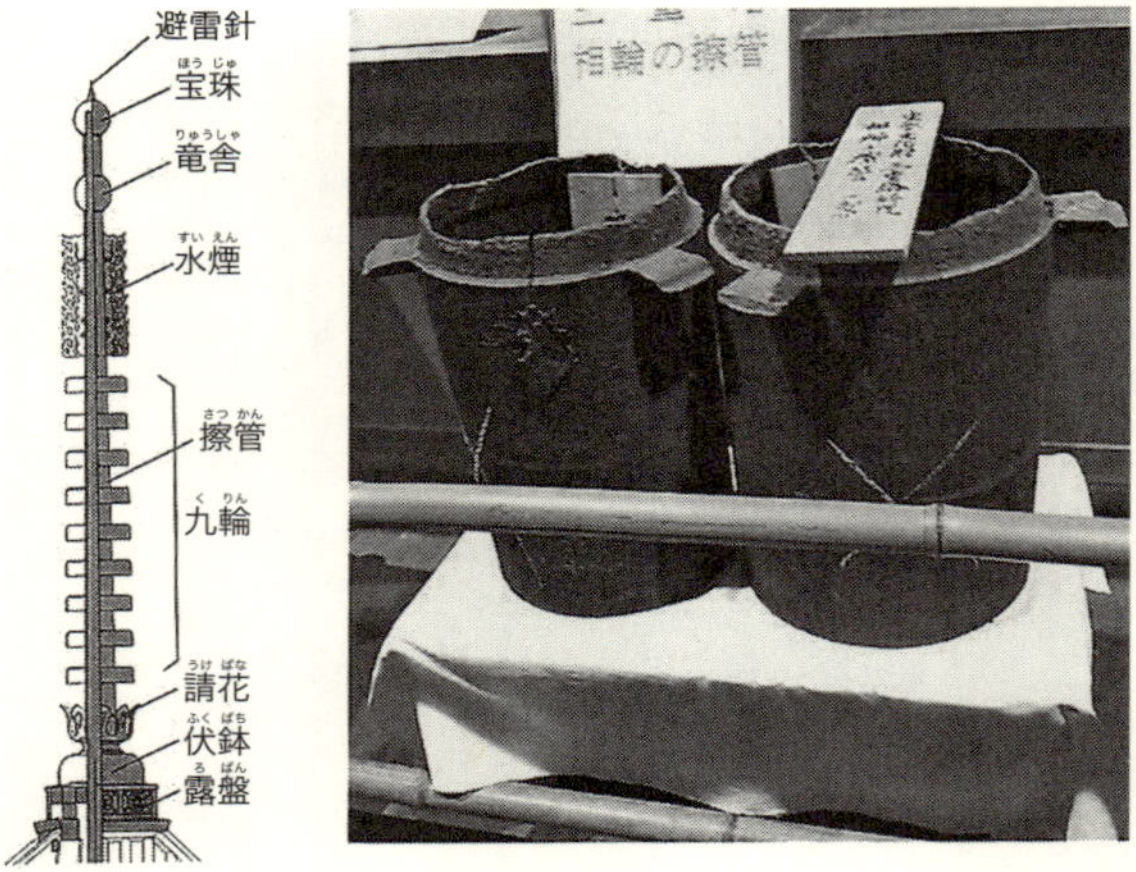

図 10–15　相輪の構造（左）と岩船寺三重塔相輪の擦管（鎌倉時代）

図 10–16　ヴェルサイユ宮殿の鋳鉄管（1664 年設置）（Sanders and Gould: *History Cast in Metals*, p. 421）

話はがらりと変わって、図10−16にヴェルサイユ宮殿の鋳鉄管[11]を示す。この排水管は一六六四年に設置されたもので、この写真を掲載したサンダースらの書は一九七六年に出版されているから、少なくとも三〇〇年以上使われ続けていたことは確かである。また、この写真にあるL・Fの文字は、フランスのルイ十四世王室鋳造所で造られたことを示しているとのことである。

5　最近の鋳物

現在、わが国での鋳物は鋳鉄もアルミニウム合金も、その用途の六〇〜七〇パーセントは自動車産業で使われている。このように書くと、読者は疑いを持ち、にわかには信じ難いであろうことは容易に推察できる。そこで、その証拠として図10－17に乗用車に使われている鋳物を示そう。[12] ここでは、シリンダーブロックはもちろんのこと、ハンドルから座席シートまでもが鋳物で造られていることがわかる。これは鋳物の展示会での写真であるが、乗用車の姿が鋳物だけで想像しえるほど、いかに多くの鋳物が乗用車には使われているかがわかる。

図10–17　乗用車に使われている鋳物（中江秀雄『ものづくりの原点　素形材技術』、18頁）

この写真にはマグネシウム合金製の座席シートやハンドルを示したが（上方の白く見えるもの）、これらは乗用車の軽量化のために、一部の高級車に使用されているもので、一般的な乗用車では鋼板の溶接構造などで造られていることを付言しておく。

図10－18に示したものは、日本製鋼所製の直径六・六メートルの超大型（一四〇トン）の水力発電機のランナーである。[13] ランナーとは、ダムに貯蔵された水を放流し、その力でランナー

図 10–18　ステンレス鋳鋼製フランシスランナー（外径 6.6 m、重量 140 t）（中江秀雄『鋳造工学』、6 頁）

を回転させ、これに連結させたモーターから電気を得るというのが水力発電の機構の一部である。このランナーはステンレス鋳物で造られている。

わが国の総発電量に占める水力の割合は、一九六〇年頃までは五〇パーセント以上であったが、最近では八パーセント程度に落ち込んでいる。これは、水力発電の量そのものは幾分増加したものの、わが国の工業生産量の増大に伴い、総発電量が増大した結果である。

わが国の発電量の増大を支えたのが火力発電（石炭、石油、天然ガス）であり、原子力発電であった。しかし、原子力発電は二〇一一年に発生した東北地方太平洋沖地震による福島第一原子力発電所事故により、その発電を停止した結果、近年では総発電量に占める火力発電の割合が急増している。一九六〇年には一千億キロワットであったものが、二〇〇〇年頃からは、総発電量はその十倍になっている。そのため、水力発電の占める割合が著しく低下したのである。この辺の経緯の詳細は他書に譲るとして、ここでは最後に火力発電と鋳物の関連に触れておこう。

大型火力発電用蒸気タービンの組み立て時の写真と、上下車室を図10－19に示す。左の蒸気タービンの組み立て写真には、その右側に人が写っているので、全体の大きさが理解できよう。これには右の写

図 10-19　大型火力発電用蒸気タービンと車室上（39.7 t）・下半分（47 t）（中江秀雄『鋳造工学』、6 頁）

真に示す鋳鋼製の上下車室が使われており、さらに、最近ではタービンブレードも、図1－2で示したジェットエンジンのタービンブレードを大型化した単結晶品が使われるようになり、発電効率の向上に寄与している。これらの現代生活に欠かせない技術も、鋳造技術が支えていることがわかるのである。

この章の最後を飾るにふさわしい鋳物の例として、大型舶用エンジンの鋳鉄製シリンダーライナーを挙げよう。まずはエンジンから始める。大型船のエンジンは一般的にディーゼルである。飛行機ではエンジンが止まると墜落してしまうので、最々重要部品である。自動車メーカーには怒られるかもしれないが、自動車のエンジンはたとえエンジンが止まっても墜落することも、直接事故につながることもない。しかし大

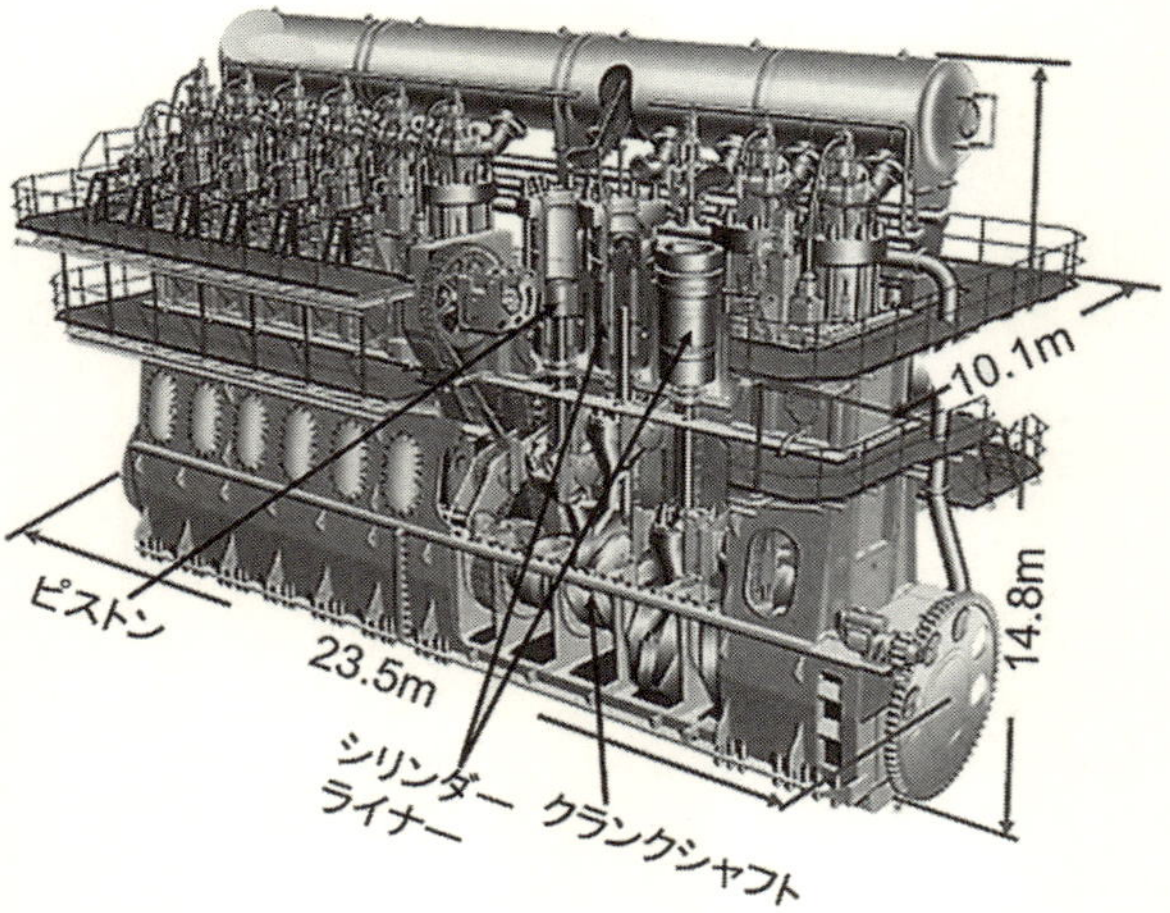

図 10–20　大型船用ディーゼルエンジン（筆者が一部加工した）（三井・MAN B & W 11K98MC）
www.mol.co.jp/ishin/engine/present/index.html

型船のエンジンは、たとえば太平洋上の中央で止まってしまうと大問題になる。したがって、航空エンジンに次いで高い信頼性が要求されるのが船用エンジンである。また、使用する重油の量も多いので、高い性能が要求される。この目的で造られているのが鋳鉄製船用大型シリンダースリーブである。

三井・ＭＡＮの大型船用ディーゼルエンジンを、図10－20に示す。これは世界最大級の鉄鉱石専用船ブラジル丸（一六万トン、全長三四〇メートル）に搭載されているエンジンである。このエンジンは全長二三・五メートルで、十一気筒、総重量二千トン、八萬五千馬力と記されている。これとの比較で大型トラック用の三八〇馬力ディーゼルエンジンは、総重量一トンとされている。ちなみに、普通乗用車では一〇〇キログラム以下である。これらの数値からこのエンジンの大きさを理解していただけるであろう。

図中に直径九八〇ミリのピストンと、それを取り囲むシリンダーライナー、そしてエンジン下部にクランクシャフトを矢印で示した。ここで、シリンダーライナーとは、レシプロエンジンにおいて、ピストンとの気密性を保ちつつ滑らかに往復するための筒状の摺動部品で、多くは鋳鉄で造られている。これまでに乗用車を例に、アルミニウム製シリンダーブロックと鋳鉄製ライナーを図1－1に示した。この場合は鋳鉄スリーブ（ライナー）で、乗用車は量産品であり、そのコストが最大の問題である。しかし大型船用エンジンの場合には性能が重視される。それにもかかわらず、現在でも鋳鉄が用いられている。

　このエンジンは十一気筒であり、個々のケーシングにシリンダーライナーとクランクシピストン（クランクシャフトに締結）が設置されている。このケーシングもこれまでは鋳鉄鋳物であったものが、強さなどの問題から溶接構造にとって代わられてしまった。

　船用大型シリンダーライナーの例を東亜工機のホームページから図10－21に掲げる。ここで最大のライナーは全長四・〇六メートルで、この図の右端に移っている女性と比べると、その大きさが理解されよう。これが図10－20に矢

図10–21　船用大型シリンダーライナー（http://www.toakoki.co.jp/product.html

印で示したシリンダーライナーと同等である。これに要求される特性は、戸上正久[14]によると、「ディーゼル機関用のシリンダライナは、エンジンの心臓部ともいわれ重要部品の一つであるが、特に船用大型ディーゼル機関ではピストンリングとともに、機関定期点検の間の運行可能時間及び稼働率を決定する重要部品であり、容易には交換できないこと、価格も高価であることから、高い信頼性と耐久性が求められる。特に爆発時のシリンダ内圧や発停時の熱応力変動に耐えるための機械的性質に加え、耐用期間を決定する耐摩耗性が最重要と認識されている」としている。このような最重要部品に今日でも鋳鉄が使用されていることは、鋳物を専門とする筆者にとっても驚きと喜びである。

ちなみに、東亜工機とは、佐賀県鹿島市に本社を置く船舶部品メーカーで、舶用ディーゼルエンジンのシリンダーライナーの世界のトップメーカーで、大型機では世界シェア三〇パーセント、国内シェア七〇パーセントを占める企業である。

注

(1) 中江秀雄「アイアンブリッジからスカイツリーまで」『鋳造ジャーナル』二〇一三年七月二十日、一二頁。
(2) *The Iron Bridge*, The Ironbridge Gorge Museum Trust Ltd., 2000, p. 9, 14, 15.
(3) 日本鋳造工学会編『鋳造欠陥とその対策』、二〇〇七年、六七頁。
(4) 石野亨『鋳物の文化史』小峰書店、二〇〇四年、二一、五一頁。
(5) (株) クボタ『クボタ100年』、一九九〇年、一八、一四六、一四七頁。
(6) 和気慎「芸術的で荘厳なダクタイル鋳鉄製精密二重橋高欄の製作について」『鋳造工学』86、二〇一四年、六二一頁。
(7) G&U技術研究センター「東京駅を100年支えた鋳鉄柱」『G&U』8、二〇一七年、二頁。

(8) 川口鋳物工業協同組合『まだ100年、これからの100年　新生への鼓動』、二〇〇五年、三九頁。
(9) 内田三郎『鋳物師』埼玉新聞社、一九七九年、一五二頁。
(10) 川口鋳物工業協同組合「旧国立競技場の聖火台　来年一〇月に里帰り」『川口鋳物ニュース』七一四号、二〇一八年七月二十五日。
(11) C. A. Sanders and D. C. Could: *History Cast in Metal*, Cast Metals Inst. AFS, 1976, p. 421.
(12) 中江秀雄『ものづくりの原点　素形材技術』素形材センター、二〇〇五年、一八頁。
(13) 中江秀雄『鋳造工学』産業図書、二〇〇八年、六頁。
(14) 戸上正久『シリンダライナの系統化調査』国立科学博物館、二〇一三年、一頁。

第十一章　むすびにかえて

「水は方円の器に従う（随う）」という。水は、容器の形によって、四角にも丸くもなれることを言っている格言である。これをもじって、水を溶けた金属に、器を鋳型に置き換えれば、鋳造そのものになる。したがって、鋳物はいかなる形も造れる金属加工法と言うことができる。五千年もの歴史ある金属加工法が鋳造なのである。

筆者は大学四年生の時から鋳物に携わって、今年で五五年になる。この間、日立製作所で一二年、早稲田大学で二九年の勤務を通じ、いろいろな局面で鋳物の研究や開発・教育に携わってきた。特に日立製作所時代には、鋳造から溶接、粉末冶金、切削加工からセラミックスなど、幅広い分野で研究開発に従事してきた。これらの経験を踏まえて、鋳物屋さんを捕まえては、「あなた方には鋳物の本当の良さがわからないでしょう。それは、鋳物と比較すべき他の金属加工技術を知らなければ、鋳物の良し悪しが判断できないからです」と言っては、広い視野からの価値判断の重要性を強調してきた。「鋳物の良さがどこにあるかを理解して、これまでにない新しい鋳物を造ってくれませんか」と。また一方では、「アメリカ人とは英語で、鋳物の顧客とは機械語か電気語で話さなければ、顧客の真の要求は理解できませんよ」と言い続け、意思の疎通には言葉の問題が重要とも主張してきた。

ところが、早稲田大学での定年を挟んだ一年間、国立科学博物館の主任調査員として『鉄鋳物の技術系統化調査』の報告書を一年かけて執筆し(1)、わが国の江戸から明治時代における鋳物の重要性をみずから再認識させられた。それが『大砲からみた幕末・明治』の出版へと繋がった(2)。それらの執筆を通じて、わが国には鋳物の歴史に関する本格的な著書が少ないことに気づいた。そこで、ボケ防止と鋳物への恩返しを兼ねて「世界の鋳物とその歴史」の執筆に取りかかったのが本書である。

鋳物は鍛造とともに、世界で最も古い金属の加工法である。しかし、当初の鍛造は自然金や隕石、自然銅が対象で、しかも単純な形状しか造り得なかった。そのため、少し複雑な形や大きな物は青銅鋳物で造るようになった。これが石器時代から青銅器時代への転換であった。したがって、斧や刀剣などの鉄製品を除いて、多くの物が鋳造（青銅鋳物）で造られてきた。

例えば、貨幣（コイン）の歴史を紐解くと、ヨーロッパでは、先に図4－1で示したエレクトロン金貨は鍛造で、正確には打刻で造られていた。打刻とは、金属など硬いものに文字や数字を刻印することをいい、現在では観光地の記念メダルに名前を刻む刻印が行われているが、あれが打刻である。しかし金貨は、その流通量が少ないが、厳密な重さの管理が求められる。その結果、鋳造で所定の重さの金塊を造り、これを打刻したのにちがいない。

一方、鋳造貨幣は中国が最も古いが、日本でも江戸時代までは鋳造貨幣が使われてきた。しかし、現在は世界中、どこを探しても鋳造貨幣は見当たらない。すべての金属貨幣は鍛造で造られている。何があったのであろうか。

もちろん、この間に鋳造技術は大きく進歩したが、鍛造技術の進歩がそれよりも早かった、というべきであろう。それは、蒸気機関の発明以降の動力革命の結果である。これに対して鋳物では、昔から奈良の大仏（図6－11）や、中国のライオンの鉄鋳物（図3－1）などのように、非常に大きく複雑な形をした品物が造られてきた。一方、大砲の材質と製法の歴史を見てゆくと、青銅砲から鋳鉄砲へ、そして鋳鋼砲から鍛鋼砲へと進化していった。ここにも、鍛造技術の進化が見てとれる。しかし、最近はロケット技術の発展が著しく、大砲は武器としての地位をロケット弾に奪われつつあるようである。

それでは、これからのわが国の鋳物はどこに向かうのであろうか。大胆に予想してみる。ひとことで言えば、鋳物でしか造り得ない形状品に特化すべきと考えている。この複雑形状品の代表例に、自動車のエンジン（図1－1）やジェットエンジンのタービンブレード（図1－2）などがある。しかし、自動車の電化（ＥＶ化）はその構造を大きく変えることになり、鋳物部品の大幅な減少が起こるであろう。先に述べたように、鋳物の最大の用途は自動車部品である。したがって、これからの十年で鋳物の新しい分野を開拓することが不可欠である。

開発すべき製品の具体例は、鋳物屋さん自身が考えなければならない。これまでにない新しい製品（鋳物）が出来るようになれば、これまでになかった文化の発展に寄与するものと考えている。いずれにしても、開発を伴わない鋳物はわが国から消えてゆく運命にあるのではなかろうか。この競争は他分野、例えば鍛造や粉末冶金、溶接などの分野との開発競争になることは必至であろう。

そうした新しい技術の一例として、マイクロマシンの微細・複雑形状部品がある、と筆者は考えている[(3)]。これらの機械部品は、現在では機械加工に頼らざるを得ないので、非常に高価で、しかも小ロット部品であり、益々高価にならざるを得ない状況にある。部品の価格が著しく高いことがマイクロマシンの普及を妨げている。複雑形状・微細部品は鍛造での製造は難しいであろうし、粉末冶金では超高価な金型なしには造り得ない。このような鋳造を実現したい、と考えてきた。

微細鋳物の大きさは、現在の機械部品の大きさ（メートル）をミリメートルにすることができれば、大型の機械装置をその構造を変えることなく、寸法だけを千分の一にできれば、この目標を達成できる。残念ながら、筆者はすでに年を取り過ぎているので、心意気のある鋳物屋さんに期待している。伝統産業（技術）とは、常に変わり続けることで生き残った産業である。

少し脱線してしまったが、これを「むすび」の言葉としたい。新しい分野に挑戦することが生き残りには不可欠である。筆者の鋳物に対する熱意による脱線とお許し頂ければ幸いである。

注

（1）中江秀雄『鉄鋳物の技術系統化調査』国立科学博物館・北九州産業技術保存継承センター、二〇一三年。
（2）中江秀雄『大砲からみた幕末・明治』法政大学出版局、二〇一六年。
（3）中江秀雄・永寿伴寛・加賀龍治・大榊直樹・福田葉椰「セラミックスラリーを用いたインクジェット法によるマイクロ鋳型の作製と鋳造法の開発」『鋳造工学』86、二〇一四年、八四六頁。
中江秀雄・大塚貴弘「マイクロ鋳造品の湯流れに対する濡れの影響」『鋳造工学』87、二〇一五年、四六頁。
中江秀雄「溶融金属を用いた金属加工法と人財育成」『素形材』51、二〇一〇年、三五頁。

あとがき

この本の題目を『鋳物』にしようか『鋳造』にしようかでおおいに迷った。日本機械学会の『機械工学事典』によると、「鋳造とは材料加工法の一つで、金属および合金を溶融状態で鋳型に注入し、凝固、冷却後に鋳型から取り出して製品とする。鋳造により得られたものを鋳物という」と書かれている。筆者の主学会である日本鋳造工学会の『図解 鋳造用語辞典』には、もっともなことではあるが「鋳物(castings)」も「鋳造(casting)」も項目として採用されていない。この分野では説明の必要がなかったのである。

これらより、鋳物は製品で、鋳造は加工法を示す用語であることがわかる。筆者はこの本の題目を『世界の鋳物の歴史』としたかったのであるが、その題目は「ものと人間の文化史」シリーズの趣旨になじまないので、『鋳物』とした次第である。そこで、鋳物を広く読者に理解していただくためには世界の鋳物を広範に執筆することを余儀なくされた。その結果として、新しい章の執筆を始めるごとに、その分野の代表的な著書や資料を探し・勉強し直さなければならなかった。しかしこれは大変な作業で、筆者の能力を超えてしまい、文脈の乱れを招き、出版局の郷間雅俊氏に膨大な時間を費やさせる結果となってしまったようだ。

また、筆者にとってこの種の一般書の執筆は『大砲からみた幕末・明治』に次いで二冊目であったが、今回も読み易い文章を書くことで苦労した。研究論文か教科書しか書いてこなかったつけが回ったようだ。引用文の正しい記述法や、文章を読み易くする点など、再び出版局の郷間雅俊氏に大変にお世話になった。厚く御礼を申しあげたい。

図版の転載使用許可をいただいた所蔵者や、各種データを引用させていただいた文献著者各位にお礼を申し上げます。これら関係者名を五十音順に以下に示します。

アグネ技術センター、アメリカ鋳造協会、岩崎学術出版社、岩波書店、岩船寺、ＭＩＴ Ｐｒｅｓｓ、小田部庄右衛門、春日市教育委員会、角川書店、ＫＡＤＯＫＡＷＡビジネス・生活文化局、川口鋳物工業協同組合、関西大学博物館、九州歴史資料館、クボタ、倉敷考古館、倉吉市教育委員会、講談社、恒和出版、国立博物館産業技術史資料センター、国立民族学博物館、国立歴史民俗博物館、小峰書店、ＪＦＥ二十一世紀財団、草思社、玉川大学出版部、中国机機工程学会鋳造分会、筑摩書房、鄭巍巍、東亜工機、東京大学工学・情報工学図書館、日本鉄鋼協会、日本規格協会、日本銀行金融研究所、日本経済評論社、長瀬勇、ひたちなか市教育委員会、平凡社、三井造船、山川出版社、山田俊文、雄山閣、若林秀眞。

二〇一八年九月

中江秀雄

著者略歴

中江秀雄（なかえ ひでお）

1941 年東京生まれ。早稲田大学理工学部金属工学科卒。日立製作所機械研究所勤務をへて早稲田大学理工学部教授。工学博士。現在は同大学名誉教授。

著書に『大砲からみた幕末・明治』（法政大学出版局）、『新版 鋳造工学』『濡れ、その基礎とものづくりへの応用』（いずれも産業図書）、『結晶成長と凝固』（アグネ承風社）、『凝固工学』（アグネ）、『状態図と組織』（八千代出版）、『材料プロセス工学』（共著、朝倉書店）、『新版 鋳鉄の材質』（編著、日本鋳造工学会）など。

ものと人間の文化史　182・鋳物

2018 年 11 月 5 日　初版第 1 刷発行

著　者 © 中　江　秀　雄

発行所　一般財団法人　法政大学出版局

〒102-0071 東京都千代田区富士見 2-17-1

電話 03(5214)5540 振替 00160-6-95814

印刷：平文社　製本：誠製本

ISBN 978-4-588-21821-7

Printed in Japan

ものと人間の文化史

★第9回梓会出版文化賞受賞

人間が〈もの〉とのかかわりを通じて営々と築いてきた暮らしの足跡を具体的に辿りつつ文化・文明の基礎を問いなおす。手づくりの〈もの〉の記憶が失われ、〈もの〉離れが進行する危機の時代におくる豊穣な百科叢書。

1 船　須藤利一編

海国日本では古来、漁業・水運・交易はもとより、大陸文化も船によって運ばれた。本書は造船技術、航海の模様の推移を中心に、漂流、船霊信仰、伝説の数々を語る。四六判３６８頁 '68

2 狩猟　直良信夫

人類の歴史は狩猟から始まった。本書は、わが国の遺跡に出土する獣骨、猟具の実証的考察をおこないながら、狩猟をつうじて発展した人間の知恵と生活の軌跡を辿る。四六判２７２頁 '68

3 からくり　立川昭二

〈からくり〉は自動機械であり、驚嘆すべき庶民の技術的創意がこめられている。本書は、日本と西洋のからくりを発掘・復元・遍歴し、埋もれた技術の水脈をさぐる。四六判４１０頁 '69

4 化粧　久下司

美を求める人間の心が生みだした化粧—その手法と道具に語らせた人間の欲望と本性、そして社会関係。歴史を遡り、全国を踏査して書かれた比類ない美と醜の文化史。四六判３６８頁 '70

5 番匠　大河直躬

番匠はわが国中世の建築工匠。地方・在地を舞台に開花した彼らの造型・装飾・工法等の諸技術、さらに信仰と生活等、職人以前の独自で多彩な工匠的世界を描き出す。四六判２８８頁 '71

6 結び　額田巖

〈結び〉の発達は人間の叡知の結晶である。本書はその諸形態および技法を作業・装飾・象徴の三つの系譜に辿り、〈結び〉のすべてを民俗学的・人類学的に考察する。四六判２６４頁 '72

7 塩　平島裕正

人類史に貴重な役割を果たしてきた塩をめぐって、発見から伝承・製造技術の発展過程にいたる総体を歴史的に描き出すとともに、その多彩な効用と味覚の秘密を解く。四六判２７２頁 '73

8 はきもの　潮田鉄雄

田下駄・かんじき・わらじなど、日本人の生活の礎となってきた伝統的はきものの成り立ちと変遷を、二〇年余の実地調査と細密な観察・描写によって辿る庶民生活史　四六判２８０頁 '73

9 城　井上宗和

古代城塞・城柵から近世代名の居城として集大成されるまでの日本の城の変遷を辿り、文化の各領野で果たしてきたその役割を再検討。あわせて世界城郭史に位置づける。四六判３１０頁 '73

10 竹　室井綽

食生活、建築、民芸、造園、信仰等々にわたって、竹と人間との交流史は驚くほど深く永い。その多岐にわたる発展の過程を個々に辿り、竹の特異な性格を浮彫にする。四六判３２４頁 '73

11 海藻　宮下章

古来日本人にとって生活必需品とされてきた海藻をめぐって、その採取・加工法の変遷、商品としての流通史および神事・祭事での役割に至るまでを歴史的に考証する。四六判３３０頁 '74

12 絵馬　岩井宏實

古くは祭礼における神への献馬にはじまり、民間信仰と絵画のみごとな結晶として民衆の手で描かれ祀り伝えられてきた各地の絵馬を豊富な写真と史料によってたどる。四六判302頁 '74

13 機械　吉田光邦

畜力・水力・風力などの自然のエネルギーを利用し、幾多の改良を経て形成された初期の機械の歩みを検証し、日本文化の形成における科学・技術の役割を再検討する。四六判242頁 '74

14 狩猟伝承　千葉徳爾

狩猟には古来、感謝と慰霊の祭祀がともない、人獣交渉の豊かで意味深い歴史があった。狩猟用具、巻物、儀式具、またけものたちの生態を通して語る狩猟文化の世界。四六判346頁 '75

15 石垣　田淵実夫

採石から運搬、加工、石積みに至るまで、石垣の造成をめぐって積み重ねられてきた石工たちの苦闘の足跡を掘り起こし、その独自な技術の形成過程と伝承を集成する。四六判224頁 '75

16 松　高嶋雄三郎

日本人の精神史に深く根をおろした松の伝承に光を当て、食用、薬用等の実用の松、祭祀・観賞用の松、さらに文学・芸能・美術に表現された松のシンボリズムを説く。四六判342頁 '75

17 釣針　直良信夫

人と魚との出会いから現在に至るまで、釣針がたどった一万有余年の変遷を、世界各地の遺跡出土物を通して実証しつつ、漁撈によって生きた人々の生活と文化を探る。四六判278頁 '76

18 鋸　吉川金次

鋸鍛冶の家に生まれ、鋸の研究を生涯の課題とする著者が、出土遺品や文献・絵画により各時代の鋸を復元・実験し、庶民の手仕事にみられる驚くべき合理性を実証する。四六判360頁 '76

19 農具　飯沼二郎／堀尾尚志

鍬と犂の交代・進化の歩みとして発達したわが国農耕文化の発展経過を世界史的視野において再検討しつつ、無名の農民たちによる驚くべき創意のかずかずを記録する。四六判220頁 '76

20 包み　額田巖

結びとともに文化の起源にかかわる〈包み〉の系譜を人類史的視野において捉え、衣・食・住をはじめ社会・経済史、信仰、祭事などにおけるその実際と役割とを描く。四六判354頁 '77

21 蓮　阪本祐二

仏教における蓮の象徴的位置の成立と深化、美術・文芸等に見る人間とのかかわりを歴史的に考察。また大賀蓮はじめ多様な品種とその来歴を紹介しつつその美を語る。四六判306頁 '77

22 ものさし　小泉袈裟勝

ものをつくる人間にとって最も基本的な道具であり、数千年にわたって社会生活を律してきたその変遷を実証的に追求し、歴史の中で果たしてきた役割を浮彫りにする。四六判314頁 '77

23-I 将棋I　増川宏一

その起源を古代インドに、我国への伝播の道すじを海のシルクロードに探り、また伝来後一千年におよぶ日本将棋の変化と発展を盤、駒、ルール等にわたって跡づける。四六判280頁 '77

23-Ⅱ 将棋Ⅱ　増川宏一

わが国伝来後の普及と変遷を貴族や武家・豪商の日記等に博捜し、遊戯者の歴史をあとづけると共に、中国伝来説の誤りを正し、将棋宗家の位置と役割を明らかにする。四六判３４６頁　'85

24 湿原祭祀　第2版　金井典美

古代日本の自然環境に着目し、各地の湿原聖地を稲作社会との関連において捉え直して古代国家成立の背景を浮彫にしつつ、水と植物にまつわる日本人の宇宙観を探る。四六判４１０頁　'77

25 臼　三輪茂雄

臼が人類の生活文化の中で果たしてきた役割を、各地に遺る貴重な民俗資料・伝承と実地調査にもとづいて解明。失われゆく道具のなかに、未来の生活文化の姿を探る。四六判４１２頁　'78

26 河原巻物　盛田嘉徳

中世末期以来の被差別部落民が生きる権利を守るために偽作し護り伝えてきた河原巻物を全国にわたって踏査し、そこに秘められた最底辺の人びとの叫びに耳を傾ける。四六判２２６頁　'78

27 香料　日本のにおい　山田憲太郎

焼香供養の香から趣味としての薫物へ、さらに沈香木を焚く香道へと変遷した日本の「匂い」の歴史を豊富な史料に基づいて辿り、我国風俗史の知られざる側面を描く。四六判３７０頁　'78

28 神像　神々の心と形　景山春樹

神仏習合によって変貌しつつも、常にその原型＝自然を保持してきた日本の神々の造型を図像学的方法によって捉え直し、その多彩な形象に日本人の精神構造をさぐる。四六判３４２頁　'78

29 盤上遊戯　増川宏一

祭具・占具としての発生を『死者の書』をはじめとする古代の文献にさぐり、形状・遊戯法を分類しつつその〈進化〉の過程を考察。〈遊戯者たちの歴史〉をも跡づける。四六判３２６頁　'78

30 筆　田淵実夫

筆の里・熊野に筆づくりの現場を訪ねて、筆匠たちの境涯と製筆の由来を克明に記録しつつ、筆の発生と変遷、種類、製筆法、さらには筆塚、筆供養にまで説きおよぶ。四六判２０４頁　'78

31 ろくろ　橋本鉄男

日本の山野を漂移しつづけ、高度の技術文化と幾多の伝説とをもたらした特異な旅職集団＝木地屋の生態を、その呼称、地名、伝承、文書等をもとに生き生きと描く。四六判４６０頁　'79

32 蛇　吉野裕子

日本古代信仰の根幹をなす蛇巫をめぐって、祭事におけるさまざまな蛇の「もどき」や各種の蛇の造型・伝承に鋭い考証を加え、忘れられたその呪性を大胆に暴き出す。四六判２５０頁　'79

33 鋏（はさみ）　岡本誠之

梃子の原理の発見から鋏の誕生に至る過程を推理し、日本鋏の特異な歴史的位置を明らかにするとともに、刀鍛冶等から転進した鋏職人たちの創意と苦闘の跡をたどる。四六判３９６頁　'79

34 猿　廣瀬鎮

嫌悪と愛玩、軽蔑と畏敬の交錯する日本人とサルとの関わりあいの歴史を、狩猟伝承や祭祀・風習、美術・工芸や芸能のなかに探り、日本人の動物観を浮彫りにする。四六判２９２頁　'79

35 鮫　矢野憲一

神話の時代から今日まで、津々浦々につたわるサメの伝承とサメをめぐる海の民俗を集成し、神饌、食用、薬用等に活用されてきたサメと人間のかかわりの変遷を描く。四六判２９２頁　'79

36 枡　小泉袈裟勝

米の経済の枢要をなす器として千年余にわたり日本人の生活の中に生きてきた枡の変遷をたどり、記録・伝承をもとにこの独特な計量器が果たした役割を再検討する。四六判３２２頁　'80

37 経木　田中信清

食品の包装材料として近年まで身近に存在した経木の起源を、こけら経や塔婆、木簡、屋根板等に遡って明らかにし、その製造・流通に携った人々の労苦の足跡を辿る。四六判２８８頁　'80

38 色　染と色彩　前田雨城

わが国古代の染色技術の復元と文献解読をもとに日本色彩史を体系づけ、赤・白・青・黒等におけるわが国独自の色彩感覚を探りつつ日本文化における色の構造を解明。四六判３２０頁　'80

39 狐　陰陽五行と稲荷信仰　吉野裕子

その伝承と文献を渉猟しつつ、中国古代哲学＝陰陽五行の原理の応用という独自の視点から、謎とされてきた稲荷信仰と狐との密接な結びつきを明快に解き明かす。四六判２３２頁　'80

40-Ⅰ 賭博Ⅰ　増川宏一

時代、地域、階層を超えて連綿と行なわれてきた賭博。——その起源を古代の神判、スポーツ、遊戯等の中に探り、抑圧と許容の歴史を物語る。全Ⅲ分冊の〈総説篇〉。四六判２９８頁　'80

40-Ⅱ 賭博Ⅱ　増川宏一

古代インド文学の世界からラスベガスまで、賭博の形態・用具・方法の時代的特質を明らかにし、夥しい禁令に賭博の不滅のエネルギーを見る。全Ⅲ分冊の〈外国篇〉。四六判４５６頁　'82

40-Ⅲ 賭博Ⅲ　増川宏一

聞香、闘茶、笠附等、わが国独特の賭博を中心にその具体例を網羅し、方法の変遷に賭博の時代性を探りつつ禁令の改廃に時代の賭博観を追う。全Ⅲ分冊の〈日本篇〉。四六判３８８頁　'83

41-Ⅰ 地方仏Ⅰ　むしゃこうじ・みのる

古代から中世にかけて全国各地で作られた無銘の仏像を訪ね、素朴で多様なノミの跡に民衆の祈りと地域の願望を探る。宗教の伝播、文化の創造を考える異色の紀行。四六判２５６頁　'80

41-Ⅱ 地方仏Ⅱ　むしゃこうじ・みのる

紀州や飛騨を中心に草の根の仏たちを訪ねて、その相好と像容の魅力を探り、技法を比較考証して仏像彫刻史に位置づけつつ、中世地域社会の形成と信仰の実態に迫る。四六判２６０頁　'97

42 南部絵暦　岡田芳朗

田山・盛岡地方で「盲暦」として古くから親しまれてきた独得の絵解き暦を詳しく紹介しつつその全体像を復元する。その無類の生活暦は、南部農民の哀歓をつたえる。四六判２８８頁　'80

43 野菜　在来品種の系譜　青葉高

蕪、大根、茄子等の日本在来野菜をめぐって、その渡来・伝播経路、品種分布と栽培のいきさつを各地の伝承や古記録をもとに辿り、畑作文化の源流とその風土を描く。四六判３６８頁　'81

44 つぶて　中沢厚

弥生投弾、古代・中世の石戦と印地の様相、投石具の発達を展望しつつ、願かけの小石、正月つぶて、石こづみ等の習俗を辿り、石塊に託した民衆の願いや怒りを探る。四六判３３８頁 '81

45 壁　山田幸一

弥生時代から明治期に至るわが国の壁の変遷を壁塗＝左官工事の側面から辿り直し、その技術的復元・考証を通じて建築史・文化史における壁の役割を浮き彫りにする。四六判２９６頁 '81

46 簞笥（たんす）　小泉和子

近世における簞笥の出現＝箱から抽斗への転換に着目し、以降近現代に至るその変遷を社会・経済・技術の側面からあとづける。著者自身による簞笥製作の記録を付す。四六判３７８頁 '82

47 木の実　松山利夫

山村の重要な食糧資源であった木の実をめぐる各地の記録・伝承を集成し、その採集・加工における幾多の試みを実地に検証しつつ、稲作農耕以前の食生活文化を復元。四六判３８４頁 '82

48 秤（はかり）　小泉袈裟勝

秤の起源を東西に探るとともに、わが国律令制下における中国制度の導入、近世商品経済の発展に伴う秤座の出現、明治期近代化政策による洋式秤受容等の経緯を描く。四六判３２６頁 '82

49 鶏（にわとり）　山口健児

神話・伝説をはじめ遠い歴史の中の鶏を古今東西の伝承・文献に探り、特に我国の信仰・絵画・文学等に遺された鶏の足跡を追って、鶏をめぐる民俗の記憶を蘇らせる。四六判３４６頁 '83

50 燈用植物　深津正

人類が燈火を得るために用いてきた多種多様な植物との出会いと個々の植物の来歴、特性及びはたらきを詳しく検証しつつ「あかり」の原点を問いなおす異色の植物誌。四六判４４２頁 '83

51 斧・鑿・鉋（おの・のみ・かんな）　吉川金次

古墳出土品や文献・絵画をもとに、古代から現代までの斧・鑿・鉋を復元・実験し、労働体験によって生まれた民衆の知恵と道具の変遷を蘇らせる異色の日本木工具史。四六判３０４頁 '84

52 垣根　額田巖

大和・山辺の道に神々と垣との関わりを探り、各地に垣の伝承を訪ねて、寺院の垣、民家の垣、露地の垣など、風土と生活に培われた生垣の独特のはたらきと美を描く。四六判２３４頁 '84

53-Ⅰ 森林Ⅰ　四手井綱英

森林生態学の立場から、森林のなりたちとその生活史を辿りつつ、産業の発展と消費社会の拡大により刻々と変貌する森林の現状を語り、未来への再生のみちをさぐる。四六判３０６頁 '85

53-Ⅱ 森林Ⅱ　四手井綱英

森林と人間との多様なかかわりを包括的に語り、人と自然が共生するための森や里山をいかにして創出するか、森林再生への具体的な方策を提示する21世紀への提言。四六判３０８頁 '98

53-Ⅲ 森林Ⅲ　四手井綱英

地球規模で進行しつつある森林破壊の現状を実地に踏査し、森と人が共存する日本人の伝統的自然観を未来へ伝えるために、いま何が必要なのかを具体的に提言する。四六判３０４頁 '00

54 **海老**（えび）　酒向昇

人類との出会いからエビの科学、漁法、さらには調理法を語り、めでたい姿態と色彩にまつわる多彩なエビの民俗を、地名や人名、詩歌・文学、絵画や芸能の中に探る。四六判４２８頁　'85

55-Ⅰ **藁**（わら）**Ⅰ**　宮崎清

稲作農耕とともに二千年余の歴史をもち、日本人の全生活領域に生きてきた藁の文化を日本文化の原型として捉え、風土に根ざしたそのゆたかな遺産を詳細に検討する。四六判４００頁　'85

55-Ⅱ **藁**（わら）**Ⅱ**　宮崎清

床・畳から壁・屋根にいたる住居における藁の製作・使用のメカニズムを明らかにし、日本人の生活空間における藁の役割を見なおすとともに、藁の文化の復権を説く。四六判４００頁　'85

56 **鮎**　松井魁

清楚な姿態と独特な味覚によって、日本人の目と舌を魅了しつづけてきたアユ――その形態と分布、生態、漁法等を詳述し、古今のアユ料理や文芸にみるアユにおよぶ。四六判２９６頁　'86

57 **ひも**　額田巌

物と物、人と物とを結びつける不思議な力を秘めた「ひも」の謎を追って、民俗学的視点から多角的なアプローチを試みる。『結び』、『包み』につづく三部作の完結篇。四六判２５０頁　'86

58 **石垣普請**　北垣聰一郎

近世石垣の技術者集団「穴太」の足跡を辿り、各地城郭の石垣遺構の実地調査と資料・文献をもとに石垣普請の歴史的系譜を復元しつつ石工たちの技術伝承を集成する。四六判４３８頁　'87

59 **碁**　増川宏一

その起源を古代の盤上遊戯に探ると共に、定着以来二千年の歴史を時代の状況や遊び手の社会環境との関わりにおいて跡づける。逸話や伝説を排して綴る初の囲碁全史。四六判３６６頁　'87

60 **日和山**（ひよりやま）　南波松太郎

千石船の時代、航海の安全のために観天望気した日和山――多くは忘れられ、あるいは失われた船舶・航海史の貴重な遺跡を追って、全国津々浦々におよんだ調査紀行。四六判３８２頁　'88

61 **篩**（ふるい）　三輪茂雄

臼とともに人類の生産活動に不可欠な道具であった篩、箕(み)、笊(ざる)の多彩な変遷を豊富な図解入りでたどり、現代技術の先端に再生するまでの歩みをえがく。四六判３３４頁　'89

62 **鮑**（あわび）　矢野憲一

縄文時代以来、貝肉の美味と貝殻の美しさによって日本人を魅了し続けてきたアワビ――その生態と養殖、神饌としての歴史、漁法、螺鈿の技法からアワビ料理に及ぶ。四六判３４４頁　'89

63 **絵師**　むしゃこうじ・みのる

日本古代の渡来画工から江戸前期の菱川師宣まで、時代の代表的絵師の列伝で辿る絵画制作の文化史。前近代社会における絵画の意味や芸術創造の社会的条件を考える。四六判２３０頁　'90

64 **蛙**（かえる）　碓井益雄

動物学の立場からその特異な生態を描き出すとともに、和漢洋の文献資料を駆使して故事・習俗・神事・民話・文芸・美術工芸にわたる蛙の多彩な活躍ぶりを活写する。四六判３８２頁　'89

65-Ⅰ 藍（あい）Ⅰ 風土が生んだ色 竹内淳子

全国各地の〈藍の里〉を訪ねて、藍栽培から染色・加工のすべてにわたり、藍とともに生きた人々の伝承を克明に描き、風土と人間が生んだ〈日本の色〉の秘密を探る。四六判416頁 '91

65-Ⅱ 藍（あい）Ⅱ 暮らしが育てた色 竹内淳子

日本の風土に生まれ、伝統に育てられた藍が、今なお暮らしの中で生き生きと活躍しているさまを、手わざに生きる人々との出会いを通じて描く。藍の里紀行の続篇。 四六判406頁 '99

66 橋 小山田了三

丸木橋・舟橋・吊橋から板橋・アーチ型石橋まで、人々に親しまれてきた各地の橋を訪ねて、その来歴と築橋の技術伝承を辿り、土木文化の伝播・交流の足跡をえがく。四六判312頁 '91

67 箱 宮内悊

日本の伝統的な箱（櫃）と西欧のチェストを比較文化史の視点から考察し、居住・収納・運搬・装飾の各分野における箱の重要な役割とその多彩な文化を浮彫りにする。四六判390頁 '91

68-Ⅰ 絹Ⅰ 伊藤智夫

養蚕の起源を神話や説話に探り、伝来の時期とルートを跡づけ、記紀・万葉の時代から近世に至るまで、それぞれの時代・社会・階層が生み出した絹の文化を描き出す。四六判304頁 '92

68-Ⅱ 絹Ⅱ 伊藤智夫

生糸と絹織物の生産と輸出が、わが国の近代化にはたした役割を描くと共に、養蚕の道具、信仰や庶民生活にわたる養蚕と絹の民俗、さらには蚕の種類と生態におよぶ。四六判294頁 '92

69 鯛（たい） 鈴木克美

古来「魚の王」とされてきた鯛をめぐって、その生態・味覚から漁法、祭り、工芸、文芸にわたる多彩な伝承文化を語りつつ、鯛と日本人とのかかわりの原点をさぐる。四六判418頁 '92

70 さいころ 増川宏一

古代神話の世界から近現代の博徒の動向まで、さいころの役割を各時代・社会に位置づけ、木の実や貝殻のさいころから投げ棒型や立方体のさいころへの変遷をたどる。四六判374頁 '92

71 木炭 樋口清之

炭の起源から炭焼、流通、経済、文化にわたる木炭の歩みを歴史・考古・民俗の知見を総合して描き出し、独自で多彩な文化を育んできた木炭の尽きせぬ魅力を語る。 四六判296頁 '93

72 鍋・釜（なべ・かま） 朝岡康二

日本をはじめ韓国、中国、インドネシアなど東アジアの各地を歩きながら鍋・釜の製作と使用の現場に立ち会い、調理をめぐる庶民生活の変遷とその交流の足跡を探る。四六判326頁 '93

73 海女（あま） 田辺悟

その漁の実際と社会組織、風習、信仰、民具などを克明に描くとともに海女の起源・分布・交流を探り、わが国漁撈文化の古層としての海女の生活と文化をあとづける。四六判294頁 '93

74 蛸（たこ） 刀禰勇太郎

蛸をめぐる信仰や多彩な民間伝承を紹介するとともに、その生態・分布・捕獲法・繁殖と保護・調理法などを集成し、日本人と蛸との知られざるかかわりの歴史を探る。四六判370頁 '94

75 **曲物**（まげもの） 岩井宏實

桶・樽出現以前から伝承され、古来最も簡便・重宝な木製容器として愛用された曲物の加工技術と機能・利用形態の変遷をさぐり、手づくりの「木の文化」を見なおす。四六判３１８頁 '94

76-I **和船 I** 石井謙治

江戸時代の海運を担った千石船（弁才船）について、その構造と技術、帆走性能を綿密に調査し、通説の誤りを正すとともに、海難と信仰、船絵馬等の考察にもおよぶ。四六判４３６頁 '95

76-II **和船 II** 石井謙治

造船史から見た著名な船を紹介し、遣唐使船や遣欧使節船、幕末の洋式船における外国技術の導入について論じつつ、船の名称と船型を海船・川船にわたって解説する。四六判３１６頁 '95

77-I **反射炉 I** 金子功

日本初の佐賀鍋島藩の反射炉と精錬方＝理化学研究所、島津藩の反射炉と集成館＝近代工場群を軸に、日本の産業革命の時代における人と技術を現地に訪ねて発掘する。四六判２４４頁 '95

77-II **反射炉 II** 金子功

伊豆韮山の反射炉をはじめ、全国各地の反射炉建設にかかわった有名無名の人々の足跡をたどり、開国か攘夷かに揺れる幕末の政治と社会の悲喜劇をも生き生きと描く。四六判２２６頁 '95

78-I **草木布**（そうもくふ）**I** 竹内淳子

風土に育まれた布を求めて全国各地を歩き、木綿普及以前に山野の草木を利用して豊かな衣生活文化を築き上げてきた庶民の知られざる知恵のかずかずを実地にさぐる。四六判２８２頁 '95

78-II **草木布**（そうもくふ）**II** 竹内淳子

アサ、クズ、シナ、コウゾ、カラムシ、フジなどの草木の繊維から、どのようにして糸を採り、布を織っていたのか――聞書きをもとに忘れられた技術と文化を発掘する。四六判２８２頁 '95

79-I **すごろく I** 増川宏一

古代エジプトのセネト、ヨーロッパのバクギャモン、中近東のナルド、中国の双陸などの系譜に日本の盤雙六を位置づけ、遊戯・賭博としてのその数奇なる運命を辿る。四六判３１２頁 '95

79-II **すごろく II** 増川宏一

ヨーロッパの鵞鳥のゲームから日本中世の浄土双六、近世の華麗な絵双六、さらには近現代の少年誌の附録まで、絵双六の変遷を追って時代の社会・文化を読みとる。四六判３９０頁 '95

80 **パン** 安達巖

古代オリエントに起ったパン食文化が中国・朝鮮を経て弥生時代の日本に伝えられたことを史料と伝承をもとに解明し、わが国パン食文化二〇〇〇年の足跡を描き出す。四六判２６０頁 '96

81 **枕**（まくら） 矢野憲一

神さまの枕・大嘗祭の枕から枕絵の世界まで、人生の三分の一を共に過す枕をめぐって、その材質の変遷を辿り、伝説と怪談、俗信と民俗、エピソードを興味深く語る。四六判２５２頁 '96

82-I **桶・樽**（おけ・たる）**I** 石村真一

日本、中国、朝鮮、ヨーロッパにわたる厖大な資料を集成してその豊かな文化の系譜を探り、東西の木工技術史を比較しつつ世界史的視野から桶・樽の文化を描き出す。四六判３８８頁 '97

82-Ⅱ 桶・樽（おけ・たる）Ⅱ　石村真一

多数の調査資料と絵画・民俗資料をもとにその製作技術を復元し、東西の木工技術を比較考証しつつ、技術文化史の視点から桶・樽製作の実態とその変遷を跡づける。　四六判３７２頁　'97

82-Ⅲ 桶・樽（おけ・たる）Ⅲ　石村真一

樹木と人間とのかかわり、製作者と消費者とのかかわりを通じて桶樽と生活文化の変遷を考察し、木材資源の有効利用という視点から桶樽の文化史的役割を浮彫にする。　四六判３５２頁　'97

83-Ⅰ 貝Ⅰ　白井祥平

世界各地の現地調査と文献資料を駆使して、古来至高の財宝とされてきた宝貝のルーツとその変遷を探り、貝と人間とのかかわりの歴史を「貝貨」の文化史として描く。　四六判３８６頁　'97

83-Ⅱ 貝Ⅱ　白井祥平

サザエ、アワビ、イモガイなど古来人類とかかわりの深い貝をめぐって、その生態・分布・地方名、装身具や貝貨としての利用法などを豊富なエピソードを交えて語る。　四六判３２８頁　'97

83-Ⅲ 貝Ⅲ　白井祥平

シンジュガイ、ハマグリ、アカガイ、シャコガイなどをめぐって世界各地の民族誌を渉猟し、それらが人類文化に残した足跡を辿る。参考文献一覧／総索引を付す。　四六判３９２頁　'97

84 松茸（まつたけ）　有岡利幸

秋の味覚として古来珍重されてきた松茸の由来を求めて、稲作文化と里山（松林）の生態系から説きおこし、日本人の伝統的生活文化の中に松茸流行の秘密をさぐる。　四六判２９６頁　'97

85 野鍛冶（のかじ）　朝岡康二

鉄製農具の製作・修理・再生を担ってきた農鍛冶の歴史的役割を探り、近代化の大波の中で変貌する職人技術の実態をアジア各地のフィールドワークを通して描き出す。　四六判２８０頁　'98

86 稲　品種改良の系譜　菅　洋

作物としての稲の誕生、稲の渡来と伝播の経緯から説きおこし、明治以降主として庄内地方の民間育種家の手によって飛躍的発展をとげたわが国品種改良の歩みを描く。　四六判３３２頁　'98

87 橘（たちばな）　吉武利文

永遠のかぐわしい果実として日本の神話・伝説に特別の位置を占めて語り継がれてきた橘をめぐって、その育まれた風土とかずかずの伝承の中に日本文化の特質を探る。　四六判２８６頁　'98

88 杖（つえ）　矢野憲一

神の依代としての杖や仏教の錫杖に杖と信仰とのかかわりを探り、人類が突きつつ歩んだその歴史と民俗を興味ぶかく語る。多彩な材質と用途を網羅した杖の博物誌。　四六判３１４頁　'98

89 もち（糯・餅）　渡部忠世／深澤小百合

モチイネの栽培・育種から食品加工、民俗、儀礼にわたってそのルーツと伝承の足跡をたどり、アジア稲作文化という広範な視野からこの特異な食文化の謎を解明する。　四六判３３０頁　'98

90 さつまいも　坂井健吉

その栽培の起源と伝播経路を跡づけるとともに、わが国伝来後四百年の経緯を詳細にたどり、世界に冠たる育種と栽培・利用法を築いた人々の知られざる足跡をえがく。　四六判３２８頁　'99

91 珊瑚（さんご） 鈴木克美

海岸の自然保護に重要な役割を果たす岩石サンゴから宝飾品として知られる宝石サンゴまで、人間生活と深くかかわってきたサンゴの多彩な姿を人類文化史として描く。 四六判370頁 '99

92-I 梅I 有岡利幸

万葉集、源氏物語、五山文学などの古典や天神信仰に表れた梅の足跡を克明に辿りつつ日本人の精神史に刻印された梅を浮彫にし、梅と日本人の二〇〇〇年史を描く。 四六判274頁 '99

92-II 梅II 有岡利幸

その植生と栽培、伝承、梅の名所や鑑賞法の変遷から戦前の国定教科書に表れた梅まで、梅と日本人との多彩なかかわりを探り、桜との対比において梅の文化史を描く。 四六判338頁 '99

93 木綿口伝（もめんくでん） 第2版 福井貞子

老女たちからの聞書を経糸とし、厖大な遺品・資料を緯糸として、母から娘へと幾代にも伝えられた手づくりの木綿文化を掘り起し、近代の木綿の盛衰を描く。増補版 四六判336頁 '00

94 合せもの 増川宏一

「合せる」には古来、一致させるの他に、競う、闘う、比べる等の意味があった。貝合せや絵合せ等の遊戯・賭博を中心に、広範な人間の営みを「合せる」行為に辿る。 四六判300頁 '00

95 野良着（のらぎ） 福井貞子

明治初期から昭和四〇年までの野良着を収集・分類・整理し、それらの用途と年代、形態、材質、重量、呼称などを精査して、働く庶民の創意にみちた生活史を描く。 四六判292頁 '00

96 食具（しょくぐ） 山内昶

東西の食文化に関する資料を渉猟し、食法の違いを人間の自然に対するかかわり方の違いとして捉えつつ、食具を人間と自然をつなぐ基本的な媒介物として位置づける。 四六判292頁 '00

97 鰹節（かつおぶし） 宮下章

黒潮からの贈り物・カツオの漁法から鰹節の製法や食法、商品としての流通までを歴史的に展望するとともに、沖縄やモルジブ諸島の調査をもとにそのルーツを探る。 四六判382頁 '00

98 丸木舟（まるきぶね） 出口晶子

先史時代から現代の高度文明社会まで、もっとも長期にわたり使われてきた刳り舟に焦点を当て、その技術伝承を辿りつつ、森や水辺の文化の広がりと動態をえがく。 四六判324頁 '01

99 梅干（うめぼし） 有岡利幸

日本人の食生活に不可欠の自然食品・梅干をつくりだした先人たちの知恵に学ぶとともに、健康増進に驚くべき薬効を発揮する、その知られざるパワーの秘密を探る。 四六判300頁 '01

100 瓦（かわら） 森郁夫

仏教文化と共に中国・朝鮮から伝来し、一四〇〇年にわたり日本の建築を飾ってきた瓦をめぐって、発掘資料をもとにその製造技術、形態、文様などの変遷をたどる。 四六判320頁 '01

101 植物民俗 長澤武

衣食住から子供の遊びまで、幾世代にも伝承された植物をめぐる暮らしの知恵を克明に記録し、高度経済成長期以前の農山村の豊かな生活文化を愛惜をこめて描き出す。 四六判348頁 '01

102 箸（はし） 向井由紀子／橋本慶子
そのルーツを中国、朝鮮半島に探るとともに、日本人の食生活に不可欠の食具となり、日本文化のシンボルとされるまでに洗練された箸の文化の変遷を総合的に描く。 四六判３３４頁 '01

103 採集 ブナ林の恵み 赤羽正春
縄文時代から今日に至る採集・狩猟民の暮らしを復元し、動物の生態系と採集生活の関連を明らかにしつつ、民俗学と考古学の両面から山に生かされた人々の姿を描く。 四六判２９８頁 '01

104 下駄 神のはきもの 秋田裕毅
古墳や井戸等から出土する下駄に着目し、下駄が地上と地下の他界を結ぶ聖なるはきものであったという大胆な仮説を提出、日本の神々の忘れられた側面を浮彫にする。 四六判３０４頁 '02

105 絣（かすり） 福井貞子
膨大な絣遺品を収集・分類し、絣産地を実地に調査して絣の技法と文様の変遷を地域別・時代別に跡づけ、明治・大正・昭和の手づくりの染織文化の盛衰を描き出す。 四六判３１０頁 '02

106 網（あみ） 田辺悟
漁網を中心に、網に関する基本資料を網羅して網の変遷と網をめぐる民俗を体系的に描き出し、網の文化を集成する。「網に関する小事典」「網のある博物館」を付す。 四六判３１６頁 '02

107 蜘蛛（くも） 斎藤慎一郎
「土蜘蛛」の呼称で畏怖される一方「クモ合戦」など子供の遊びとしても親しまれてきたクモと人間との長い交渉の歴史をその深層に遡って追究した異色のクモ文化論。 四六判３２０頁 '02

108 襖（ふすま） むしゃこうじ・みのる
襖の起源と変遷を建築史・絵画史の中に探りつつその用と美を浮彫にし、衝立・障子・屛風等と共に日本建築の空間構成に不可欠の建具となるまでの経緯を描き出す。 四六判２７０頁 '02

109 漁撈伝承（ぎょろうでんしょう） 川島秀一
漁師たちからの聞き書きをもとに、寄り物、船霊、大漁旗など、漁撈にまつわる〈もの〉の伝承を集成し、海の道によって運ばれた習俗や信仰の民俗地図を描き出す。 四六判３３４頁 '03

110 チェス 増川宏一
世界中に数億人の愛好者を持つチェスの起源と文化を、欧米における膨大な研究の蓄積を渉猟しつつ探り、日本への伝来の経緯から美術工芸品としてのチェスにおよぶ。 四六判２９８頁 '03

111 海苔（のり） 宮下章
海苔の歴史は厳しい自然とのたたかいの歴史だった——採取から養殖、加工、流通、消費に至る先人たちの苦難の歩みを史料と実地調査によって浮彫にする食物文化史。 四六判１７２頁 '03

112 屋根 檜皮葺と杮葺 原田多加司
屋根葺師一〇代の著者が、自らの体験と職人の本懐を語り、連綿として受け継がれてきた伝統の手わざを体系的にたどりつつ伝統技術の保存と継承の必要性を訴える。 四六判３４０頁 '03

113 水族館 鈴木克美
初期水族館の歩みを創始者たちの足跡を通して辿りなおし、水族館をめぐる社会の発展と風俗の変遷を描き出すとともにその未来像をさぐる初の〈日本水族館史〉の試み。 四六判２９０頁 '03

114 古着（ふるぎ） 朝岡康二

仕立てと着方、管理と保存、再生と再利用等にわたり衣生活の変容を近代の日常生活の変化として捉え直し、衣服をめぐるリサイクル文化が形成される経緯を描き出す。四六判２９２頁 '03

115 柿渋（かきしぶ） 今井敬潤

染料・塗料をはじめ生活百般の必需品であった柿渋の伝承を記録し、文献資料をもとにその製造技術と利用の実態を明らかにして、忘れられた豊かな生活技術を見直す。四六判２９４頁 '03

116-Ⅰ 道Ⅰ 武部健一

道の歴史を先史時代から説き起こし、古代律令制国家の要請によって駅路が設けられ、しだいに幹線道路として整えられてゆく経緯を技術史・社会史の両面からえがく。四六判２４８頁 '03

116-Ⅱ 道Ⅱ 武部健一

中世の鎌倉街道、近世の五街道、近代の開拓道路から現代の高速道路網までを通観し、道路を拓いた人々の手によって今日の交通ネットワークが形成された歴史を語る。四六判２８０頁 '03

117 かまど 狩野敏次

日常の煮炊きの道具であるとともに祭りと信仰に重要な位置を占めてきたカマドをめぐる忘れられた伝承を掘り起こし、民俗空間の壮大なコスモロジーを浮彫りにする。四六判２９２頁 '04

118-Ⅰ 里山Ⅰ 有岡利幸

縄文時代から近世までの里山の変遷を人々の暮らしと植生の変化の両面から跡づけ、その源流を記紀万葉に描かれた里山の景観や大和・三輪山の古記録・伝承等に探る。四六判２７６頁 '04

118-Ⅱ 里山Ⅱ 有岡利幸

明治の地租改正による山林の混乱、相次ぐ戦争による山野の荒廃、エネルギー革命、高度成長による大規模開発など、近代化の荒波に翻弄される里山の見直しを説く。四六判２７４頁 '04

119 有用植物 菅 洋

人間生活に不可欠のものとして利用されてきた身近な植物たちの来歴と栽培・育種・品種改良・伝播の経緯を平易に語り、植物と共に歩んだ文明の足跡を浮彫にする。四六判３２４頁 '04

120-Ⅰ 捕鯨Ⅰ 山下渉登

世界の海で展開された鯨と人間との格闘の歴史を振り返り、「大航海時代」の副産物として開始された捕鯨業の誕生以来四〇〇年にわたる盛衰の社会的背景をさぐる。四六判３１４頁 '04

120-Ⅱ 捕鯨Ⅱ 山下渉登

近代捕鯨の登場により鯨資源の激減を招き、捕鯨の規制・管理のための国際条約締結に至る経緯をたどり、グローバルな課題としての自然環境問題を浮き彫りにする。四六判３１２頁 '04

121 紅花（べにばな） 竹内淳子

栽培、加工、流通、利用の実際を現地に探訪して紅花とかかわってきた人々からの聞き書きを集成し、忘れられた〈紅花文化〉を復元しつつその豊かな味わいを見直す。四六判３４６頁 '04

122-Ⅰ もののけⅠ 山内昶

日本の妖怪変化、未開社会の〈マナ〉、西欧の悪魔やデーモンを比較考察し、名づけ得ぬ未知の対象を指す万能のゼロ記号〈もの〉をめぐる人類文化史を跡づける博物誌。四六判３２０頁 '04

122-Ⅱ **もののけⅡ** 山内昶

日本の鬼、古代ギリシアのダイモン、中世の異端狩り・魔女狩り等々をめぐり、自然＝カオスと文化＝コスモスの対立の中で〈野生の思考〉が果たしてきた役割をさぐる。四六判２８０頁 '04

123 **染織** （そめおり） 福井貞子

自らの体験と厖大な残存資料をもとに、糸づくりから織り、染めにわたる手づくりの豊かな生活文化を見直す。創意にみちた手わざのかずかずを復元する庶民生活誌。四六判２９４頁 '05

124-Ⅰ **動物民俗Ⅰ** 長澤武

神として崇められたクマやシカをはじめ、人間にとって不可欠の鳥獣や魚、さらには人間を脅かす動物など、多種多様な動物たちと交流してきた人々の暮らしの民俗誌。四六判２６４頁 '05

124-Ⅱ **動物民俗Ⅱ** 長澤武

動物の捕獲法をめぐる各地の伝承を紹介するとともに、全国で語り継がれてきた多彩な動物民話・昔話を渉猟し、暮らしの中で培われた動物フォークロアの世界を描く。四六判２６６頁 '05

125 **粉** （こな） 三輪茂雄

粉体の研究をライフワークとする著者が、粉食の発見からナノテクノロジーまで、人類文明の歩みを〈粉〉の視点から捉え直した壮大なスケールの〈文明の粉体史観〉 四六判３０２頁 '05

126 **亀** （かめ） 矢野憲一

浦島伝説や「兎と亀」の昔話によって親しまれてきた亀のイメージの起源を探り、古代の亀卜の方法から、亀にまつわる信仰と迷信、鼈甲細工やスッポン料理におよぶ。四六判３３０頁 '05

127 **カツオ漁** 川島秀一

一本釣り、カツオ漁場、船上の生活、船霊信仰、祭りと禁忌など、カツオ漁にまつわる漁師たちの伝承を集成し、黒潮に沿って伝えられた漁民たちの文化を掘り起こす。四六判３７０頁 '05

128 **裂織** （さきおり） 佐藤利夫

木綿の風合いと強靭さを生かした裂織の技と美をすぐれたリサイクル文化として見なおす。東西文化の中継地・佐渡の古老たちからの聞書をもとに歴史と民俗をえがく。四六判３０８頁 '05

129 **イチョウ** 今野敏雄

「生きた化石」として珍重されてきたイチョウの生い立ちと人々の生活文化とのかかわりの歴史をたどり、この最古の樹木に秘められたパワーを最新の中国文献にさぐる。四六判３１２頁〔品切〕 '05

130 **広告** 八巻俊雄

のれん、看板、引札からインターネット広告までを通観し、いつの時代にも広告が人々の暮らしと密接にかかわって独自の文化を形成してきた経緯を描く広告の文化史。四六判２７６頁 '06

131-Ⅰ **漆** （うるし） **Ⅰ** 四柳嘉章

全国各地で発掘された考古資料を対象に科学的解析を行ない、縄文時代から現代に至る漆の技術と文化を跡づける試み。漆が日本人の生活と精神に与えた影響を探る。四六判２７４頁 '06

131-Ⅱ **漆** （うるし） **Ⅱ** 四柳嘉章

遺跡や寺院等に遺る漆器を分析し体系づけるとともに、絵巻物や文学作品の考証を通じて、職人や産地の形成、漆工芸の地場産業としての発展の経緯などを考察する。四六判２１６頁 '06

132 まな板　石村眞一

日本、アジア、ヨーロッパ各地のフィールド調査と考古・文献・絵画・写真資料をもとにまな板の素材・構造・使用法を分類し、多様な食文化とのかかわりをさぐる。　四六判３７２頁　'06

133-Ⅰ 鮭・鱒（さけ・ます）Ⅰ　赤羽正春

鮭・鱒をめぐる民俗研究の前史から現在までを概観するとともに、原初的な漁法から商業的漁法にわたる多彩な漁法と用具、漁場と社会組織の関係などを明らかにする。　四六判２９２頁　'06

133-Ⅱ 鮭・鱒（さけ・ます）Ⅱ　赤羽正春

鮭漁をめぐる行事、鮭捕り衆の生活等を聞き取りによって再現し、人工孵化事業の発展とそれを担った先人たちの業績を明らかにするとともに、鮭・鱒の料理におよぶ。　四六判３５２頁　'06

134 遊戯　その歴史と研究の歩み　増川宏一

古代から現代まで、日本と世界の遊戯の歴史を概説し、内外の研究者との交流の中で得られた最新の知見をもとに、研究の出発点と目的を論じ、現状と未来を展望する。　四六判２９６頁　'06

135 石干見（いしひみ）　田和正孝編

沿岸部に石垣を築き、潮汐作用を利用して漁獲する原初的漁法を日・韓・台に残る遺構と伝承の調査・分析をもとに復元し、東アジアの伝統的漁撈文化を浮彫りにする。　四六判３３２頁　'07

136 看板　岩井宏實

江戸時代から明治・大正・昭和初期までの看板の歴史を生活文化史の視点から考察し、多種多様な生業の起源と変遷を多数の図版をもとに紹介する〈図説商売往来〉。　四六判２６６頁　'07

137-Ⅰ 桜Ⅰ　有岡利幸

そのルーツと生態から説きおこし、和歌や物語に描かれた古代社会の桜観から「花は桜木、人は武士」の江戸の花見の流行まで、日本人と桜のかかわりの歴史をさぐる。　四六判３８２頁　'07

137-Ⅱ 桜Ⅱ　有岡利幸

明治以後、軍国主義と愛国心のシンボルとして政治的に利用されてきた桜の近代史を辿るとともに、日本人の生活と共に歩んだ「咲く花、散る花」の栄枯盛衰を描く。　四六判４００頁　'07

138 麴（こうじ）　一島英治

日本の気候風土の中で稲作と共に育まれた麴菌のすぐれたはたらきの秘密を探り、醸造化学に携わった人々の足跡をたどりつつ醗酵食品と日本人の食生活文化を考える。　四六判２４４頁　'07

139 河岸（かし）　川名登

近世初頭、河川水運の隆盛と共に物流のターミナルとして賑わい、船旅や遊廓などをもたらした河岸（川の港）の盛衰を河岸に生きる人々の暮らしの変遷としてえがく。　四六判３００頁　'07

140 神饌（しんせん）　岩井宏實／日和祐樹

土地に古くから伝わる食物を神に捧げる神饌儀礼に祭りの本義を探り、近畿地方主要神社の伝統的儀礼をつぶさに調査して、豊富な写真と共にその実際を明らかにする。　四六判３７４頁　'07

141 駕籠（かご）　櫻井芳昭

その様式、利用の実態、地域ごとの特色、車の利用を抑制する交通政策との関連から駕籠かきたちの風俗までを明らかにし、日本交通史の知られざる側面に光を当てる。　四六判２９４頁　'07

142 **追込漁**（おいこみりょう）　川島秀一

沖縄の島々をはじめ、日本各地で今なお行なわれている沿岸漁撈を実地に精査し、魚の生態と自然条件を知り尽した漁師たちの知恵と技を見直しつつ漁業の原点を探る。　四六判３６８頁　'08

143 **人魚**（にんぎょ）　田辺悟

ロマンとファンタジーに彩られて世界各地に伝承される人魚の実像をもとめて東西の人魚誌を渉猟し、フィールド調査と膨大な資料をもとに集成したマーメイド百科。　四六判３５２頁　'08

144 **熊**（くま）　赤羽正春

狩人たちからの聞き書きをもとに、かつては神として崇められた熊と人間との精神史的な関係をさぐり、熊を通して人間の生存可能性にもおよぶユニークな動物文化史。　四六判３８４頁　'08

145 **秋の七草**　有岡利幸

『万葉集』で山上憶良がうたいあげて以来、千数百年にわたり秋を代表する植物として日本人にめでられてきた七種の草花の知られざる伝承を掘り起こす植物文化誌。　四六判３０６頁　'08

146 **春の七草**　有岡利幸

厳しい冬の季節に芽吹く若菜に大地の生命力を感じ、春の到来を祝い新年の息災を願う「七草粥」などとして食生活の中に巧みに取り入れてきた古人たちの知恵を探る。　四六判２７２頁　'08

147 **木綿再生**　福井貞子

自らの人生遍歴と木綿を愛する人々との出会いを織り重ねて綴り、優れた文化遺産としての木綿衣料を紹介しつつ、リサイクル文化としての木綿再生のみちを模索する。　四六判２６６頁　'09

148 **紫**（むらさき）　竹内淳子

今や絶滅危惧種となった紫草（ムラサキ）を育てる人びと、伝統の紫根染を今に伝える人びとを全国にたずね、貝紫染の始原を求めて吉野ヶ里におよぶ「むらさき紀行」。　四六判３２４頁　'09

149-Ⅰ **杉Ⅰ**　有岡利幸

その生態、天然分布の状況から各地における栽培・育種、利用にいたる歩みを弥生時代から今日までの人間の営みの中で捉えなおし、わが国林業史を展望しつつ描き出す。　四六判２８２頁　'10

149-Ⅱ **杉Ⅱ**　有岡利幸

古来神の降臨する木として崇められるとともに生活のさまざまな場面で活用され、絵画や詩歌に描かれてきた杉の文化をたどり、さらに「スギ花粉症」の原因を追究する。　四六判２７８頁　'10

150 **井戸**　秋田裕毅（大橋信弥編）

弥生中期になぜ井戸は突然出現するのか。飲料水など生活用水ではなく、祭祀用の聖なる水を得るためだったのではないか。目的や構造の変遷、宗教との関わりをたどる。　四六判２６０頁　'10

151 **楠**（くすのき）　矢野憲一／矢野高陽

語源と字源、分布と繁殖、文学や美術における楠から医薬品としての利用、キューピー人形や樟脳の船まで、楠と人間の関わりの歴史を辿りつつ自然保護の問題に及ぶ。　四六判３３４頁　'10

152 **温室**　平野恵

温室は明治時代に欧米から輸入された印象があるが、じつは江戸時代半ばから「むろ」という名の保温設備があった。絵巻や小説、遺跡などより浮かび上がる歴史。　四六判３１０頁　'10

153 檜（ひのき） 有岡利幸

建築・木彫・木材工芸に最良の材としてわが国の〈木の文化〉に重要な役割を果たしてきた檜。その生態から保護・育成・生産・流通・加工までの変遷をたどる。 四六判320頁 '11

154 落花生 前田和美

南米原産の落花生が大航海時代にアフリカ経由で世界各地に伝播していく歴史をたどるとともに、日本で栽培を始めた先覚者や食文化との関わりを紹介する。 四六判312頁 '11

155 イルカ（海豚） 田辺悟

神話・伝説の中のイルカ、イルカをめぐる信仰から、漁撈伝承、食文化の伝統と保護運動の対立までを幅広くとりあげ、ヒトと動物との関係はいかにあるべきかを問う。 四六判330頁 '11

156 輿（こし） 櫻井芳昭

古代から明治初期まで、千二百年以上にわたって用いられてきた輿の種類と変遷を探り、天皇の行幸や斎王群行、姫君たちの輿入れにおける使用の実態を明らかにする。 四六判252頁 '11

157 桃 有岡利幸

魔除けや若返りの呪力をもつ果実として神話や昔話に語り継がれ、近年古代遺跡から大量出土して祭祀との関連が注目される桃。日本人との多彩な関わりを考察する。 四六判328頁 '12

158 鮪（まぐろ） 田辺悟

古文献に描かれ記されたマグロを紹介し、漁法・漁具から運搬と流通・消費、漁民たちの暮らしと民俗・信仰までを探りつつ、マグロをめぐる食文化の未来にもおよぶ。 四六判350頁 '12

159 香料植物 吉武利文

クロモジ、ハッカ、ユズ、セキショウ、ショウノウなど、日本の風土で育った植物から香料をつくりだす人びとの営みを現地に訪ね、伝統技術の継承・発展を考える。 四六判290頁 '12

160 牛車（ぎっしゃ） 櫻井芳昭

牛車の盛衰を交通史や技術史との関連で探り、絵巻や日記・物語等に描かれた牛車の種類と構造、利用の実態を明らかにして、読者を平安の「雅」の世界へといざなう。 四六判224頁 '12

161 白鳥 赤羽正春

世界各地の白鳥処女説話を博捜し、古代以来の人々が抱いた〈鳥への想い〉を明らかにするとともに、その源流を、白鳥をトーテムとする中央シベリアの白鳥族に探る。 四六判360頁 '12

162 柳 有岡利幸

日本人との関わりを詩歌や文献をもとに探りつつ、容器や調度品に、治山治水対策に、火薬や薬品の原料に、さらには風景の演出用に活用されてきた歴史をたどる。 四六判328頁 '13

163 柱 森郁夫

竪穴住居の時代から建物を支えてきただけでなく、大黒柱や鼻っ柱などさまざまな言葉に使われている柱。遺跡の発掘でわかった事実や、日本文化との関わりを紹介。 四六判252頁 '13

164 磯 田辺悟

人間はもとより、動物たちにも多くの恵みをもたらしてきた磯――その豊かな文化をさぐり、東日本大震災以前の三陸沿岸を軸に磯漁の民俗を聞書きによって再現する。 四六判450頁 '14

165 **タブノキ**　山形健介

南方から「海上の道」をたどってきた列島文化を象徴する樹木について、中国・台湾・韓国も視野に収めて記録や伝承を掘り起こし、人々の暮らしとの関わりを探る。　四六判３１６頁　'14

166 **栗**　今井敬潤

縄文人が主食とし栽培していた栗。建築や木工の材、鉄道の枕木といった生活に密着した多様な利用法や、品種改良に取り組んだ技術者たちの苦闘の足跡を紹介する。　四六判２７２頁　'14

167 **花札**　江橋崇

法制史から文学作品まで、厖大な文献を渉猟して、その誕生から現在までを辿り、花札をその本来の輝き、自然を敬愛して共存する日本の文化という特性のうちに描く。　四六判３７２頁　'14

168 **椿**　有岡利幸

本草書の刊行や栽培・育種技術の発展によって近世初期に空前の大ブームを巻き起こした椿。多彩な花の紹介をはじめ、椿油や木材の利用、信仰や民俗まで網羅する。　四六判３３６頁　'14

169 **織物**　植村和代

人類が初めて機械で作った製品、織物。機織り技術の変遷を世界史的視野で見直し、古来より日本と東南アジアやインド、ペルシアの交流や伝播があったことを解説。　四六判３４６頁　'14

170 **ごぼう**　冨岡典子

和食に不可欠な野菜ごぼうは、焼畑農耕から生まれ、各地の風土のなか固有の品種や調理法が育まれた。そのルーツを稲作以前の神饌や祭り、儀礼に探る和食文化誌。　四六判２７６頁　'15

171 **鱈**（たら）　赤羽正春

漁場開拓の歴史と漁法の変遷、漁民たちのくらしを跡づけ、戦時の非常食としての役割を明らかにしつつ、「海はどれほどの人を養えるか」についても考える。　四六判３３６頁　'15

172 **酒**　吉田元

酒の誕生から、世界でも珍しい製法が確立しブランド化する近世までの長い歩みをたどる。飢饉や幕府の規制をかいくぐり、いかにその香りと味を生みだしたのか。　四六判２５６頁　'15

173 **かるた**　江橋崇

外来の遊技具でありながら二百年余の鎖国の間に日本の美術・文芸・芸能を幅広く取り入れ、和紙や和食にも匹敵する存在として発展した〈かるた〉の全体像を描く。　四六判３５８頁　'15

174 **豆**　前田和美

ダイズ、アズキ、エンドウなど主要な食用マメ類について、その栽培化と作物としての歩みを世界史的視野で捉え直し、食文化に果たしてきた役割を浮き彫りにする。　四六判３７０頁　'15

175 **島**　田辺悟

日本誕生神話に記された島々の所在から南洋諸島の巨石文化まで、島をめぐる数々の謎を紹介し、残存する習俗の古層を発掘して島の精神性にもおよぶ島嶼文化論。　四六判３０６頁　'15

176 **欅**（けやき）　有岡利幸

長年営林事業に携わってきた著者が、実際に見聞きした事例や文献・資料を駆使し、その生態から信仰や昔話、防災林や木材としての利用にいたる歴史を物語る。　四六判３０６頁　'16

177 **歯** 大野粛英

虫歯や入れ歯など、古来より人は歯に悩んできた。著者は小説や日記、浮世絵や技術書まで多岐にわたる資料を駆使し、歯科医ならではの視点で治療法の変遷も紹介。 四六判250頁 '16

178 **はんこ** 久米雅雄

「漢委奴国王」印から織豊時代のローマ字印章、歴代の「天皇御璽」、さらには「庶民のはんこ」まで、歴史学と考古学の知見を綜合して、印章をめぐる数々の謎に挑む。 四六判344頁 '16

179 **相撲** 土屋喜敬

一五〇〇年の歴史を誇る相撲はもとは芸能として庶民に親しまれていた。力士や各地の興行の実態、まわしや土俵の変遷、櫓の意味、文学など多角的に興味深く解説。 四六判298頁 '17

180 **醤油** 吉田元

醤油の普及により、江戸時代に天ぷらや寿司、蕎麦など一気に食文化が花開く。濃口・淡口の特徴、外国産との製法の違い、代用醤油、海外輸出の苦労話等を紹介。 四六判272頁 '18

181 **和紙植物** 有岡利幸

奈良時代から現代まで、和紙原木の育成・伐採・皮剝ぎの工程を軸に、生産者たちの苦闘の歴史を描き、生産地の過疎化・高齢化、野生獣による被害の問題にもおよぶ。 四六判318頁 '18

182 **鋳物** 中江秀雄

仏像や梵鐘、武器、貨幣から大砲、橋梁、自動車やジェット機エンジンまで。古来から人間活動を支えてきた金属鋳物の技術史を、燃料や炉の推移に注目して概観する。 四六判236頁 '18